普通高等教育"十一五"国家级规划教材

计算机网络技术

（第二版）

晋玉星　主编

科学出版社

北　京

内 容 简 介

本书自 2004 年首次出版，2006 年通过了教育部的评审，被纳入普通高等教育"十一五"国家级规划教材，2007 年再版。本次修订版的编委会由多年从事"计算机网络"教学工作的教师和具有丰富网络工程实践经验的工程师组成。本书融合新的教学理念和教学模式，突出网络应用的技术特点，实用性强，着重介绍了有关的计算机网络设备、网络构建及网络维护技术。实训项目则采用以工作过程为导向，通过工作情境、学习目标、工作实施准备、工作实施过程和工作总结组织，突出对高职高专院校学生动手能力的培养。本书力求达到三方面的目的：一是普及学生的计算机网络基础知识；二是更好地理解计算机网络技术课程与其他课程的联系，为其他相关课程的学习打下基础；三是掌握计算机网络领域的相关技术，满足未来职业的需要。

本书可作为高职高专院校计算机网络基础课程的教材，也可供从事计算机网络的工程技术人员参考。

图书在版编目(CIP)数据

计算机网络技术/晋玉星主编.—2 版.—北京：科学出版社，2012
普通高等教育"十一五"国家级规划教材
ISBN 978-7-03-032794-9

Ⅰ.①计…　Ⅱ.①晋…　Ⅲ.①计算机网络-高等职业教育-教材
Ⅳ.①TP393

中国版本图书馆 CIP 数据核字(2011)第 233853 号

责任编辑：苏　鹏 / 责任校对：包志虹
责任印制：徐晓晨 / 封面设计：华路天然工作室

科 学 出 版 社 出版
北京东黄城根北街 16 号
邮政编码：100717
http://www.sciencep.com

北京京华虎彩印刷有限公司 印刷
科学出版社发行　各地新华书店经销

*

2012 年 2 月第　二　版　　开本：720×1000　1/16
2018 年 3 月第二次印刷　　印张：22 1/4
字数：440 000
定价：55.00 元
(如有印装质量问题，我社负责调换)

前　　言

在互联网广泛应用的今天,计算机网络技术在各个领域中发挥着越来越重要的作用,网络知识已成为当今社会人才必备的知识之一。为了适应计算机网络基础学习的要求,编者根据多年教学科研的实践经验编写了本书。本书从职业能力培养的要求出发,由浅入深地阐述了计算机网络的基础知识和基本技能,突出网络的组建和维护,旨在培养学生对网络的规划、组建、操作、管理、应用和维护等实际动手能力。

本书层次清楚,概念准确,深入浅出,通俗易懂,既有基本知识、基本原理,又密切联系实际。在选取内容的安排上,网络理论以必需、够用为原则,侧重于网络实用技术与技能的介绍。

全书分为理论篇和实训项目两部分。

理论篇共 7 章。第 1 章阐述了计算机网络的基础知识,包括计算机网络的组成和功能、常见的几种网络操作系统;第 2 章阐述了计算机网络体系结构,包括 ISO/OSI 参考模型的层次结构、TCP/IP 体系结构的各层功能及协议;第 3 章阐述了常用的局域网技术、局域网的硬件设备的应用场合,以及设备的选型与选购,着重介绍了快速以太网与千兆以太网的组网方法;第 4 章介绍了 IP 地址规划;第 5 章介绍了网络互连技术,包括典型网络互连设备的连接、互连的类型与层次,重点阐述了交换机、VLAN、路由器的应用场合与基本配置方法;第 6 章阐述 Windows Server 2008 实用配置,重点介绍了如何使用 Windows Server 2008 组建并维护 Intranet 站点;第 7 章讨论了网络安全策略、加密技术、防火墙技术。为了使读者能检查学习效果,每章附有小结和习题。

本书共有 9 个实训项目,包括如何制作网络连线与设备连接、怎样组建一个小型局域网、如何配置交换机、怎样实现网络互联以及 Windows Server 2008 用户管理、文件系统、DNS 服务器的配置、DHCP 服务器的配置、IIS 服务器的安装与配置。所选实训项目采用以工作过程为导向,通过工作情境、学习目标、工作实施准备、工作实施过程和工作总结组织,突出对高职高专院校学生动手能力的培养。

本书由晋玉星、张新成主编,参编的有王勇、张才千、刘文化、胡增顺、皇甫大恩、李林等。其中第 1 章由李林执笔撰写;第 2 章、第 4 章及实训 1 由胡增顺执笔撰写;第 3 章、实训 2 由刘文化执笔撰写;第 5 章由张新成执笔撰写;第 6 章、第 7 章由王勇、皇甫大恩执笔撰写;实训 3 由晋玉星执笔撰写;实训 4 至实训 9 由张才千执笔撰写;全书由晋玉星统稿和主审。

　　在组织编写本书的过程中,受到了中国高等职业技术教育研究会多位专家的热情鼓励和支持,科学出版社以很高的热情和效率组织了本书的出版工作,对此谨表衷心的感谢。

　　由于编者水平有限,教学任务繁重,加之计算机网络技术发展快速,书中错误与不妥之处在所难免,敬请读者不吝赐教,我们将会适时修订与补充。

编　者

2011 年 5 月

目　　录

实 训 项 目

理 论 篇

第1章 计算机网络概述

将地理位置不同、具有独立功能的多台计算机及其外部设备，通过通信线路连接起来，在网络操作系统、网络管理软件和通信协议的管理下，实现资源共享和信息传递的计算机系统，就称为计算机网络。计算机网络的应用日益广泛，已渗透到各行各业、各个领域。掌握计算机网络的基础知识是对每个计算机相关专业学生的基本要求。

学习目标：
- ■ 了解计算机网络的产生及发展趋势
- ■ 掌握计算机网络的组成、功能
- ■ 掌握几种典型的网络拓扑结构
- ■ 了解几种网络操作系统的技术特点

1.1 计算机网络的产生与发展

1.1.1 计算机网络的发展简史

所谓联网，就是把计算机与计算机经过通信线路连接起来，在网络管理软件下彼此能相互通信的系统。计算机网络的发展，经过了几个阶段：

1. 联网的尝试

从20世纪50年代开始，美国军方所研制的半自动地面防空系统（SAGE）试图把各雷达站测得的数据传送到计算机进行处理。在1958年首先建成了纽约防区，到1963年共建成了17个防区。该项工程投入了80亿美元，推动了当时计算机产业的技术进步。

几乎同时，由IBM公司研制了全美航空定票系统（SABRAI）。到1964年，美国各地的旅行社就都能用它来预定航班的机票了。

严格地说，上述两个系统都只是将远程终端和主机联机的系统、只是人们联网的尝试，并没有实现计算机之间的联网。同一时期，在大学与研究机构中，为均衡计算机的负荷和共享宝贵的硬件资源，也进行着计算机间通信的试验，进行了联网的种种尝试。

2. ARPANET 的诞生

20 世纪 60 年代，在数据通信领域提出分组交换的概念，这是人们着手研究计算机间通信技术的开端。1968 年美国国防部高级研究计划署（ARPA－Advanced Research Projects Agency）资助了对分组交换的进一步研究，1969 年 12 月，在西海岸建成有四个通信节点的分组交换网，这就是最初的 ARPANET。随后，ARPANET 的规模不断扩大，很快就遍布在美国的西海岸和东海岸之间了。

ARPANET 实际上分成了两个基本的层次，底层是通信子网，上层是资源子网。初期的 ARPANET 租用专线连接专门负责分组交换的通信节点，通信节点实际上是专用的小型计算机，线路和节点组成了底层的通信子网。大型主机通常分接到通信节点上，由通信节点支持它的通信需求。由于这些大型主机提供了网上最重要的计算资源和数据资源，故有些文献说联网的主机及其终端构成了 ARPANET 上的资源子网。这种把网络分层的做法，极大地简化了整个网络的设计。

分组交换和进行网络服务分层对计算机网络的发展起到了十分重要的作用。

3. 多种网络技术的并存

20 世纪 70 年代是多种网络技术并存的发展阶段，也是标准化备受关注的时期，微机和局域网的诞生是这一时期的两个重大事件。

（1）各公司自行制定了网络的体系结构

在 20 世纪 70 年代，IBM、DEC 等计算机公司分别制定了自己计算机产品的联网方案。在公司内部以及自身的用户群中建立了一批专门性的网络，并分别确定了网络的体系结构。IBM 所生产的各种计算机，能够以系统网络体系结构（SNA）组网；DEC 生产的各种型号的计算机则能够以 Digit 网络体系结构（DNA）组网，不同的计算机公司，用以组成网络的硬件、软件和通信协议都各不兼容，难以互相连接。

（2）标准化备受关注

在这个阶段，人们开始在标准化方面进行大量的工作。当时的电报电话咨询委员会（CCITT）制定了分组交换的 X.25 标准。从西欧开始，先后在世界各地建立了遵循 X.25 标准的公共数据网（PDN）。公共数据网的建立对组建远程计算机网络起到了重大作用。

同期，国际标准化组织（ISO）在当时负责信息处理与计算机方面标准制订的技术委员会（TC97）的几个子委员会的努力下，分别建立了开放系统的互联参考模型（OSI/RM）和在这一框架模型下相关的各项标准。制定这个参考模型的目的是规定计算机系统在与其他计算机系统通信时应当遵循的通信协议。这样，无论系统本身多么不同，在与别的系统通信时只要遵循相同的协议与规则，就被认为是开放系统。

（3）局域网

局域网（LAN）诞生于 20 世纪 70 年代中期，随着微电子技术的进步，计算机的性能价格比都在急剧提高。到了 20 世纪 80 年代，经济低廉的微型计算机性能早已超过了早期的大型计算机，这极大地促进了计算机应用的普及。

局域网则在近距离内，通过可共享的信道连接了多台计算机。这种简易、低成本又安全可靠的网络结构解决了微型计算机彼此通信的问题，使局域网上的激光打印机、大型主机、高档工作站、超级小型机和大容量的存储设备都可以被网上多台微型计算机所共享，这就使计算机应用的成本进一步降低了，因此局域网被各行各业普遍接受了。

几乎是在同一时期，为满足不同的需要，开发了几种不同的局域网技术，各种局域网的性能、价格和通信协议各不相同。当然，这也为相互联网增加了一些难度。局域网与远程网络的互联，使局域网上每个用户都能访问远方的主机，这又反过来提出了如何使不同计算机、网络广泛互联的新课题，这种广泛互联的需求促使 Internet 崛起了。

（4）Internet—TCP/IP 的崛起

① Internet 的由来。20 世纪 80 年代初期，为了使不同型号的计算机和执行不同协议的网络都能彼此互联，ARPA 资助了相关的研究项目，特别是为了使互不兼容的 LAN 都能与 WAN 互联，建立了 Internet 项目组。

② TCP/IP 协议集的诞生。在 Internet 项目的研究中，人们重新改写了 AR-PANET 的通信协议：为了广泛互联，制定了新的互联网数据报协议（Internet Protocol）简称 IP 协议。IP 协议定义了计算机间通信应遵守的规则、数据报（即 Internet 上面的分组）的格式以及存储转发数据报的方法。IP 协议着眼于各个网络的互联，相应的协议既解决了如何把底层不同的网络与 IP 网络相对应的问题，又对用户屏蔽了底层网络技术的细节。使底层的各种网络仅以 IP 网络的形式呈现在用户面前，并实现了不同主机上应用进程间的通信。

为了保证进程间端到端的通信能够高效、可靠，在 IP 网络之上，主机内的传输控制协议（Transmission Control Protocol）软件，构成了面向字节的、有序的报文传输通路，使不同计算机上的进程能经过异构网相互通信。以 TCP、IP 两个协议为主的一整套通信协议的集合，被称作 TCP/IP 协议集，也称作 TCP/IP 协议。

Internet 项目组新研制的 TCP/IP 软件开始只在小范围内试用，到了 1982 年，许多大学与公司中的研究机构全部使用 TCP/IP 软件，接入了 Internet。

TCP/IP 协议为不同计算机、多个网络的互联打下了基础。

③ Internet 的形成与发展。1982 年美国军方决定以 TCP/IP 作为不同网络互联的基础。规定从 1983 年 1 月起，军方的各种网络都必须运行在 TCP/IP 软件并彼此互联。这使 Internet 从一个实验性的原型变成了粗具规模的互联网络。在随后的几年中，与 Internet 连接的主机数几乎每年都翻一番。TCP/IP 逐步成了事实上被广泛承认的工业标准。

④ NSF 的贡献。美国国家科学基金会（NSF）于 1980 年前资助了旨在使各大学计算机科学系彼此联网的项目，建立了 CS net（计算机科学网）。它以灵活的策略，采用不同的方式实现了广泛的互联。网上的资源共享和电子邮件（E-mail）促进了合作与交流。

CS net 的成功，促使 NSF 在 1985 年提出使百所大学用 TCP/IP 协议联网的计划并建立了使用 TCP/IP 协议的 NSFNET，它与 ARPANET 在费城的卡内基—梅隆大学彼此互联，NSFNET 成了 Internet 的组成部分。在 NSFNET 建成之前，网络的使用者只是计算机科学家、军方、大公司及与政府签约的机构；在 NSFNET 建成之后，大学各学科的师生都能使用网络了，这的确是个非常重大的转变。

为使美国在未来的发展中能始终领先，NSF 认为应当使每个科技人员都能使用网络。1987 年 NSF 决定用 T1 干线（1.544Mb/s）连接几个国家级的高性能计算中心，这个 T1 主干网于 1988 年夏天建成，实际上替代了原有的 ARPANET 主干网。在这个形势下，ARPANET 于 1990 年宣布退出运营。NSF 在建设主干网的同时，又资助各地区建设了中级网络。各地区的中级网络连接本地区的主要城市、各个大学校园网及各个公司的企业网，使它们既彼此互联、又能接到 Internet 主干上，这样就形成了主干网、中级网及校园网（企业网）三级网络彼此互联的层次结构。

从 1988 年起，Internet 就正式跨出了美国国门，首先是接到了加拿大、法国和北欧、随后延伸到了地球的各个角落。

NSF 还陆续支持了许多项目，鼓励地区级（中级）网络的建设，特别是鼓励建设替代原有干线的通信新干线，资助了提升干线传输速率的种种研究试验。到 1995 年，大量由公司运行的商业性 IP 网络出现了，NSF 把 ANS 主干卖给了 American Online，迫使各中级网络利用商业性 IP 服务相互连接。在这种形势下，形成了 Internet 具有多个主干、数百个中级网络、数万个 LAN、数百万台主机和数千万用户的规模。

中级网络是独立运营的，一些中级网络内还不断试验着新的网络技术。出现了诸如 ATM、帧中继等引人瞩目的高速网络技术。

（5）G 级网络。G 级网络（GigaBit Network）指每秒传送千兆位的网络，通常也包括速率大于 500Mb/s 的全双工干线。

　　80 年代末 90 年代初，多媒体技术有了很大进展，实时传送多媒体信息要求更高的传输速率。近年来，由于涉及多媒体信息传送的浏览器被广泛使用，干线速率的提高已经刻不容缓。从 1989 年开始，ARPA 和美国国家科学基金会 NSF 就联合资助了高速网络的试验。1991 年 12 月，美国国会通过关于国家研究教育网（NREN—National Research Education Network）的法案，要使 NREN 成为替代 NSFNET 的非商业性网络，它必须以高于 1Gb/s 的速率运行。在 NREN 名下，又资助了一批项目，这些就是 G 级网络的试验研究，这些项目是由大学和工业界共同完成的。

1.1.2　计算机网络的发展趋势

1. 网络向高速发展是一个总的趋势

　　不断提高计算机网络的传输速率，始终是一个不断追求的目标，也是计算机技术、通信技术和计算机应用发展过程中不断提出的要求。

　　世界上第一个分组交换网络 ARPA 网最初只有四个节点，速率为几 kb/s。1986 年成为 Internet 主干网的美国国家科学基金网 NSFNET，传输速率提高到 56kb/s，1989 年速率又提高到 1.544Mb/s。1993 年 ANSNET 成为 Internet 的主干网，速率再次提高到 45Mb/s，目前，Internet 的主干网的速率已提高到数 Gb/s。

　　90 年代中期以来，计算机开始向千兆位迈进，以 ATM 为代表的网络速率为 155Mb/s 和 622Mb/s，而千兆位以太网标准的速率可达 1Gb/s 以上。

　　这一切说明网络向高速化发展是一个总的趋势，以千兆位速率为标志的高速网络时代已经到来。

2. 多媒体网络的发展方向

　　多媒体技术与计算机网络的结合与融合既是多媒体技术发展的必然趋势，也是计算机网络技术发展的必然趋势。目前，手写输入、语音声控输入、数字摄像输入、大容量光盘、IC 卡、扫描仪等各种多媒体采集技术，压缩与解压缩、信道分配、流量控制、时空同步、QoS 控制等多媒体信息传输技术，语音存储、视像存储、面向对象数据库、超媒体查询等多媒体存储技术，MMX 芯片、Mpact 媒体处理器等多媒体处理技术，以及高精度彩显、彩打、虚拟现实 VR、机器人等多媒体利用控制技术的蓬勃发展，为多媒体计算机网络的形成和发展提供了有力的技术支持。电信网、电视网与计算机网的三网合一，也在更高层次上体现了系统一体化和多媒体计算机网络的发展趋势。三网合一虽然还存在技术和体制等方面的不少问题，但大趋势已逐渐明朗，光纤到家、家用信息电器、家庭布线网络、VOD 视频点播、IP 电话、网络会议、多媒体网络教学、智能大厦等与此有关的技术和产品正在迅猛发展，21 世纪的现代计算机网络必定是进一步融合电信、电视等更广泛功能，并且渗透到千千万万家庭的多媒体计算机网络。

3. 高效、安全的网络管理方向

在当前网络全球化大发展的形势下，各种危害计算机网络安全的因素，如病毒、黑客、垃圾邮件，计算机犯罪等也很猖獗，并且也具有全球传播的特点，它们不仅影响网络系统的正常工作和网络应用系统的安全使用，甚至可能威胁网络系统的生存。因此，进一步研究和发展各种先进的访问控制、防火墙、反病毒、数据加密和信息认证等网络系统信息安全技术已成为计算机网络系统发展不可缺少的重要保障。21 世纪的现代计算机网络应该是更加高效和更加安全可靠的网络。

4. 为应用服务的发展方向

设计和建造计算机网络系统的根本目的就是为了应用。国家信息化、领域信息化、区域信息化和企业信息化最后都要落实到建立各行各业、各具体单位的各种具体网络应用系统，如各种管理信息系统、办公自动化系统、决策支持系统、事务处理系统、信息检索系统、远程教育系统、指挥控制系统、异地协同合作系统以及综合的集成制造系统、电子商务系统、交通自动订票系统等，各行各业的不同用户也越来越需要依赖具体应用软件来使用网络。因此，基于基本网络系统平台之上的各种网络应用系统已成为计算机网络系统不可分割的重要组成部分。对具体网络信息系统的系统集成实际上就是用系统工程方法来具体规划、设计和构造一个具体的网络应用系统。目前，网络应用系统体系结构的研究、网络应用软件开发工具的研究、分类应用系统规范和标准化的研究，以及综合应用系统集成方法的研究等都非常活跃，取得了很大进展，也体现了计算机网络系统为应用服务的发展方向。21 世纪的现代计算机网络呈现给广大用户面前的将是适应更广泛应用需求的、更方便实用的各种网络应用系统。

5. 智能网络的发展方向

人工智能技术在传统计算机基础上进一步模拟人脑的思维活动能力，它包括对信息进行分析、归纳、推理、学习等更高级的信息处理能力，所以人工智能技术也是一种更高层次的信息技术。智能计算机使计算机具有更接近人类思维能力的高级智能，是计算机技术的必然发展。但在现代社会信息化进程中，由于计算机网络技术的飞速发展，计算机与计算机技术已越来越多地被融入计算机网络这个大系统中，与其他信息技术一起在全球社会信息网络这个大分布环境中发挥作用。因此，人工智能技术、智能计算机与计算机网络技术的结合与融合，形成具有更多思维能力的智能计算机网络，不仅是人工智能技术和智能计算机发展的必然趋势，也是计算机网络综合信息技术的必然发展趋势。当前，基于计算机网络系统的分布式智能决策系统、分布专家系统、分布知识库系统、分布智能代理技术、分布智能控制系统及智能网络管理技术等的发展，也都明显的体现了这种智能计算机网络的发展趋向。21 世纪的现代计算机网络系统将是人工智能技术和计算机网络技术更进一步结合和融合的网络，它将使社会信息网络不仅更有序化，而且也将更智能化。

1.2　计算机网络的基本概念

1.2.1　计算机网络的定义

按资源共享的观点，计算机网络就是利用通信设备和线路将分布在地理位置不同的、功能独立的多个计算机系统连接起来，以功能完善的网络软件（网络通信协议及网络操作系统等）实现网络资源共享和信息传递的系统。

按照计算机网络界权威人士特南鲍姆（Andrew S Tanenbaum）的定义，计算机网络是一些相互独立的计算机互连集合体。若有两台计算机通过通信线路（包括无线通信）相互交换信息，就认为是互连的。而相互独立或功能独立的计算机是指网络中的一台计算机不受任何其他计算机的控制（如启动或停止）。

1.2.2　计算机网络的构成

计算机网络在逻辑功能上可以划分为两部分，一部分的主要工作是对数据信息的收集和处理，另一部分则专门负责信息的传输，ARPANET 把前者称为资源子网，后者称为通信子网，如图 1-1 所示。

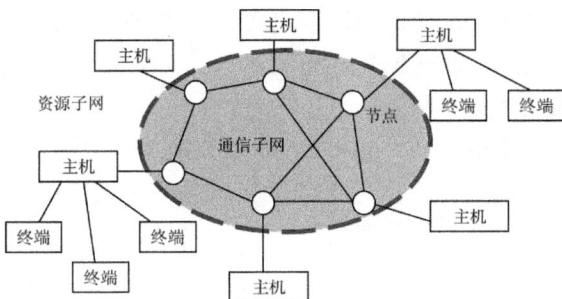

图 1-1　资源子网和通信子网

1. 资源子网

资源子网主要是对信息进行加工和处理，接受本地用户和网络用户提交的任务，最终完成信息的处理。它包括访问网络和处理数据的软硬件设施，主要有计算机、终端和终端控制器、计算机外设、有关软件和共享的数据等。

（1）主机

网络中的主机可以是大型机、小型机或微型计算机，它们是网络中的主要资源，也是数据资源和软件资源的拥有者，一般是通过高速线路将它们和通信子网的节点相连。

（2）终端和终端控制器

终端是直接面向用户的交互设备，可以是由键盘和显示器组成的终端，也可以是微型计算机；终端控制器连接一组终端，负责这些终端和主计算机的信息通信，或直接作为网络节点。

（3）计算机外设

计算机外设主要是网络中的一些共享设备，如大型的磁碟机、高速打印机、大型绘图仪等。

2. 通信子网

通信子网主要负责计算机网络内部信息流的传递、交换和控制，以及信号的变换和通信中的有关处理工作，间接地服务于用户。它主要包括网络节点、通信链路、交换机和信号变换设备等软硬件设施。

（1）网络节点

网络节点的作用：一是作为通信子网与资源子网的接口，负责管理和收发本地主机和网络所交换的信息，相当于通信控制处理机 CCP（在 ARPANET 中称为接口信息处理机 IMP——Interface Message Processor）；二是作为发送信息、接收信息、交换信息和转发信息的通信设备，负责接收其他网络节点传送来的信息并选择一条合适的链路发送出去，完成信息的交换和转发功能。网络节点可以分为交换节点和访问节点两种。

交换节点主要包括交换机（Switch）、网络互连时用的路由器（Router）以及负责网络中信息交换的设备等。而访问节点主要包括连接用户计算机（Host）和终端设备的接收器、收发器等通信设备。

（2）通信链路

通信链路是两个节点之间的一条通信信道。链路的传输媒体包括双绞线、同轴电缆、光导纤维、无线电、微波通信、卫星通信等。一般在大型网络中和相距较远的两节点之间的通信链路，都利用现有的公共数据通信线路。

（3）信号变换设备

信号变换设备的功能是对信号进行变换以适应不同传输媒体的要求。这些设备一般有：将计算机输出的数字信号与电话线上传送的模拟信号相互变换的调制解调器、无线通信接收与发送器、用于光纤通信的编码解码器等。

1.2.3　计算机网络的功能

网络的主要功能是向用户提供资源的共享和数据的传输，它包括：数据交换和通信、资源共享、系统的可靠性和分布式网络处理与均衡负荷等。

1. 数据交换和通信

网络中的计算机之间或计算机与终端之间，可以快速可靠地相互传递数据、程序或文件。例如：电子邮件（E-mail）可以使相隔万里的异地用户快速准确地相互通信；文件传输服务（FTP）可以实现文件的实时传递，为用户复制和查找文件提供了有力的工具。

2. 资源共享

计算机网络可以实现网络资源的共享。这些资源包括硬件、软件和数据。资源共享是计算机网络组网的目标之一。

（1）硬件共享：用户可以使用网络中任意一台计算机所附接的硬件设备。例如：同一网络中的用户共享打印机、共享硬盘空间等。

（2）软件共享：用户可以使用远程主机的软件，包括系统软件和用户软件。既可以将远程主机上的软件调入本地计算机执行，也可以将数据送至对方主机运行并返回处理结果。

（3）数据共享：网络用户可以使用其他主机和用户的数据。

3. 系统的可靠性

通过计算机网络实现备份技术可以提高计算机系统的可靠性。当某一台计算机出现故障时，可以立即由计算机网络中的另一台计算机来代替其完成所承担的任务。例如，空中交通管理、工业自动化生产线、军事防御系统、电力供应系统等都可以通过计算机网络设置，以保证实时性管理和不间断运行系统的安全性和可靠性。

4. 分布式网络处理和均衡负荷

对于大型的任务或当网络中某台计算机的任务负荷太重时，可将任务分散到网络中的其他计算机上进行，或由网络中比较空闲的计算机分担负荷，这样既可以处理大型的任务，使得一台计算机不会负担过重，又提高了计算机的对用性，起到了分布式处理和均衡负荷的作用。

1.2.4　计算机网络的类型

对计算机网络的分类有多种形式，其中主要有：按跨度分类、按网络采用的传输技术分类和按管理性质分类等。

　　1. 按跨度分类

网络的跨度是指网络可以覆盖的范围，按照网络覆盖的范围，网络可以分类为广域网、局域网、城域网等。

（1）广域网（Wide Area Network，WAN）

广域网的覆盖范围通常在数十公里以上，可以覆盖整个城市、国家，甚至整个世界，具有规模大、传输延迟大的特征。广域网使用的传输设备和传输线路通常由电信部门提供，也可由其他部门提供。在我国除电信网外，还有广电网、联通网等为用户提供远程通信服务。

广域网的主要技术特点：

① 广域网覆盖的地理范围从几十公里到几千公里。

② 广域网的通信子网主要使用分组交换技术，它的通信子网可以利用公用分组交换网、卫星通信网和无线分组交换网等。

③ 广域网需要适应大容量与突发性通信、综合业务服务、开放的设备接口与规范化的协议以及完善的通信服务与网络管理的要求。

（2）局域网（Local Area Network，LAN）

局域网也称局部区域网络，覆盖范围常在几公里以内，限于单位内部或建筑物内，常由一个单位投资组建。具有规模小、专用、传输延迟小等特征。目前我国绝大多数企业都建立了自己的企业局域网。局域网只有与局域网或者广域网互连，进一步扩大应用范围，才能更好地发挥其共享资源的作用。

局域网的主要技术特点：

① 局域网覆盖有限的地理范围，一般属于一个单位。

② 提供高数据传输速率。

③ 决定局域网的局域网特性的主要技术要素为网络拓扑、传输介质与介质访问控制方法。

（3）城域网（Metropolitan Area Network，MAN）

城域网的覆盖范围一般是一个城市，介于局域网和广域网之间。城域网使用了广域网技术进行组网。早期的城域网主要产品是 FDDI。

城域网的主要技术特点：

① 介于广域网与局域网之间的一种高速网络。

② 城域网设计的目标是要满足几十公里范围内的大量企业、公司的多个局域网互连的需求。

③ 实现大量用户之间的数据、语音、图形与视频等多种信息的传输功能。

提示：分清广域网、局域网和城域网的技术特点是必须的。

随着网络技术的发展和新型网络设备的广泛应用，距离的概念逐渐淡化，局域网以及局域网互连之间的区别也逐渐模糊。同时，越来越多的企业和部门开始利用局域网以及局域网互连技术组建自己的专用网络，这种网络覆盖了整个企业和部门，范围可大可小。

2. 按网络采用的传输技术分类

按网络所使用的传输技术可以将网络分为点对点传播网和广播式传播网。

在采用点到点线路的通信子网中，每条物理线路连接一对节点，其分组传输要经过中间节点的接收、存储、转发，直至目的节点。从源节点到达目标节点可能存在多条路由，因此需要使用路由选择算法。采用点到点线路通信子网的基本拓扑构型有星型、环型、树型、网状型。

在采用广播信道的通信子网中，一个公共的通信信道被多个网络节点所共享。采用广播信道通信子网的基本拓扑构型主要有：总线型、树型、环形、无线通信与卫星通信型。

采用路由选择和分组存储转发是点到点式网络与广播式网络的重要区别。

3. 按管理性质分类

根据对网络组建和管理部门不同，常将计算机网络分为公用网和专用网。

（1）公用网

由电信部门或其他提供通信服务的经营部门组建、管理和控制，网络内的传输和转接装置可供任何部门和个人使用。如我国的电信网、广电网、联通网等。

（2）专用网

由用户部门组建经营的网络，不容许其他用户和部门使用；由于投资的因素，专用网常为局域网或者是通过租借电信部门的线路而组建的广域网络。如由学校组建的校园网、由企业组建的企业网等。

（3）利用公用网组建专用网

许多部门直接租用电信部门的通信网络，并配置一台或者多台主机，向社会各界提供网络服务，这些部门构成的应用网络称为增值网络（或增值网），即在通信网络的基础上提供了增值服务。如中国教育科研网 Cernet，全国各大银行网络等。

1.3 拓 扑 结 构

1.3.1 拓扑结构的概念

计算机网络的拓扑结构是指一个网络的通信链路和节点构成的几何布局图，它是从图论演变过来的。拓扑学首先把实体抽象为与其大小、形状无关的"点"，并将连接实体的线路抽象为"线"，进而研究点、线、面之间的关系。

计算机网络拓扑是通过计算机网络中的各个节点与通信线路之间的几何关系来表示网络结构的，并反映出网络中各实体之间的结构关系。即拓扑结构主要是指构成计算机网络通信设备（节点）通过传输介质（连线）连接而成的拓扑图。因此，网络拓扑结构对整个网络设计、网络性能、系统可靠性与通信费用等有着比较重要的影响。

网络拓扑结构主要有星型拓扑结构、环型拓扑结构、总线型拓扑结构，以及由这些基本结构混合而成的树型拓扑结构、网状拓扑结构等。

1.3.2 几种典型的网络拓扑结构

目前，几种典型的拓扑结构主要是：星型拓扑结构、环型拓扑结构、总线型拓扑结构和网状拓扑结构。

1. 总线型拓扑结构

总线型拓扑结构是采用同一媒体连接所有端用户的一种工作方式。这样所有的站点都通过相应的硬件接口直接连接到传输介质（总线）上。如图 1-2 所示，任一台设备可以在不影响系统中其他设备工作的情况下与总线断开。

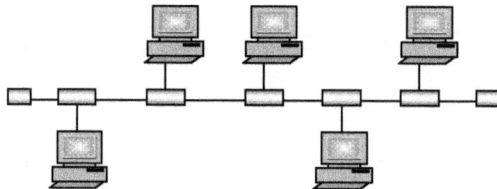

图 1-2 总线拓扑结构

（1）总线型拓扑的主要特点

① 所有的节点都通过网络适配器直接连接到一条作为公共传输介质的总线上，总线可以是同轴电缆、双绞线或者光纤。

② 任何一个站点发送的信号都将沿着总线（介质）广播，而且都能被其他所有站点接收，但在同一时间内，只允许一个站点发送数据。

③ 由于总线作为公共传输介质为多个节点共享，就有可能出现同一时刻有两个或两个以上节点利用总线发送数据的情况，因此会出现"冲突"，从而造成本次数据传输失败。

（2）总线拓扑的优点

① 电缆长度短，成本低且易于布线和维护。

② 用户入网灵活、站点或某个端用户失效不影响其他站点或端用户通信。

③ 结构简单。

④ 可靠性较高。

（3）总线拓扑的缺点

① 总线拓扑的网络不是集中控制的，所以故障检测需要在网上的各个站点进行。

② 在扩展总线的干线长度时，需重新配置中继器、剪裁电缆、调整终端器等。

③ 一次仅能一个端用户发送数据，其他端用户要发送数据则必须等待获得发送权，在节点多的重负荷下，传输效率比较低。

④ 便于数据有序传输而制定的介质访问控制方式，在一定程度上增加了站点的硬件和软件费用。

提示：解决站点对总线的访问控制权是总线拓扑的关键技术。

2. 星型拓扑结构

在星型拓扑结构中存在一个中心节点，星型结构中的每个节点都要用一条专用线路与中心节点连接，从而构成一条点到点连接。星型拓扑结构的基本特征是有一台设备作为中央节点（如 HUB）集结着来自其他各从属节点的连线。它属于一种集中式的从属结构。从属节点一般为计算机或网络打印机等担任，如图 1-3 所示。

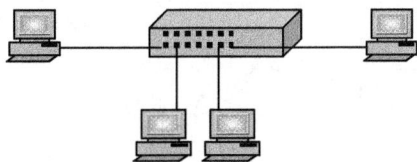

图 1-3　星型拓扑结构

中央节点一般是集线器或交换机，它是整个网络的通信控制中心，负责向目的节点转发数据包，任何两个节点之间的通信都要通过中心节点转接。所以对整个系统的通信控制技术非常简单。

（1）星型拓扑的主要特点

① 在星型拓扑构型中，任何节点都通过点到点通信线路与控制全网的中心节点连接。

② 星型拓扑构型结构简单，易于布线，便于管理。

③ 网络的中心节点是全网可靠性的瓶颈，中心节点的故障可能造成全网瘫痪。

（2）星型拓扑的优点

① 利用中央节点可方便地提供服务和重新配置网络。

② 单个连接点的故障只影响该节点，不会影响全网，容易检测和隔离故障，便于维护。

③ 任何一个连接只涉及中央节点和一个站点，因此控制介质访问的方法很简单，从而访问控制协议也十分简单。

（3）星型拓扑的缺点

① 每个站点直接与中央节点相连，需要大量电缆。

② 一旦中央节点产生故障，则全网不能工作，所以对中央节点的可靠性和冗余度要求很高。

> **提示**：星型拓扑局域网的物理拓扑结构（各设备之间使用传输介质的物理连接关系）和逻辑拓扑结构（设备之间的逻辑链路连接关系）有可能不同，使用集线器连接所有的计算机时，其结构只能是一种具有星型物理连接的总线型拓扑结构；而使用交换机时，才是真正的星型拓扑结构。

3. 环型拓扑结构

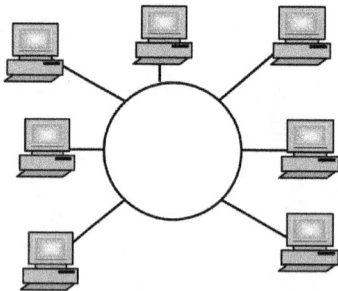

图 1-4　环型网络

顾名思义，环型拓扑是"环状"的，它是由连接成封闭回路的网络节点组成的，每一节点仅与它左右相邻的节点连接。环形网络的一个典型代表是令牌环局域网或 FDDI，其拓扑结构如图 1-4 所示。

（1）环型拓扑的主要特点

① 在环型拓扑构型中，节点通过点到点通信线路连接成闭合环路。

② 环中数据将沿一个方向逐站传送。

③ 传输延时确定。

④ 环中每个节点与连接节点之间的通信线路都会成为网络可靠性的瓶颈，环中任何一个节点出现线路故障，都可能造成网络瘫痪。

（2）环形拓扑结构的优点

① 由于两个节点间只有唯一的通路，因此大大简化了路径选择的控制。

② 网络中所需的电缆短，不需要接线盒，价格便宜。

③ 扩充方便，增减节点容易。

（3）环形拓扑结构的缺点

① 由于环上传输的任何报文都必须穿过所有节点，因此，如果环的某一点断开，则环上所有端点间的通信便会终止。

② 为保证环的正常工作，需要较复杂的环维护处理，环节点的加入和撤出过程都比较复杂。

> **提示**：网络拓扑结构是组建 Intranet 的主要技术之一。

1.4　网络操作系统简介

1.4.1　网络操作系统概述

微型计算机需要 DOS 和 Windows 等操作系统，计算机网络也需要有相应的操作系统支持。网络操作系统（NOS，Network Operation System）是向网络计算机提供服务的特殊操作系统，是使网络上各计算机方便而有效地共享网络资源，为网络用户提供各种服务软件和协议的集合。

网络操作系统的基本任务就是屏蔽本地资源与网络资源的差异，为用户提供各种基本网络服务功能，完成网络共享资源的管理，并提供网络系统的安全性服务。

对于局域网来说，人们选择 LAN 产品，很大程度上是在选择网络操作系统。几乎所有的网络功能都是通过其网络操作系统来体现的，它是用户和计算机之间的接口，代表着整个网络的水平。

网络操作系统除了具备单机操作系统所需的内存管理、CPU 管理、输入输出管理、文件管理等功能外，还具有下列功能：

（1）文件服务（File Service）

文件服务是最重要与最基本的网络服务功能。文件服务器以集中方式管理共享文件，网络工作站可以根据所规定的权限对文件进行读写以及其他各种操作，文件服务器为网络用户的文件安全与保密提供了必需的控制方法。

（2）打印服务（Print Service）

打印服务也是最基本的网络服务功能之一。打印服务可以通过设置专门的打印服务器完成，或由工作站、文件服务器来担任。通过网络打印服务功能，局域网中可以安装一台或者几台网络打印机，网络用户就可以远程共享打印机。打印服务具有对用户打印请求的接收、打印格式的说明、打印机的配置、打印队列的管理等功能。

（3）数据库服务（Database Service）

随着各种管理系统的广泛应用，网络数据库服务变得越来越重要了。选择适当的网络数据库软件，依照客户机/服务器工作模式，开发出客户端与服务器端数据库应用程序，这样客户端可以用结构化查询语言（SQL）向数据库服务器发送查询请求，服务器进行查询后将查询结果传送到客户端。它优化了网络系统的协同操作模式，从而有效地改善了网络应用系统性能。

（4）通信服务（Communication Service）

网络提供的通信服务主要有工作站与工作站之间的对等通信、工作站与网络服务器之间的通信服务等。

（5）信息服务（Message Service）

目前，信息服务已经发展为文件、图像、数字视频与语音数据的传输服务。

（6）分布式服务（Distributed Service）

网络操作系统为支持分布式服务功能，提出了一种新的网络资源管理机制，即分布式目录服务。分布式目录服务将分布在不同地理位置的网络中的资源，组织在一个全局性的、可复制的分布数据库中，网中多个服务器都有该数据库的副本。用户在一个工作站上注册，便可以与多个服务器连接。对于用户来说，网络系统中分布在不同位置的资源都是透明的，这样就可以用简单的方法去访问一个大型互联网系统。

（7）网络管理服务（Network Management Service）

网络操作系统提供了丰富的网络管理服务工具，可以提供网络性能分析、网络状态监控、存储管理等多种管理服务。

（8）Internet/Intranet 服务（Internet/Intranet Service）

为了适应 Internet 与 Intranet 的应用，网络操作系统一般都支持 TCP/IP 协议，提供各种 Internet 服务，支持 Java 应用开发工具，使局域网服务器很容易成为 Web 服务器，全面支持 Internet 与 Intranet 访问。

目前，可供选择的网络操作系统多种多样，涉及的因素也很多，而网络操作系统是组建网络的关键因素之一。当前流行的网络操作系统有 Windows Server，UNIX，Linux 等。

1.4.2　Novell 公司的网络操作系统 NetWare

从 20 世纪 80 年代起，Novell 公司充分吸收 UNIX 操作系统的多用户、多任务的思想，推出了网络操作系统 NetWare。它的设计思想成熟、实用，并实施了开放系统的概念，如文件服务器概念、系统容错技术及开放系统体系结构（OSA）。

1. NetWare 的文件系统

NetWare 文件系统所有的目录与文件都建立在服务器硬盘上。由于服务器 CPU 与硬盘通道两者的操作是异步的，当 CPU 在完成其他任务的同时，必须保持硬盘的连续操作。为了做到这一点，NetWare 文件系统实现了多路硬盘处理和高速缓冲算法，加快了硬盘通道的访问速度。它采用的高效访问硬盘机制主要有：目录 Cache、目录 Hash、文件 Cache、后台写盘、电梯升降查找算法与多硬盘通道等，从而可以大大提高硬盘通道总的吞吐量，提高了文件服务器的工作效率。

在 NetWare 中，文件服务器对网络文件进行集中、高效地管理。为了能方便地组织文件的存储、查询、安全保护，NetWare 系统通过目录文件结构组织文件。用户在 NetWare 环境中共享文件资源时，所面对的是：文件服务器、卷、目录、子目录、文件的层次结构。每个文件服务器可以分成多个卷；每个卷可以分成多个目录；每个目录又可以分成多个子目录；每个子目录可以拥有自己的子目录，每个子目录可以包含多个文件。

2. NetWare 的安全保护方法

网络管理员通过设置用户权限来实现网络安全保护措施。为了能有效地管理网络，网络管理员必须为网络用户创建用户账号。用户组是用户的集合。每个组可以包括多个用户，一个用户也可以属于多个用户组。

NetWare 的网络安全机制解决了以下几个问题：限制非授权用户注册网络并访问网络文件；防止用户查看不应查看的网络文件；保护应用程序不被复制、删除、修改或被窃取；防止用户因为误操作而删除或修改不应该修改的重要文件。

基于对网络安全性的需要，NetWare 操作系统提供了 4 级安全保密机制：注册安全性、用户信任者权限、用户信任者权限屏蔽和目录与文件属性。

3. NetWare 系统的容错技术

文件服务器是 NetWare 网络中的核心设备，如果文件服务器发生故障，将会造成网络数据的丢失，甚至造成网络的瘫痪。NetWare 操作系统的系统容错技术是非常典型的，系统容错技术主要是以下 3 种：

（1）三级容错机制

NetWare 第一级系统容错（SFT I）主要是针对硬盘表面磁介质可能出现的故障设计的，用来防止硬盘表面磁介质因频繁进行读写操作而损坏造成数据丢失。SFT I 采用双重目录与文件分配表、磁盘热修复与写后读验证等措施。Net-Ware 第二级系统容错（SFT II）主要是针对硬盘或硬盘通道故障设计的，用来防止硬盘或硬盘通道故障造成数据丢失。SFT II 包括硬盘镜像与硬盘双工功能。NetWare 第三级系统容错（SFT III）提供了文件服务器镜像（File Server Mirroring）功能。

（2）事务跟踪系统

NetWare 的事务跟踪系统（TTS，Transaction Tracking System）用来防止在写数据记录的过程中因系统故障而造成数据丢失。TTS 将系统对数据库的更新过程看作是一个完整的"事务"来处理：一个"事务"要么就全部完成，要么返回到初始状态。这样可以避免在数据库文件更新过程中，因为系统硬件、软件和电源供电等意外而造成数据不完整。

（3）UPS 监控

为了防止网络供电系统电压波动或突然中断，影响文件服务器及关键网络设备的工作，NetWare 操作系统提供了 UPS 监控功能。

随着 Windows Server 的广泛使用，NetWare 操作系统远不如早几年那么风光，NetWare 的市场份额正在逐步减少。

1.4.3　Microsoft 公司的网络操作系统

20 世纪 80 年代末期，Microsoft 公司为了与局域网市场的霸主 Novell 公司争夺世界局域网市场，推出了 LAN MANAGER2.X 版本的网络操作系统。但由于 LAN MANAGER 自身在容错能力和支持方面比不上 NetWare，所以，并没有动摇 NetWare 在局域网市场的地位。经过努力，Microsoft 公司于 1995 年 10 月推出了 Windows NT Server3.51 网络操作系统，Server3.51 的可靠性、安全性及较强的网络功能赢得了许多网络用户的欢迎。同年，Microsoft 公司开发的 Windows 95 操作系统一推出就受到了大部分 PC 机用户的爱戴。

1996 年微软公司推出了界面和 Windows95 基本相同而内核是 NT Server3.51 的延续的 Windows NT4.0 版。Windows NT 4.0 是全 32 位的操作系统，提供了多种强大的网络服务功能，如文件服务器、打印服务器、远程访问服务器以及 Internet 信息服务器等。

Windows NT 由 Windows NT Server 和 Windows NT Workstation 两部分构成。Windows NT Server 操作系统是以"域"为单位实现对网络资源的集中管理。在一个域中只能有一个主域控制器，它是一台运行 Windows NT Server 的计算机，同时，它还可以有备份域控制器与普通服务器。

Windows NT Server 支持网络驱动接口和传输驱动接口，允许用户同时使用不同的网络协议。Windows NT Server 通过用户描述文件，来对工作站用户的优先级、网络连接、程序组与用户注册进行管理。

Windows 2003 Server 是为服务器开发的多用途网络操作系统，它可为部门工作组或中小型公司用户提供文件和打印、应用软件、Web 和通信等各种服务，其性能优越、系统可靠、使用和管理简单，是中小型局域网的理想操作系统。

Windows Server 2008 是微软新一代网络操作系统的名称，它继承 Windows Server 2003 的大部分功能。使用 Windows Server 2008，IT 专业人员对其服务器和网络基础结构的控制能力更强，从而可重点关注关键业务的需求。Windows Server 2008 通过加强操作系统和保护网络环境提高了安全性。通过加快 IT 系统的部署与维护、使服务器和应用程序的合并与虚拟化更加简单、提供直观管理工具，Windows Server2008 还为 IT 专业人员提供了灵活性。Windows Server 2008 为任何组织的服务器和网络基础结构奠定了良好的基础。Windows Server 2008 用于在虚拟化工作负载、支持应用程序和保护网络方面向组织提供高效的平台。它为开发和可靠地承载 Web 应用程序和服务提供了一个安全、易于管理的平台。从工作组到数据中心，Windows Server 2008 都提供了令人兴奋且很有价值的新功能，对基本操作系统做出了重大改进。Windows Server 2008 完全基于 64 位技术，在性能和管理等方面系统的整体优势相当明显。它在虚拟化应用的性能方面完全可以和其他主流虚拟化系统相媲美，而在成本和性价比方面，Windows Server 2008 更是具有压倒性的优势。

1.4.4　UNIX 网络操作系统

UNIX 操作系统已有 40 年的发展历史，它是一种典型的 32 位多用户的网络操作系统，主要应用于超级小型机、大型机和 RISC 精简指令系统计算机上。目前，常用的版本有 AT&T 和 SCO 公司推出的 UNIX SVR3.2，UNIX SVR4.0 以及由 UNIVELL 推出的 UNIX SVR4.2 等。从 UNIX SVR3.2 开始，TCP 协议便以模块方式运行于 UNIX 操作系统上。从 4.0 版开始，TCP/IP 已经开始成了 UNIX 操作系统的核心组成部分。

UNIX 属于集中式处理的操作系统，它具有多任务、多用户、集中管理、安全保护性能好等许多显著的优点，因此，在讲究集成、通信能力的现在，它在市场上仍占有一定的份额，在 Internet 中较大的服务器大多都使用了 UNIX 操作系统。众多的 Internet 的 ISP 站点也在使用 UNIX 操作系统。

普通用户不易掌握 UNIX 系统，在局域网中也很少使用 UNIX 网络操作系统。

1.4.5　Linux 网络操作系统

1．Linux 操作系统的发展

Linux 是一种可以运行在 PC 机上的免费的 UNIX 操作系统，它是由芬兰赫尔辛基大学的学生 LINUS TORVALDS 在 1991 年开发出来的。LINUS TOR-VALDS 把 Linux 的源程序在 Internet 上公开，世界各地的编程爱好者自发组织起来对 Linux 进行改进和编写各种应用程序，今天 Linux 已发展成一个功能强大的操作系统，成为操作系统领域一颗耀眼的明星。

　　Linux 是一种新型的网络操作系统，它的最大的特点就是源代码开放，可以免费得到许多应用程序。目前也有中文版本的 Linux，如 REDHAT（红帽子），红旗 Linux 等。在国内得到了用户充分的肯定，主要体现在它的安全性和稳定性方面，它与 UNIX 有许多类似之处。

　　Linux 包含了人们期望操作系统拥有的所有特性，真正的多任务、虚拟内存、世界上最快的 TCP/IP 驱动程序、共享库和多用户支持。与 Windows 不同，Linux 完全在保护的模式下运行，并全面支持 32 位和 64 位多任务处理。

　　Linux 的商业应用项目很多。代替商品化 UNIX 和 Windows Server 作为 Internet 服务器使用是 Linux 的一项重要应用。以 Linux 和 APACHE 为基础的 Internet 和 Intranet 服务器价格低廉，性能卓越，易于维护。在美国，大多数廉价服务器都以 Linux 为基础。Linux 能用作 WWW 服务器、域名服务器、防火墙、FTP 服务器、邮件服务器等。

　　在相同的硬件条件下，Linux 通常比 Windows Server、NetWare 和大多数 UNIX 系统的性能要卓越。至今已经有许多 ISP、大学实验室和商业公司选择了 Linux，因为所有人都期望拥有在各种环境中均很可靠的服务器和网络。

　　提示： 作为 Internet 服务器，Linux 已广泛取代了 UNIX 系统，根据调查显示 Internet 服务器中有近 60% 采用了 Linux 系统。

　　2．Linux 操作系统的特点

　　Linux 操作系统与 Windows NT、NetWare、UNIX 操作系统最大的区别是：Linux 开放源代码。正是由于这点，它才能够引起人们广泛的注意。

　　与传统的操作系统相比，Linux 操作系统主要有以下几个特点：

　　（1）Linux 操作系统不限制应用程序可用内存的大小。

　　（2）Linux 操作系统具有虚拟内存的能力，可以利用硬盘来扩展内存。

　　（3）Linux 操作系统允许在同一时间内，运行多个程序。

　　（4）Linux 操作系统支持多用户，在同一时间内可以有多个用户使用主机。

　　（5）Linux 操作系统具有先进的网络能力，可以通过 TCP/IP 协议与其他计算机连接，通过网络进行分布式处理。

　　（6）Linux 操作系统符合 UNIX 标准，可以将 Linux 上完成的程序移植到 UNIX 主机上运行。

（7）Linux 操作系统是免费软件。

本 章 小 结

本章主要介绍了计算机网络的现代发展趋势、计算机网络的主要功能及其分类、几种典型的网络拓扑结构以及几种计算机网络操作系统及技术特点。

计算机网络就是利用通信设备和线路将分布在地理位置不同的、功能独立的多个计算机系统连接起来，以功能完善的网络软件（网络通信协议及网络操作系统等）实现网络资源共享和信息传递的系统。

计算机网络在逻辑功能上可以划分为资源子网和通信子网。网络的主要功能是向用户提供资源共享和数据传输。

几种典型的拓扑结构主要是：星型拓扑结构、环型拓扑结构、总线型拓扑结构和网状拓扑结构，它们各有自己的优缺点。

网络操作系统是使网络上各计算机方便而有效地共享网络资源，为网络用户提供各种服务软件和协议的集合。当前流行的网络操作系统有 Windows Server、UNIX、Linux 等。

习　　题

1. 简述当前计算机网络的发展趋势。
2. 计算机网络的功能是什么？
3. 什么是通信子网和资源子网？试述这种层次结构的特点，各自的作用是什么？
4. 计算机网络可从哪些方面进行分类？计算机网络按跨度可以分为哪几类？
5. 典型的网络拓扑结构有几种？优缺点是什么？
6. Linux 网络操作系统的特点是什么？
7. 与广域网比较，局域网有哪些特点？

第 2 章 网络体系结构

计算机网络体系结构是指计算机网络的层次结构和各层协议的集合。学习计算机网络体系结构，可以使我们更好地了解层次、协议等概念，更好的理解计算机网络的工作原理和工作过程。

学习目标：

■ 理解网络体系结构的基本概念

■ 理解网络协议的概念

■ 掌握 ISO/OSI 参考模型的层次结构和各层功能

■ 掌握 TCP/IP 体系结构的各层功能

■ 熟练掌握 TCP/IP 协议

2.1 网络体系结构的基本概念

网络模型使用分层来简化网络的功能。它采用了层次化结构的方法来描述复杂的网络系统，将复杂的网络问题分解成许多较小的、界限比较清晰而又简单的部分来处理。

网络体系结构定义和描述了一组用于计算机及其通信设施之间互连的标准和规范的集合。遵循这组规范可以方便地实现计算机之间的通信。

2.1.1 协议的基本概念

在计算机网络中用于规定信息的格式以及如何发送和接收信息的一套规则称为协议。

事实上，人与人之间的交流所使用的规则（协议）无处不在。下面以图 2-1 所示的邮政通信系统为例说明之。

邮政通信系统实际上分为用户子系统、邮政子系统和运输部门子系统三层业务。

同层之间按照同一约定处理业务。在用户子系统中，发信者必须遵守一定的规则书写信件的内容，比如使用中文书写，收信人则必须遵守相同中文规则阅读，否则不可能理解信件的内容；在邮政子系统中，发送方邮政人员需要按照邮政业务规范收集信件、加盖邮戳、分拣信件，而接收方邮政人员同样需要按照邮

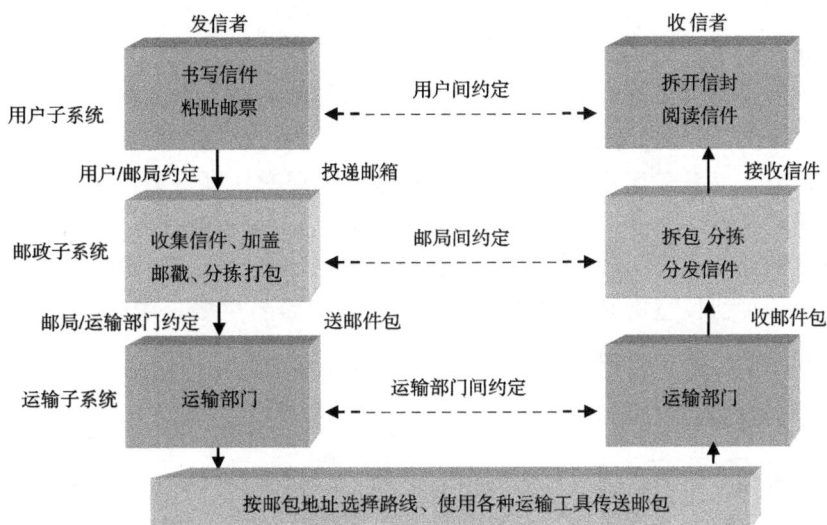

图 2-1 邮政通信系统示意图

局业务规范进行分拣信件和分发邮件；各个运输部门之间需要按照自己的行规选择运输路线、使用各种运输工具传送邮件包。

不同的层次之间需要按双方之间的约定交接。邮政通信系统的上层给下层提出要求，并按照相邻层的约定与其下层交接，下层则为其上层提供服务。如用户层中的发信者需要遵守用户与邮局间的约定，按照国内信件信封的书写标准书写信封，即收信人和发信人的地址必须按照一定的位置书写，粘贴邮票后，投递到邮箱转交其下层——邮局业务层，实现了两层之间的交接。邮局则需要按照邮局与运输部门之间的约定将信件打包，书写正确的目的地址后转交其下层——运输部门。运输部门根据发送方邮局的要求将邮件包运输到接收方所在地的运输部门，后者再按照邮局与运输部门之间的约定转交目的邮局。目的邮局按照与上层用户的约定将信件送给收信者，完成信件的投递业务。

与邮政通信系统类似，计算机之间能够相互通信，也必须有一套通信管理机制使得通信双方能正确地接收信息，并能理解对方所传输信息的含义。也就是说，当用户应用程序、文件传输等互相通信时，他们必须事先约定一种规则即协议，这与互通信件双方的中文约定相类似。

在计算机网络系统中，每个节点都必须遵守一些事先约定好的通信协议进行通信。

网络协议是由语法、语义和时序三部分组成：

语法：规定数据与控制信息的结构和格式；

语义：指定通信双方需要发出何种控制信息、完成何种动作以及做出何种应答；

时序：对事件实现顺序的详细说明。

由于网络协议设计的复杂性，网络的通信规则不是一个网络协议就能描述清楚的。协议的设计者并不是设计一个单一、巨大的协议来为所有形式的通信规定完整的细节，而是采用把复杂的通信问题按一定层次，划分为许多相对独立的子功能，然后为每一个子功能设计一个单独的协议，即每层对应一个协议。因此，在计算机网络中存在多种协议，每一种协议都有其设计目标和需要解决的问题，同时，每一种协议也有其优点和使用限制。这样做的主要目的是使协议的设计、分析和测试简单化，也易于实现。

2.1.2　网络的层次结构

如同将邮政通信系统划分为通信者活动、邮局业务和运输部门业务三层业务一样，人们对网络同样进行了层次划分，也就是将计算机网络这个庞大的、复杂的问题划分成若干较小的、简单的问题。

通常把一组功能相似或紧密相关的模块应放置在同一层；层与层之间应保持松散的耦合，使信息在层与层之间的流动减到最小。

1. 几个概念

（1）实体：实体是通信时能发送和接收信息的任何软硬件设施。在网络分层体系结构中，每一层都由一些实体组成。

（2）接口：分层结构中各相邻层之间要有一个接口，它定义了低层向其相邻的高层提供的原始操作和服务。相邻层通过他们之间的接口交换信息，高层并不需要知道低层是如何实现的，仅需要知道该层通过层间的接口所提供的服务，这样使得两层之间保持了功能的独立性。

2. 层次结构的特点

（1）按照结构化设计方法，计算机网络将其功能划分为若干个层次，较高层次建立在较低层次的基础上，并为其更高层次提供必要的服务功能。

（2）网络中的每一层都起到隔离作用，使得低层功能具体实现方法的变更不会影响到高层所执行的功能。即低层对于高层而言是透明的。

3. 层次结构的优越性

（1）层之间相互独立。高层并不需要知道低层是如何实现的，而仅需要知道该层通过层间的接口所提供的服务。各层都可以采用最合适的技术来实现，各层实现技术的改变不影响其他层。

（2）灵活性好。任何一层发生变化时，只要接口保持不变，则在这层及其以下各层均不受影响。若某层提供的服务不再需要时，甚至可将这层取消。

（3）易于实现和维护。整个系统已被分解为若干个易于处理的部分，这种结构使得一个庞大而又复杂系统的实现和维护变得容易控制。

（4）有利于网络标准化。因为每一层的功能和所提供的服务都已有了精确的说明，所以标准化变得较为容易。

2.2　OSI 参考模型

在 20 世纪 80 年代末和 90 年代初，网络的规模和数量都得到了迅猛的增长。但是许多网络都是基于不同的硬件和软件而实现的，这使得他们之间互不兼容。显然，在使用不同标准的网络之间是很难实现其通信的。为解决这个问题，国际标准化组织 ISO 研究了许多网络方案，认识到需要建立一种可以有助于网络的建设者们实现网络、并用于通信和协同工作的网络模型，因此在 1984 年公布了开放式系统互连参考模型，称为 OSI/RM（Open System Interconnect Reference Model）参考模型，简称为 OSI 参考模型。

2.2.1　OSI 参考模型的结构

OSI 参考模型是一个描述网络层次结构的模型，其标准保证了各种类型网络技术的兼容性和互操作性。OSI 参考模型说明了信息在网络中的传输过程，各层在网络中的功能和他们的架构。

OSI 参考模型描述了信息或数据通过网络，是如何从一台计算机的一个应用程序被逐层传送最终到达网络中另一台计算机的一个应用程序的。

在 OSI 参考模型中，计算机之间传送信息的问题被分为 7 个较小且更容易管理和解决的小问题。每一个小问题都由模型中的一层来解决。将这 7 个易于管理和解决的小问题映射为不同的网络功能称为分层。OSI 将这七层从低到高叫做物理层、数据链路层、网络层、传输层、会话层、表示层和应用层。图 2-2 说明了OSI 的七层结构。

1. OSI 参考模型的几个概念

（1）层：开放系统的逻辑划分，代表功能上相对独立的一个子系统。

（2）对等层：指不同开放系统的相同层次。

（3）层功能：本层具有的通信能力，它由标准来指定。

（4）层服务：本层向上一相邻的层提供的通信能力。根据 OSI 增值服务的原则，本层服务应是其所有下层服务与本层功能的总和。

2．OSI 参考模型划分的原则

（1）网络中各节点都有相同的层次；

（2）不同节点的对等层具有相同的层功能；

（3）同一节点内相邻层之间通过接口通信；

（4）每一层使用下层提供的服务，并向其上层提供服务；

（5）不同节点的对等层按照自己层的协议实现对等层之间的通信。如图 2-2 所示。

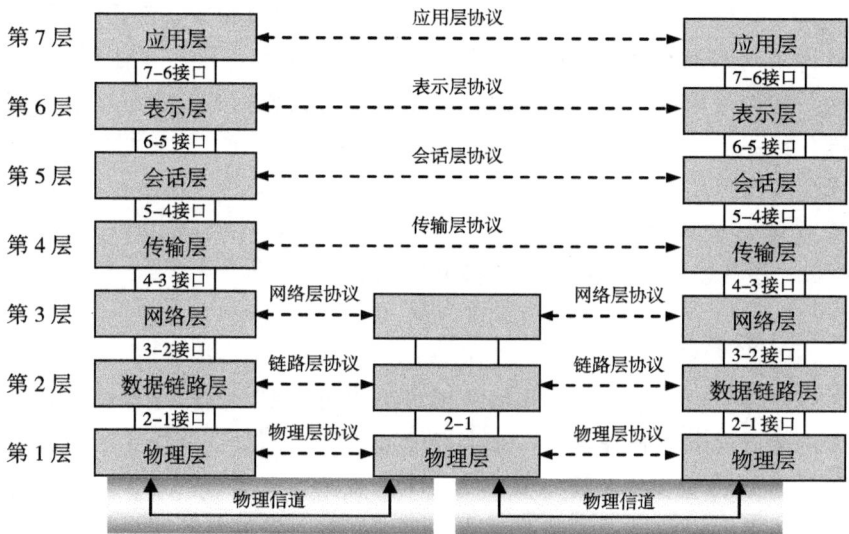

图 2-2　OSI 参考模型

从图 2-2 可以看出，虽然通信流程垂直通过各层次，但每一层都在逻辑上能够直接与远程计算机系统的对等层使用本层协议直接通信。

OSI 参考模型并非指一个现实的网络，它仅仅规定了每一层的功能，为网络的设计规划了一张蓝图。各个网络设备或软件生产厂家都可以按照这张蓝图来设计和生产自己的网络设备或软件。尽管设计和生产出的网络产品的式样、外观各不相同，但他们都应该具有相同的功能。

2.2.2　OSI 各层的主要功能

OSI 各层的主要功能，如图 2-3 所示。

第 7 层	应用层	→ 网络应用
第 6 层	表示层	→ 数据表示
第 5 层	会话层	→ 互连主机通信
第 4 层	传输层	→ 端到端连接
第 3 层	网络层	→ 寻址与路由
第 2 层	链路层	→ 接入介质
第 1 层	物理层	→ 比特流传输

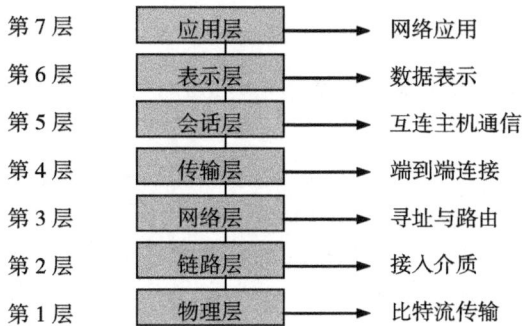

图 2-3　OSI 参考模型各层主要功能

1. 物理层 （Physical layer）

物理层的主要功能是利用物理传输介质为数据链路层提供物理连接，起到数据链路层与物理传输介质之间的逻辑接口作用，提供建立、维护和释放物理连接的方法，以便在物理信道上透明地传送比特（Bit）流。

物理层处于 OSI 参考模型的最低层。涉及到通信在信道上传输的原始比特流。设计上必须保证一方发出二进制"1"时，另一方收到的也是"1"而不是"0"。这里典型的问题是用多少伏特电压表示"1"，多少伏特电压表示"0"；一个比特持续多少微秒；传输是否在两个方向上同时进行；最初的连接如何建立和完成通信后连接如何终止；网络接插件有多少针，以及各针的用途。

物理层定义了激活、维护和关闭终端用户之间的电气、机械、过程和功能特性。物理层的特性包括电压、频率、数据传输速率、最大传输距离、物理连接器及其相关的属性，其主要内容如下：

（1）通信接口与传输媒体的物理特性：物理层协议主要规定了计算机或终端 DTE 与通信设备 DCE 之间的接口标准，包括接口的机械特性，电气特性，功能特性，规程特性。

（2）物理层的数据交换单元为二进制比特：对数据链路层的数据进行调制或编码，成为传输信号（模拟，数字或光信号）。

（3）比特的同步：时钟的同步，如异步/同步传输。

（4）线路的连接：点—点（专用链路），多点（共享一条链路）。

（5）物理拓扑结构：星型，环型，网状。

（6）传输方式：单工，半双工，全双工。

典型的物理层协议有 RS—232 系列，RS449，V. 24，V. 28，X. 20，X. 21 等。

2. 数据链路层（Data link layer）

在物理层提供比特流传输服务的基础上，数据链路层通过在通信的实体之间建立数据链路连接，传送以帧（Frame）为单位的数据，使有差错的物理线路变成无差错的数据链路，保证点到点（point-to-point）可靠的数据传输。

数据链路层使用介质访问控制（MAC）地址，也称物理地址。

数据链路层关心的主要问题包括物理地址及寻址、网络拓扑、线路规程、错误通告、数据帧的有序传输和流量控制。就主要解决问题说明如下：

发送方把输入数据分装在数据帧（data frame）里（典型的帧为几百字节或几千字节），按顺序传送各帧，并处理接收方回送的确认帧（acknowledge frame）。因为物理层仅仅接收和传送比特流，并不关心它的意义和结构，所以只能依赖链路层来产生和识别帧边界。可以通过在帧的前面和后面加上特殊的二进制编码模式来达到识别帧边界的目的。如果这些二进制编码偶然在数据中出现，则必须采取特殊措施以避免混淆。

传输线路上突发的噪声干扰可能把帧完全破坏掉。在这种情况下，发送方机器上的数据链路软件必须重传该帧。然而，相同帧的多次重传也可能让接收方收到重复帧，比如接收方给发送方的确认丢失后，就可能收到重复帧。数据链路层需要解决由于帧的破坏、丢失和重复所出现的问题。

数据链路层要解决的另一个问题（在大多数层上也存在）是防止高速发送方的数据把低速的接收方"淹没"。因此需要有某种流量调节机制，使发送方知道当前接收方还有多少缓存空间。通常流量调节和出错处理同时完成。

如果线路能用于双向传输数据，数据链路软件还必须解决新的麻烦，即从 A 到 B 数据帧的确认将同从 B 到 A 的数据帧竞争线路的使用权。借道（piggybacking）就是一种巧妙地方法。

另外，广播式网络在数据链路层还要处理新的问题，即如何控制对共享信道的访问，数据链路层的一个特殊的子层——介质访问子层，就是专门处理这个问题的。

3. 网络层（Network layer）

网络层通过标识终端点的逻辑地址定义端到端的分组（Packet）传送，从而决定把分组从一个节点到另一个节点的最佳路径。

网络层的任务包括 4 个方面：

（1）将逐段的数据链路组织起来，通过复用物理链路，为分组提供逻辑通道（虚电路或数据报），建立主机到主机间的网络连接。

（2）提供路由。

（3）网络连接与重置，报告不可恢复的错误。

（4）流量控制及阻塞控制。

由于网络层提供主机间的数据传输，所以网络层数据的传输通道是逻辑通道（虚电路）。此时逻辑通道号被称为网络地址。网络层的信息传输单位是分组（Packet）。

在广播网络中，选择路由问题很简单。因此网络层很弱，甚至不存在。

4. 传输层（Transport layer）

传输层提供端到端的流量控制、窗口操作和纠错功能，并负责数据流的分段和重组。它的主要目的是向用户提供无差错可靠的端到端（end-to-end）服务，负责分配一个端口号，用来透明地传送报文（Message）给上层。它向高层屏蔽了下层数据通信的细节，是计算机通信体系结构中最关键的一层。

传输层关心的主要问题包括建立、维护和中断虚电路、传输差错校验和恢复以及信息流量控制机制等。

传输层可以被看作高层协议与下层协议之间的边界：其下四层与数据传输问题有关，其上三层与应用问题有关。

5. 会话层（Session layer）

就像它的名字一样，会话层负责建立、维护和管理应用程序进程之间的会话。这种会话关系是由两个或多个表示层实体之间的对话构成的。

6. 表示层（Presentation layer）

表示层提供数据表示和编码格式以及数据传输语法的协商。它确保应用程序能使用从网络送达的数据，并且应用程序发送的信息能在网络上传送。它包括数据格式变换、数据加密与解密、数据压缩与恢复等功能。

7. 应用层（Application layer）

应用层是 OSI 参考模型中最靠近用户的一层，它为用户的应用程序提供网络服务。如字处理应用程序使用这一层的文件传输服务。

常用的网络服务有文件服务、电子邮件服务、打印服务、目录服务、网络管理服务、安全服务、路由互连服务、数据库服务等。网络服务由相应的应用协议来实现。

2.2.3 数据的封装与传递

事实上，数据封装和解封装的过程与通过邮局发送信件的过程是相似的。当需要发送信件时，首先需要将写好的信纸放入信封中，然后按照一定的格式书写收信人姓名、收信人地址及发信人地址，这个过程就是一种封装的过程。当收信人收到信件后，要将信封拆开，取出信纸，这就是解封的过程。在信件通过邮局传递的过程中，邮局的工作人员仅需要识别和理解信封上的内容。对于信纸上书写的内容，他不可能也没必要知道。

在 OSI 参考模型中，对等层之间经常需要交换信息单元，即协议数据单元（PDU，Protocol data unit）。在网络中，对等层间通过 PDU 可以相互理解对方信息的具体意义，如节点 B 的网络层收到节点 A 的网络层的 PDU 时，可以理解该 PDU 的信息并知道如何处理这些信息。如果不是对等层，双方的信息就不可能也没有必要相互理解。

1. 数据封装

为了实现对等层之间的通信，当数据需要通过网络从一个节点传送到另一节点前，必须在数据的头部和尾部加入特定的协议头和协议尾，以执行本层的功能。这种增加数据头部和尾部的过程称为数据打包或数据封装。也就是说，协议头和数据的概念是相对的，这取决于对当前信息进行分析的层。

图 2-4 给出了计算机 A 的进程 PA 所处理数据传输到计算机 B 的进程 PB 的传输过程。

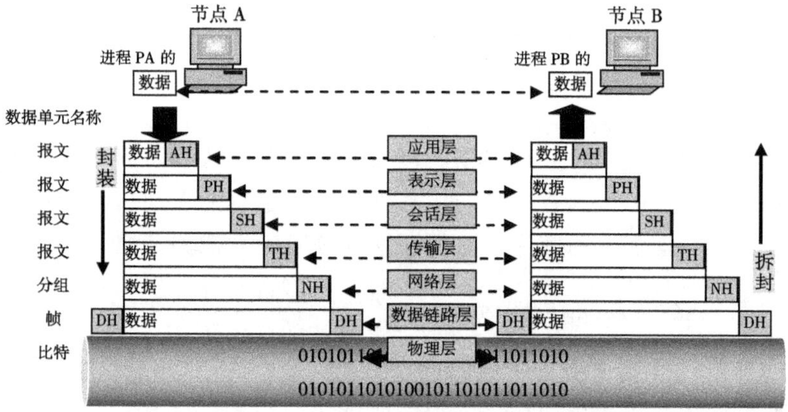

图 2-4　数据的封装与传递

在节点 A 中，进程 PA 的应用层为要传输的数据加上包含了完成本层功能要求的信息报头 AH（协议头），封装成应用层的 PDU，然后将该 PDU 传输给表示层。

表示层向应用层提供服务。在接到应用层的 PDU 后，表示层把应用层的 PDU 作为本层数据，再加上包含了完成本层功能要求的信息报头 PH，封装成表示层的 PDU，然后将该 PDU 传输给会话层。

会话层向表示层提供服务。会话层接到表示层的 PDU 后，将表示层的 PDU 作为本层数据，再加上包含了完成本层功能要求的信息报头 SH，封装成会话层的 PDU，然后将该 PDU 传输给传输层。

传输层向会话层提供服务。传输层接收到会话层的 PDU 后，将会话层的 PDU 作为本层数据，再加上包含了完成本层功能要求的信息报头 TH，该报头包含了端口号等，然后封装成传输层的 PDU——报文，再将该报文传输给网络层。

网络层向传输层提供服务。网络层接到传输层的报文后，将该报文作为本层数据，再加上本层报头 NH，报头 NH 包含了完成传输所要求的信息，例如源和目的逻辑地址等，封装成网络层的 PDU——分组，然后将该分组传输给数据链路层。

数据链路层向网络层提供服务。数据链路层接到网络层的分组后，将该分组作为本层数据，在其头部和尾部加入特定的协议头 DH 和协议尾 DH，即完成链路层功能的控制信息，把物理地址等封装成数据链路层的 PDU——帧，然后将该帧传输给物理层。

物理层向数据链路层提供服务。物理层接到数据链路层的帧后，将其转换为能在传输介质上传输的光或电信号（二进制数 0 或 1），通过传输介质传输。

经过以上各层的数据封装过程，节点 A 最终将其应用进程 PA 的数据信息转变成能够在传输介质上传输的比特流，也就是二进制编码，并通过物理传输介质将该比特流传送到节点 B。

2. 数据拆包

在数据到达接收节点的对等层后，接收方将反向识别、完成协议要求的功能，再除去发送方对等层所增加的数据头部和尾部。这种去除数据头部和尾部的过程叫做数据拆包或数据解封。

如图 2-4 所示，节点 B 的数据链路层将其从物理层上接收到的比特流，按照对等层协议相同的原则完成本层功能，依照数据链路层的相关协议（协议头 DH 和协议尾 DH）的要求，重组为数据链路层的帧。在传给网络层之前，再去除发送方对等层——数据链路层增加的协议头 DH 和协议尾 DH，还原为该层的数据即网络层的分组，将该分组转交给其上层——网络层。

网络层接收到从数据链路层上传输来的分组后，按照对等层协议相同的原则进行相关处理，完成本层功能，并去除发送方在对等层增加的协议头 NH，还原为网络层的数据即传输层的报文，将该报文转交给其上层——传输层。

其他层依次进行类似处理，最后进程 PA 的数据将被传输到节点 B 的进程 PB。

从数据的封装与传递过程来看，尽管节点 A 的每一层只与它自己的相邻层通信，但节点 A 的每一层总有一个主要任务必须要执行，就是与节点 B 的对等层进行通信。也就是说，节点 A 第 1 层的任务是与节点 B 的第 1 层通信；节点 A 第 2 层的任务是与节点 B 的第 2 层通信；等等。

但节点对等层之间的通信并不是直接通信，他们需要借助于下层提供的服务来完成，也就是说，对等层之间的通信实际上是虚通信。事实上，当前层总是将其上邻层的 PDU 变为自己 PDU 的数据部分，然后利用其下一层提供的服务将信息传递出去。如图 2-4 所示。节点 A 将其应用层的信息逐层向下传递，最终变为能够在传输介质上传输的数据（二进制编码），并通过传输介质将编码传送到节点 B，节点 B 再逐层向上传递到应用层，每一层都要完成本层功能，并进行数据拆包。

尽管发送的数据在 OSI 环境中经过复杂的处理过程才能送到另一接收节点，但对于相互通信的计算机来说，OSI 环境中数据流的复杂处理过程是透明的。发送的数据好像是“直接”传送给接收节点的对等层，这是开放系统在网络通信过程中最主要的特点。

> **提示**：理解数据封装和拆包的过程对于掌握计算机网络的数据传输是十分重要的。

2.3　TCP/IP 体系结构

2.3.1　TCP/IP 体系结构的层次划分

OSI 参考模型的提出在计算机网络发展史上具有里程碑的意义，以至于提到计算机网络就不能不提 OSI 参考模型。但是，OSI 参考模型具有定义过于繁杂、实现困难等缺陷。与此同时，TCP/IP 协议的出现和广泛使用，特别是因特网用户爆炸式的增长，使 TCP/IP 网络的体系结构日益显示出其重要性。

TCP/IP 是指传输控制协议/网际协议。它是由多个独立定义的协议组合在一起的协议集合。TCP/IP 协议是目前最流行的商业化网络协议，尽管它不是某一标准化组织提出的正式标准，但它已经被公认为目前的工业标准或“事实标准”。因特网之所以能迅速发展，就是因为 TCP/IP 协议能够适应和满足世界范围内数据通信的需要。

1. TCP/IP 协议的特点

（1）开放的协议标准，可以免费使用，并且独立于特定的计算机硬件与操作系统。

（2）独立于特定的网络硬件，可以运行在局域网和广域网中。

（3）统一的网络地址分配方案，使得整个 TCP/IP 设备在网中都具有惟一的地址。

（4）标准化的高层协议，可以提供多种可靠的用户服务。

2．TCP/IP 体系结构的层次

TCP/IP 体系结构将网络划分为 4 层，他们分别是应用层（Application layer）、传输层（Transport layer）、网际层（Internet layer）和网络接口层（主机－网络层）（Network interface layer），如图 2-5 所示。

3．TCP/IP 体系结构与 ISO/OSI 参考模型的对应关系

实际上，TCP/IP 的分层体系结构与 ISO/OSI 参考模型有一定的对应关系。如图 2-6 所示。

图 2-5　TCP/IP 体系结构的层次

（1）TCP/IP 体系结构的应用层与 OSI 参考模型的应用层、表示层及会话层相对应。

（2）TCP/IP 的传输层与 OSI 的传输层相对应。

（3）TCP/IP 的网际层与 OSI 的网络层相对应。

（4）TCP/IP 的网络接口层与 OSI 的数据链路层及物理层相对应。

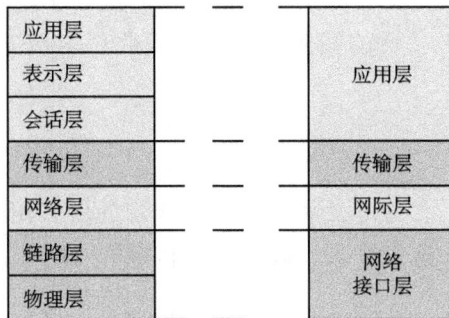

图 2-6　TCP/IP 体系结构与 OSI 参考模型的对应关系

2.3.2　TCP/IP 体系结构的层功能

1．网络接口层

在 TCP/IP 分层体系结构中，网络接口层又称主机—网络层，它是最低层，负责将其上层即网际层的 IP 数据报封装成帧后发送到传输介质上；或者从传输介质上接收帧，抽取 IP 数据报交给其上层即网际层。它包括了能使用 TCP/IP 与物理网络进行通信的所有协议。

TCP/IP 体系结构并未定义具体的网络接口层协议，而是旨在提供灵活性，以适应各种网络类型，如 LAN、WAN 等。它允许主机连入网络时使用多种现成的和流行的协议，例如局域网协议或其他一些协议。

2．网际层

网际层又称互连层，是 TCP/IP 体系结构的第二层，它实现的功能相当于 OSI 参考模型中网络层的功能。

网际层的主要功能包括：

（1）处理来自传输层的分组发送请求。在收到分组发送请求之后，将分组装入 IP 数据报，填充报头，选择发送路径，然后将数据报发送到相应的网络接口。

（2）处理接收的数据报。检查收到的数据报的合法性，进行路由。在接收到其他主机发送的数据报之后，检查目的地址，如需要转发，则选择发送路径转发出去；如目的地址为本节点的 IP 地址，则除去报头，将分组送交传输层处理。

（3）处理 ICMP 报文、路由、流控与拥塞问题。

3．传输层

传输层位于网际层之上，它的主要功能是负责应用进程之间的端到端通信。在 TCP/IP 体系结构中，设计传输层的主要目的是在互连的源主机与目的主机的对等实体之间建立用于会话的端到端连接。因此，它与 OSI 参考模型的传输层相似。

4．应用层

应用层是最高层。它与 OSI 模型中的高 3 层的任务相同，都是用于提供网络服务，比如文件传输、远程登录、域名服务和简单网络管理等。

2.3.3　OSI 参考模型与 TCP/IP 参考模型的比较

尽管 TCP/IP 体系结构与 OSI 参考模型在层次划分及使用的协议上有很大区别，但他们在设计中都采用了层次结构的思想。无论是 OSI 参考模型还是 TCP/IP 体系结构都不是完美的，对二者的评论与批评都很多。

OSI 参考模型的主要问题是定义复杂、实现困难，有些同样的功能（如流量控制与差错控制等）在多层重复出现，效率低下。而 TCP/IP 体系结构的缺陷包括网络接口层本身并不是实际的一层，每层的功能定义与其实现方法没能区分开来，使 TCP/IP 体系结构不能适合于非 TCP/IP 协议族等。

人们普遍希望网络标准化，但 OSI 迟迟没有成熟的网络产品。因此，OSI 参考模型与协议没有像专家们所预想的那样风靡世界。而 TCP/IP 体系结构与协议在 Internet 中经受了几十年的风风雨雨，得到了 IBM、Microsoft、Novell 及 Oracle 等大型网络公司的支持，成为计算机网络的事实标准体系。

2.4 TCP/IP 协议集

TCP/IP 协议是一个协议族，由多个子协议分层组成。TCP/IP 的体系结构包括了 4 个层次，但实际上只有 3 个层次包含了实际的协议。TCP/IP 体系结构与各层协议之间的对应关系如图 2-7 所示。

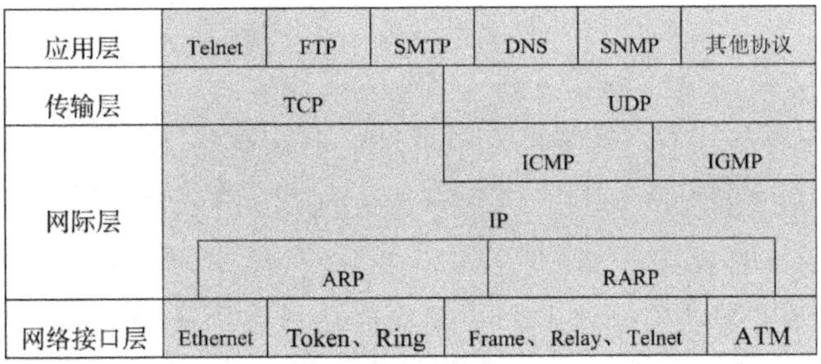

应用层	Telnet	FTP	SMTP	DNS	SNMP	其他协议
传输层	TCP			UDP		
网际层				ICMP		IGMP
	IP					
		ARP		RARP		
网络接口层	Ethernet	Token、Ring		Frame、Relay、Telnet		ATM

图 2-7 TCP/IP 体系结构与各层协议之间的对应关系

2.4.1 IP 协议

IP 协议的控制传输协议单元称为 IP 数据报。连入网络中的每台计算机与路由器都必须遵守 IP（Internet protocol）协议。发送数据的主机需要按 IP 协议封装数据报，路由器需要按 IP 协议转发 IP 数据报，接收数据的主机则需要按 IP 协议拆封数据。IP 数据报携带着地址信息从发送数据的主机出发，在沿途各个路由器的转发下，最终被送达目的主机。

1. IP 协议的功能

IP 协议主要是对数据报进行相应的寻址和路由，并管理这些数据报的分片过程，将 IP 数据报从一个网络转发到另一个网络。它不关心数据报的内容，而是寻找一条把数据报送达目的地的路径。

（1）寻址和路由

IP 协议最明显的一个功能是能使 IP 报文送到特定目的地。确定从源网络到目的地网络的最优路径。IP 协议在每个发送的 IP 报文前加入一些控制信息，其中包含了源主机的 IP 地址、目的主机的 IP 地址和一些其他信息。

（2）分段和重组

有时被传输数据的一段不能完全包括在一个 IP 报文中，他们必须分段成两个或更多的报文。当分段发生时，IP 协议必须能重组报文（不管有多少个报文要到达其目的地）。

由于 IP 数据报要从一个网络到另一个网络，当两个网络所支持传输的数据包的大小不相同时，IP 协议就要在发送端将 IP 数据报分割，然后在分割的每一段前再加入控制信息进行传输。当最终的接收端接收到这些 IP 数据报后，IP 协议将所有的片段重新组合形成原始的 IP 数据报。

重要的一点是源主机和目的主机必须理解并遵守完全相同的分段数据过程。否则，重组那些为了报文转发而分成多个段的过程将是不可能的。数据被恢复成源主机上的相同格式时，传输数据就被成功重组了。IP 头中的分段标志标识了分段的数据片。

注意：重组分段的数据和乱序帧到达目的主机的数据顺序与原顺序有可能是不同的，因此必须重新排序，而重新排序是由 TCP 协议完成的。

（3）损坏报文补偿

IP 的另一个主要功能是检测和补偿在传输过程中遭到破坏或丢失的报文。

有许多原因可造成报文丢失。网络拥塞会导致报文超时，检测到报文超时的路由器会把报文丢弃。另一种情况是报文受到干扰，可能使头信息变得没有意义，在这种情况下，报文也将被丢弃。

当报文不可能转发或不可用时，路由器必须通知源主机。IP 报文头中包含了源机器的 IP 地址，这使得通知源机器成为可能。虽然 IP 不包括重传机制，但通知源主机会导致重传，因此通知源主机起着非常重要的作用。

2．IP 提供的服务

IP 协议提供对 IP 数据报文进行无连接的、不可靠的尽力的据投递服务。

（1）无连接的投递服务

IP 协议是一个无连接的协议。无连接是指主机之间不建立用于可靠通信的端到端的连接。如同邮政系统投递信件一样，每一个 IP 数据报是独立处理和传输的。在网络中由一台主机发出的数据报，从源节点传输到目的节点可能经过不同的路径，因此，IP 数据报也有可能会出现丢失、重复或次序混乱等。

（2）不可靠的投递服务

这意味 IP 协议无法保证数据报投递的结果。在传输过程中，IP 数据报可能会丢失、重复传输、延迟、乱序、路由错误，也有可能在数据报分片和重组过程中受到损坏，IP 服务本身不关心也不检测这些结果，同时也没有机制将结果通知收发双方。

要实现 IP 数据报的可靠传输，就必须依靠高层的协议或应用程序进行相关处理，如传输层的 TCP 协议。

（3）尽力的投递服务

IP 协议并不随意的丢弃数据报，只要有一线希望，就尽力向前投递。只有当系统达到其生存周期、资源用尽、接收数据错误或网络出现故障等状态下，才不得不丢弃报文。

　　提示：IP 数据报的投递利用了物理网络的传输能力，网络接口模块负责将 IP 数据报封装到具体网络的帧（LAN）或者分组（X25 网络）中的信息字段。

2.4.2　ICMP 协议

ICMP 协议是一种提供有关 IP 数据报文传递出现故障问题而反馈信息的机制。

由于 IP 是无连接的，且不进行差错检验，当网络上发生错误时它不能检测错误。这就需要使用网际控制报文协议 ICMP（Internet Control Message Protocol）。ICMP 协议主要支持 IP 数据报的传输差错处理，ICMP 仍然利用 IP 协议传递 ICMP 报文。

ICMP 协议与 IP 协议同属于网络层，用于传送有关通信问题的消息，它为 IP 协议提供差错报告。例如数据报不能到达目标站、路由器没有足够的缓存空间以及路由器向发送主机提供最短路径信息等。由于 ICMP 报文被封装在 IP 数据报中传送，因而同样不保证被可靠的提交。

鉴于 IP 网络本身的不可靠性，ICMP 的目的仅仅是向源主机告知网络环境中出现的问题。ICMP 主要支持路由器将数据报传输的结果信息反馈回源主机。

ICMP 报文是由中间路由器发现传输错误时产生的，并由 ICMP 协议向源发主机发送。在 IP 数据报传输系统中一旦发生传输错误，被中间路由器发现时，便立即形成 ICMP 报文，并从该 IP 数据报中截取源发主机的 IP 地址，形成新的 IP 数据报，转发给源发主机，报告差错的发生及其原因，以便源发主机采取相应纠正措施。ICMP 能够报告的一些普通错误类型有目标无法到达、出现阻塞等。

携带 ICMP 报文的 IP 数据报在反馈传输过程中不具有任何优先级，与正常的 IP 数据报一样进行转发。如果携带 ICMP 报文的 IP 数据报在传输过程中出现故障，转发该 IP 数据报的路由器将不再产生任何新的差错报文。

ICMP 报文有以下几种：

（1）目的不可到达：如果路由器判断出不能把 IP 数据报送达目标主机，则向源主机返回这种报文。

（2）超时：路由器发现 IP 数据报的生存期已超时，则向源端返回这种报文。

（3）源抑制：如果路由器或目标主机缓冲资源耗尽而必须丢弃数据报，则每丢弃一个数据报就向源主机发回一个源抑制报文，这时源主机必须减小发送速率。

（4）参数问题：如果路由器或主机判断出 IP 头中的字段或语义出错，则返回这种报文，报文头中包含一个指向出错字段的指针。

（5）路由重定向：路由器向直接相连的主机发出这种报文，告诉主机一个更短的路径。

（6）回应：用于测试两个节点之间的通信线路是否畅通。

（7）时间戳：用于测试两个节点之间的通信延迟时间。请求方发出本地的发送时间，响应方返回自己的接收时间和发送时间。

（8）地址掩码：主机可以利用这种报文获得它所在网络的子网掩码。

目前，已经利用 ICMP 报文开发了许多网络诊断工具软件。例如 Ping 软件，借助于 ICMP 回应请求/应答报文，用来测试目的主机的可达性。

2.4.3 ARP 协议和 RARP 协议

数据链路层的 PDU 包含了目的 MAC 地址和源 MAC 地址，它是确认通信双方身份的惟一标识。通过 MAC 地址的识别，才能准确、可靠地找到对方，也才能够实现通信。

而在 TCP/IP 环境中，每个节点都具有惟一的 IP 地址。每个网络被看作一个单独的、惟一的地址。在访问到这个网络内的主机之前，必须首先访问到这个网络。

现有的互联网是在 IPV4 协议的基础上运行的。IPV6 是下一版本的互联网协议，也可以说是下一代互联网的协议，由于互联网的迅速发展，IPV4 定义的有限地址空间将被耗尽，而地址空间的不足必将妨碍互联网的进一步发展。为了扩大地址空间，拟通过 IPV6 以重新定义地址空间。若无特殊说明，本书所说的 IP 编址方案是指现行的 IPV4 版本的 IP 编址。

TCP/IP 协议栈中的 IP（IPV4）地址是网络地址，为标识主机而采用 32 位（4B）无符号二进制数表示。

1. ARP 协议

ARP 协议就是实现将 IP 地址解析为物理地址的协议。

（1）地址解析协议 ARP

在使用 TCP/IP 协议的局域网或广域网上，把 IP 报文从一个节点发送到另一节点，必然要借助于链路层的数据帧，也就必须要知道彼此的物理地址（MAC 地址）。这就需要使用 ARP 协议把 IP 地址解析为物理地址。

（2）ARP cache

ARP 的任务是把 IP 地址转化成物理地址，这样就消除了应用程序需要知道物理地址的必要性。ARP 就是把 IP 地址转换成相应物理地址的一个对应转换表。这个表称为 ARP 表。ARP 在存储器中维护一个 cache，这个 cache 称为 ARP cache。

（3）ARP 的工作过程

①当 ARP 解析一个 IP 地址时，它会搜索 ARP cache 和 ARP 表进行匹配。如果找到了，ARP 就把物理地址返回给提供 IP 地址的应用，形成链路层的数据帧。

②假如 ARP 没找到一个匹配的 IP 地址，它就会向网络上发送一个 ARP 广播帧，该帧包含有自己的 MAC 地址、IP 地址和目标节点的 IP 地址。如图 2-8 所示，IP 地址为 192.168.1.12 的主机发送的 ARP 广播帧，需要获得 IP 地址为 192.168.1.10 主机的物理地址。

③网上所有节点都将收到该 ARP 请求，并且都将在自己的 ARP cache 中增加源节点的 ARP 表项。

④由于 ARP 请求包括目标节点的 IP 地址，目标节点 192.168.1.10 在接收到 ARP 请求后，认出此 IP 地址属于自己，便发送一个 ARP 响应，把包含自己 MAC 地址 00-00-C0-15-0D-16 的应答报文返回给产生 ARP 请求的机器 192.168.1.12。

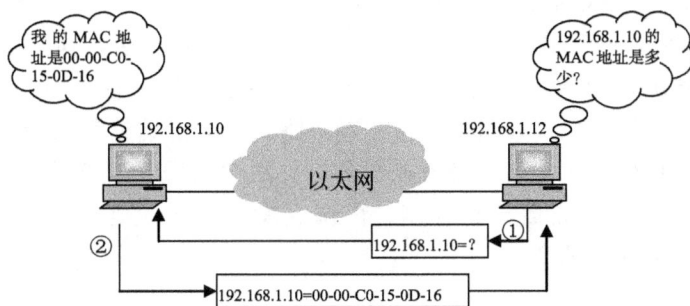

图 2-8　ARP 工作过程示意图

⑤ARP 请求机器 192.168.1.12 便得到目标节点的 MAC 地址，把此地址放置到自己的 ARP 表和 ARP cache 中以备将来之用。

2. RARP 协议

RARP 协议是实现从物理地址到网际地址的映射的协议，该协议用于获取网络节点的 IP 地址。

例如，无盘工作站无法确定自己的 IP 地址，它可以使用 RARP 协议向主服务器发送一个包含自己 MAC 地址的 RARP 请求广播报文，以便得到自己的 IP 地址。RARP 服务器则发出应答，给该无盘工作站提供一个 IP 地址。虽然发送方发出的是广播信息，RARP 规定只有 RARP 服务器才能产生应答。

有时，在工作站上运行的某些应用也需要使用 RARP 协议来获得该工作站的 IP 地址。

2.4.4　TCP 协议和 UDP 协议

TCP/IP 体系结构的传输层定义了传输控制协议 TCP（Transport control protocol）和用户数据报协议 UDP（User datagram protocol）两种协议。

1. TCP 协议

TCP 协议是一种可靠的、面向连接的、端到端的传输协议。

TCP 协议利用 IP 层提供的不可靠的数据报服务，在将数据从一端发送到另一端时，为应用层提供可靠的数据传输服务。

TCP 协议将应用层的一个 PDU 分成多个段，封装成自己的 PDU，然后转交给网际层，每个 TCP 的 PDU 再被封装在一个 IP 数据报中并通过网络设备传送。数据报到达目的主机时，IP 协议将先前封装 TCP 的 PDU 拆封后再送交给 TCP。尽管 TCP 使用 IP 传送其信息，但是 IP 并不解释或读取其信息。TCP 将 IP 看成一个连接两个终端主机的报文投递通信系统，IP 将 TCP 的 PDU 看成它要传送的数据。

TCP 允许运行于不同主机上的两个应用程序建立连接，在两个方向上同时发送和接收数据，而后关闭连接。每一个 TCP 连接都以建立可靠的连接开始，以友好的拆除连接结束，在拆除连接之前，保证所有的数据都已成功投递，从而提供可靠的数据传送。对于大量数据的传输，通常都采用 TCP 传送。

TCP 协议还具有完成流量控制、协调收发双方的发送与接收速度等功能，以达到正确传输的目的。

2. UDP 协议

UDP 协议提供的是无连接、不可靠的数据报投递服务。

在传输过程中，UDP 报文有可能会出现丢失、重复及乱序等现象，并且 UDP 协议不进行差错检验。使用 UDP 协议的应用层的应用程序必须实现可靠性机制和差错控制，以保证端到端数据传输的正确性。由于不能提供可靠的数据传输，因此，UDP 协议主要用于不要求分组顺序到达的传输中，分组传输的顺序检查与排序由应用层完成。

UDP 常用于数据量较少的数据传输，例如：域名系统中"域名地址/IP"地址的映射请求和应答（Named），Ping 、BOOTP、TFTP 等应用。

面向连接的通信通常只能在两个主机之间进行，若要实现多个主机之间的一对多或多对多的数据传输，即广播或多播，就需要使用 UDP 协议。

3. 端口

TCP 模块和 UDP 模块都以 IP 模块为传输基础，同时又可面向多种应用程序提供传输服务。为了能够区分出对应的应用程序，对给定主机上的多个目标进行区分，引入了端口的概念。端口就是 TCP 和 UDP 为了识别一个主机上的多个目标而设计的。

由于 IP 地址只对应到网络中的某台主机，而端口号可对应到主机上的某个应用进程，因此，TCP 模块采用 IP 地址和端口号的对偶来标识 TCP 连接的端点。一条 TCP 连接实质上对应了一对 TCP 端点。

端口与一个 16 位的整数值相对应，该整数值也被称为 TCP 端口号。TCP 和 UDP 分别拥有自己的端口号，他们可以共存一台主机，但互不干扰。表 2-1 给出了一些重要的端口号。

表 2-1　　默认的端口号

TCP 端口号	关键字	描述	UDP 端口号	关键字	描述
20	FTP-DATA	文件传输协议数据	50	DOMAIN	域名服务器
21	FTP	文件传输协议控制	67	BOOTBS	引导协议服务器
23	TELNET	远程登录协议	68	BOOTPC	引导协议客户机
25	SMTP	简单邮件传输协议	69	TETP	简单文件传送
53	DOMAIN	域名服务器	161	SNMP	简单网络管理协议
80	HTTP	超文本传输协议	162	SNMP-TRAP	简单网络管理协议陷阱
110	POP3	邮局协议			

TCP/IP 约定：0～1023 为保留端口号，供标准应用服务使用；1024 以上是自由端口号，供用户应用服务使用。

用户在利用 TCP 或 UDP 编写自己的应用程序时，应避免使用保留端口号，因为他们有可能已被重要的应用程序和服务占用。

2.4.5　应用层协议

应用层包括了所有的高层协议，并且总是不断有新的协议加入。应用层主要包含如下协议：

（1）Telnet 协议

远程终端协议 Telnet，要求有一个 Telnet 服务器，此服务器驻留在主机上，等待远端机器的授权登录。本地主机作为仿真终端登录到远程主机（Telnet 服务器），直接操作远程主机。

Telnet 协议依赖于传输层的协议 TCP 为其提供服务，通过 TCP 端口号 23 工作。

（2）FTP 协议

文件传输协议 FTP（File Transfer Protocol），它允许用户把文件在远端服务器和本地主机之间移动，用于实现网络中交互式文件的传输功能。用户可以使用 FTP 协议登录到 FTP 服务器上，下载一个或多个数据文件。当然，用户在该 FTP 服务器上首先要具有授权的用户 ID 和密码。

FTP 协议依赖于传输层的协议 TCP 为其提供服务，通过 TCP 端口号 20 或 21 工作。

（3）SMTP 协议

简单邮件传输协议 SMTP（Simple Mail Transfer Protocol），用于实现在各种网络环境下电子邮件的传送功能。

SMTP 具有当邮件地址不存在时立即通知用户的能力，并且具有把在一定时间内不可传输的邮件返回发送方的特点（邮件驻留时间由服务器的系统管理员设置）。

SMTP 协议依赖于传输层的协议 TCP 为其提供服务，通过 TCP 端口号 25 工作。

（4）DNS 域名系统

DNS 域名系统 DNS（Domain Name System）用于实现将网络设备的文字名字（节点名）到 IP 地址映射的网络服务。

DNS 协议既依赖于 TCP 协议，也依赖于 UDP 协议。

（5）HTTP 协议

超文本传输协议 HTTP（Hyper Text Transfer Protocol），用于 Web 服务。

（6）RIP 协议

路由信息协议 RIP（Routing Information Protocol），用于网络设备之间交换路由信息。

（7）SNMP 协议

简单网络管理协议 SNMP（Simple Network Management Protocol），用于管理和监视网络设备。

（8）DHCP 协议

动态主机配置协议 DHCP（Dynamic Host Configuration Protocol）是为大量客户机提供快速、方便、有效地分配 IP 的方法。它从一个地址池中把 IP 地址分配给请求主机，DHCP 也能提供其他信息，如网关 IP、DNS 服务器、缺省域和网络范围内 HOSTS 文件的位置。这样便减轻了管理员跟踪记录手工分配 IP 地址的负担。

> **提示：**应用层协议有的依赖于面向连接的传输层协议 TCP（例如 Telnet 协议、SMTP 协议、FTP 协议及 HTTP 协议），有的依赖于面向非连接的传输层协议 UDP（例如 SNMP 协议），还有一些协议（如 DNS 协议），既依赖于 TCP 协议，也依赖于 UDP 协议。

本 章 小 结

计算机网络体系结构是指计算机网络的层次结构和协议。开放式系统互连（OSI）参考模型是一个描述网络层次结构的模型，其标准保证了各种类型网络技术的兼容性和互操作性。OSI 参考模型说明了信息在网络中的传输过程，各层在网络中的功能和他们的架构。每一层使用下层提供的服务，并向其上层提供服务；不同节点的同等层按照协议实现对等层之间的通信。理解数据封装和拆包的过程对于掌握计算机网络的数据传输是十分重要的。

TCP/IP 协议是目前最流行的商业化网络协议，理解其各个协议是必须的。

习　　　题

1. 什么是网络体系结构？
2. OSI/RM 共分为哪几层？简要说明各层的功能。
3. 请详细说明数据链路层和网络层的功能。
4. TCP/IP 协议模型分为几层？各层的功能是什么？每层又包含什么协议？
5. 简述 ARP 的工作流程。
6. IP 协议有哪些主要功能？
7. 试述 UDP 和 TCP 协议的主要特点及他们的适用场合。
8. 什么是 MAC 地址？如何接收数据？
9. 试简单说明下列协议的作用：IP，ARP，RARP，ICMP。
10. IP 数据报的首部的最大长度是多少个字节？典型的 IP 数据报首部是多长？

第 3 章　组建局域网

局域网（Local Area Network）简称 LAN，是较小范围内的计算机网络，比如一个公司、一个办公室内等。局域网是使用交换机通过通信介质将多台计算机连接而成的计算机通信网，如图 3-1 所示。

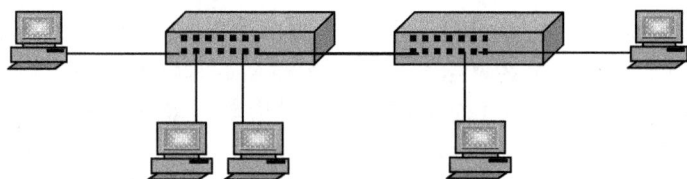

图 3-1　局域网

局域网在计算机网络中占有非常重要的地位，它目前已被广泛应用于办公自动化、企业管理信息、辅助教学、软件开发和商业系统等方面，以实现文件管理、应用软件共享、打印机共享、工作组内的日程安排、电子邮件和传真通信服务等功能。

常见的局域网拓扑结构有星型结构、总线型结构和环型结构。

决定局域网特征的主要技术有：用于传输数据的传输介质、由于连接各种设备的拓扑结构以及用于共享资源的介质访问控制方法。

学习目标：
■ 熟悉局域网设备的功能
■ 了解各种传输介质的规范和应用场合，能实现局域网的连接
■ 了解局域网的参考模型，掌握 IEEE802 协议标准
■ 理解以太网的工作原理
■ 熟练掌握以太网、快速以太网、千兆位以太网技术
■ 能够利用所学知识组建局域网

3.1　局域网设备

日前组建局域网所用的通信设备主要是交换机，主要的通信介质是双绞线、光纤和无线电波。而网络集线器和同轴电缆则已基本被淘汰。

3.1.1　网卡

网络接口卡 NIC（Network Interface Card）简称网卡，也叫网络适配器（adapter），如图 3-2 所示。网卡是计算机与物理传输介质之间的接口设备，网络中的计算机通过网卡可以发送和接收数据帧。

网卡通常被插在计算机主板的总线槽上（或通过 USB 接口连接到计算机主板上或集成在主板上）。它的主要技术参数为带宽、总线方式、电气接口方式等。

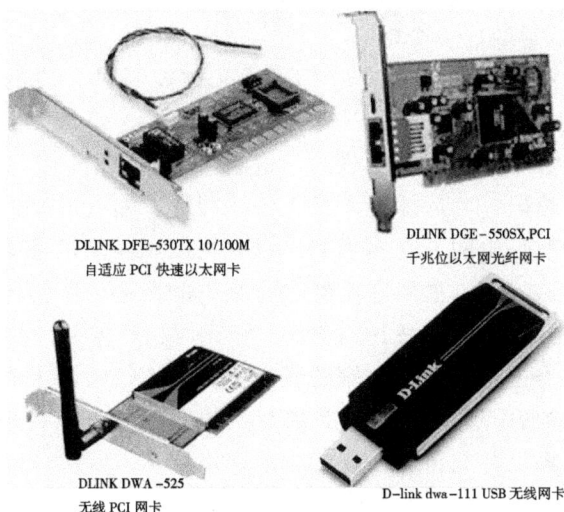

DLINK DFE-530TX 10/100M
自适应 PCI 快速以太网卡

DLINK DGE-550SX,PCI
千兆位以太网光纤网卡

DLINK DWA-525
无线 PCI 网卡

D-link dwa-111 USB 无线网卡

图 3-2　网卡

1. 网卡的功能

网卡能实现数据的封装与解封、链路管理、编码与译码。

网卡工作在数据链路层，它是局域网中连接计算机和传输介质的接口，不仅能实现与局域网传输介质之间的物理连接和电信号匹配，还涉及帧的发送与接收、帧的封装与拆封、介质访问控制、数据的编码与解码以及数据缓存等功能。

网卡上面装有处理器和存储器。网卡和局域网之间的通信是通过传输介质以串行传输方式进行的。而网卡和计算机之间的通信则是通过计算机主板上的 I/O 总线以并行传输方式进行。因此，网卡的一个重要功能就是要进行串行/并行转换。由于网络上的数据传输速率和计算机总线上的数据传输速率并不相同，因此在网卡中必须装有能对数据进行缓存的存储芯片。

网卡需要与计算机所安装操作系统中管理该网卡的驱动程序相结合，这个驱动程序会告诉网卡，应当从存储器的什么位置上将局域网传输介质中传送过来的数据块存储下来。网卡受所插入的计算机控制，能够实现数据链路层协议的各种功能，同时还可以作为物理层的组成部分。

网卡发送数据的过程如下：

（1）**数据传输**。计算机将存放在内存中的数据通过系统总线发送给网卡。

（2）**数据缓存**。计算机处理数据的速率与网络的数据传输速率是不同的，网卡配有用来存放数据的存储缓冲区（存储芯片），这样它每次就能够处理一个完整的帧。

（3）**帧的封装**。网卡负责接收协议栈中被网络层协议封装好的 PDU，然后再将网络层的 PDU 封装成一个帧。

（4）**介质访问控制**。以太网采用 CSMA/CD 控制对介质的访问，以便决定何时发送。

（5）**数据编码解码**。计算机生成的二进制格式的数据，必须按照适合网络介质传输的格式进行编码，然后才能发送出去。同样，输入进来的信号在接收时必须进行解码，这些都是由网卡来实现的。以太网使用曼彻斯特编码模式。

（6）**数据的发送**。网卡提取它已经进行编码的数据，将信号放大到相应的振幅，然后通过传输介质将数据发送出去。

数据的接收过程正好是发送数据的逆过程。只不过当网卡收到一个有差错的帧时，它就将这个帧丢弃而不必通知计算机。当收到一个正确的帧时，网卡才使用中断来通知该计算机并交付给协议栈中的网络层。

2. 网卡的分类

（1）按网卡与主板的总线接口分类

由于网卡通过总线与计算机 CPU 通信，因此可按总线接口来分类网卡。常分为以下几种：

①PCI 总线接口网卡。它是由 Intel 主导的总线标准，可以支持 32 位及 64 位的数据传输，当前 32 位的网卡居多，由于它具有数据传输率与稳定性较高等优点，已成为目前市场上的主流产品。

②USB 接口网卡。USB 接口是由 IBM、Intel、Microsoft 等厂商提出的新一代串行总线标准。由于它具有高扩展性、热插拔、即插即用功能等优点，所以它是一种为用户提供更易于使用的外设连接接口，目前它的最大传输速率可达 480 Mb/s。

而 16 位的 ISA 总线接口网卡、32 位的 EISA 总线接口网卡和用于笔记本电脑的 PCMCIA 接口网卡，现在已几乎绝迹。

（2）按网卡支持的传输速率分类

按网卡支持的传输速率对网卡进行分类，可分为如下几种：

①10Mb/s 网卡。现已较少使用。

②100Mb/s 网卡。由于它增加了带宽，因而大大提高了网络传输效率，已成为局域网市场的主流网卡。

③10/100Mb/s 自适应网卡。它既可以工作在 10Mb/s 的系统中，又可以工作在 100Mb/s 的系统中。

④1000Mb/s 网卡。大多以光纤为传输介质，带宽可以达到 1000Mb/s。

⑤10/100/1000Mb/s 自适应网卡。

（3）按网卡支持的传输介质分类

按网卡支持的传输介质对网卡进行分类，可分为如下几种：

①RJ-45 接口网卡。主要用来连接 UTP（或 STP）双绞线。由于这种接口的网卡具有易于安装、扩展与调试方便等优点，因而得到了普遍应用。

②无线网卡。是一种利用无线技术传输的网卡，在家庭及小型办公环境中已普遍采用。

③光纤网卡。主要使用在服务器上。

早期所普遍使用的 BNC 接口（细缆）网卡以及 AUI 接口（粗缆）网卡由于故障率高，传输速率低，现已被淘汰。

3. 网卡的选购

在选购网卡之前，首先要考虑网络拓扑结构，以决定用哪种传输介质实现网卡与网络的连接，一般使用 RJ-45 接口的网卡，毕竟它能提供较高的传输率和稳定性，又适合综合布线；家用最好选用无线网卡。选购网卡时还需要网络的数据传输速度，服务器一般应该采用千兆以太网网卡，这种网卡多用于服务器与交换机之间的连接，以提高整体系统的响应速率，而 100M 网卡则是人们经常购买且常用的网络设备。

在选购网卡的时候还应注意是否需要支持自动网络唤醒功能、是否需要支持远程启动功能和网卡的品牌等方面。

3.1.2　集线器

集线器就是通常所说的 HUB，即中心的意思。像树杈一样，它是各分支的汇集点。集线器通过对工作站进行集中管理，能够避免网络中出现问题的区段对整个网络正常运行的影响。图 3-3 中上面是一个包含 1 个 BNC 端口、8 个 RJ-45 端口的集线器外观图，下面是集线器另一面的指示灯。

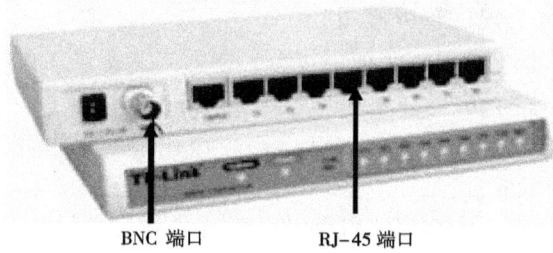

BNC 端口　　　　　RJ-45 端口

图 3-3　集线器

集线器是物理层设备，它只是一个多端口的信号放大设备。当一个端口接收到数据信号时，由于信号从源端口到 HUB 的传输过程中已有了衰减，所以 HUB 便将该信号进行整形放大，使被衰减的信号再生（恢复）到发送时的状态，然后再转发到其他所有处于工作状态的端口上（广播）。

使用集线器组建的网络是一个共享介质网络。以太网集线器的每个时间片内只允许有一个节点占用公用通信信道而发送数据，其他端口则处于接收或等待状态。所有端口共享带宽，即平均分配整个带宽，如 8 口（RJ-45 端口）集线器所对应每个结点的平均带宽仅为该集线器带宽的 1/8。显然，共享式网络的效率非常低，当网络通信负荷加重时，冲突与重发现象大量发生，网络效率将会急剧下降。而交换机的交换方式则彻底解决了共享介质方式网络效率低下的问题。

3.1.3　交换机

交换是近年来计算机网络领域中的热门技术。如果把"共享"方式理解为往来车辆共用一个车道的单车道公路，则"交换"方式就是往各用一个车道的分道高速公路，如图 3-4 所示。

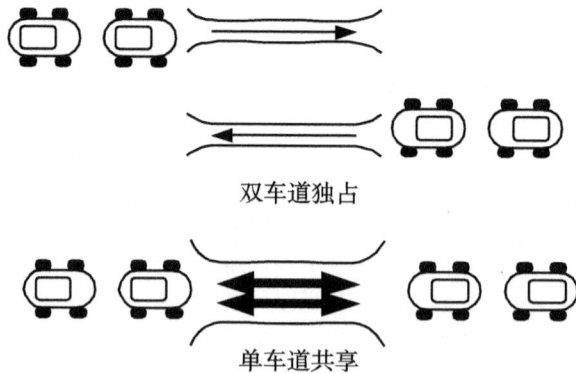

双车道独占

单车道共享

图 3-4　共享和交换

当车辆通过单车道桥时，每次只允许一个方向的车辆行驶，这显然容易出现塞车现象。而分道车辆通过桥时，则允许同一时刻沿两个方向的车辆同时通过，即每辆车独占车道（带宽）。交换机解决了集线器那种共享单车道容易出现的"塞车"现象。这种独享带宽的情况被称为"交换"，而这种网络环境则称为"交换式网络"。

所谓交换就是使用一种称为交换机的网络设备连接各个主机、网段或局域网，实现高速并发连接的通信技术。图 3-5 是一台 CISCO WS-C3550-48EMI 交换机，它有 48 个 RJ-45 端口。

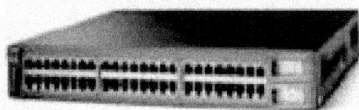

图 3-5　交换机

1. 工作原理简介

网络中交换机的工作原理与电话交换机的原理非常相似。例如，在电话交换系统中，当一个电话用户需要与另一个电话用户通话时，需拨打对方的电话号码，电信局的电话交换机收到电话号码后就会自动建立两个电话之间的一个连接，使得通话只在这两个用户之间进行，其他用户不能听到电话的内容，也无法加入这两个用户的谈话之中。这种通话可以同时在多对电话用户之间并发进行。与电话交换机建立两个电话用户之间的通过电话号码连接类似的是，局域网的交换机是通过两台计算机的网卡地址来建立它们之间的连接的。

交换机工作于数据链路层，它可以识别数据帧中的 MAC 地址。交换机能够通过其端口所连接网卡的 MAC 地址，了解到连接在每个端口上的所有计算机，形成一个"端口号-MAC 地址映射表"。从交换机的一个端口发过来的数据中会都含有目的 MAC 地址，交换机在地址表里查找与这个 MAC 地址相对应的端口，若存在，就在这两个端口间架起一条临时专用通道。这样的多条临时专用通道就形成了立体交叉的并发结构。

因此，局域网交换机是一种基于 MAC 地址识别，完成封装、转发数据帧功能，实现并发连接的网络设备。

2. 交换机的工作过程

在图 3-6 所示的 8 口以太网交换机中，端口 1～8 分别连接了节点 A～H。此时节点 A 和节点 D 之间、节点 B 和节点 H 之间、节点 C 和节点 E 之间、节点 F

和节点 G 之间分别建立了一条临时专用通道，形成了 4 条并发通道。数据帧将分别通过这 4 条通道并发传输。

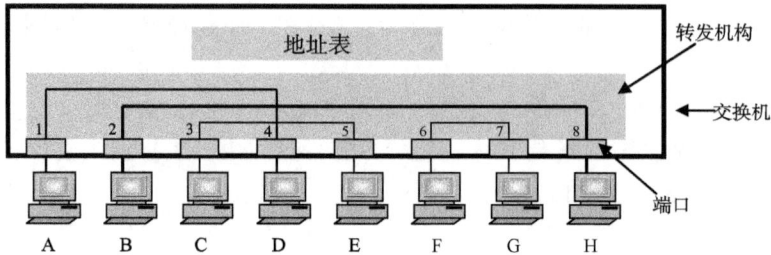

图 3-6　交换机的工作过程示意图

（1）建立地址表

交换机刚打开电源时的"端口号-MAC 地址映射表"是空的。交换机将根据其接收数据帧的源 MAC 地址来更新地址表。当一台计算机被打开电源后，安装在该系统中的网卡会定期发出空闲包信号，交换机即可据此得知其端口所连接节点的 MAC 地址，这样便可以建立该交换机的"端口号-MAC 地址映射表"，这就是所谓自动地址学习。由于交换机能够自动根据其收到帧的源 MAC 地址更新地址表的内容，所以交换机使用的时间越长，学到的 MAC 地址就越多，未知的 MAC 地址就越少，因而广播的包也越少，当然数据转发的速度也就越快。

例如，在图 3-6 所示交换机的工作过程示意图中，以太网交换机的"端口号-MAC 地址映射表"就可以将其端口号与节点 MAC 地址的对应关系，通过"学习"建立起如表 3-1 所示的地址表，这里的 A～H 实际上都是 48 位的二进制数，即网卡的 MAC 地址。

表 3-1　地址表

端口号	1	2	3	4	5	6	7	8
MAC 地址	A	B	C	D	E	F	G	H

如果节点 A、B 和 C 同时要发送数据，那么它们将分别在所发帧的目的地址字段中填上目的地址 D、H 和 E。当节点 A、节点 B 和节点 C 同时通过交换机传送帧时，交换机的交换控制中心根据"端口号-MAC 地址映射表"找出数据帧中目的地址对应的输出端口号，那么它就可以为节点 A 和节点 D 间建立端口 1 到端口 4 的连接，为节点 B 和节点 H 间建立端口 2 到端口 8 的连接，同时为节点 C 和节点 E 间建立端口 3 到端口 5 的连接。也就是说可以在多个端口之间建立多个并发连接。

当然，如果多个端口接收到的数据包的目的地址相同时，仍会出现抢占同一个端口（目的端口）的情况，此时的交换机又类似于共享端口的集线器。

（2）更新地址表

由于交换机中的内存有限，交换机不会永久性地记住所有的端口号-MAC 地址关系，它能够记忆的 MAC 地址的数量也是有限的。因此，就必须赋予其相应的忘却机制，从而吐故纳新。事实上，工程师为交换机设定了一个自动老化时间，若某 MAC 地址在一定时间内（以太网默认为 300 秒）不再出现，那么，交换机将自动将该 MAC 地址从地址表中清除。而当该 MAC 地址重新出现时，将被当作新地址处理。

（3）并发传递数据

交换机与集线器最大差别在于交换机能够记忆站点连接的端口。因此，除广播帧和未知 MAC 地址的数据帧外，交换机将帧直接转发至目的端口。由于不必广播，所以，不同端口间的转发可以并行操作，也就是说交换机的每个端口都是一个独立的冲突域。即在各端口间建立起了一座立交桥，使得不同流向的数据各行其道，每个端口均能够独享固定带宽，传输速率几乎不受计算机数量增加的影响。

（4）过滤与转发

交换机可以把网络"分段"，通过对照地址表，将不允许通过的数据帧过滤，仅转发允许通过的无差错数据帧，进行必要的网络流量控制。交换机的过滤和转发可以有效的隔离广播风暴，减少差错帧的传递，避免共享冲突。

> **提示**：交换机的每个端口都是一个独立的冲突域，但交换机不能够隔离广播域。

3. 交换机的交换方式

以太网交换机传送数据帧的方式通常采用直通式、存储转发式和碎片隔离方式三种数据帧交换方式。

（1）直通交换方式

采用直通交换方式的以太网交换机可以理解为在各端口间是纵横交叉的线路矩阵电话交换机。它在输入端口检测到一个数据帧时，仅检查该帧头，获取帧目的地址后，查找地址表，接通输入端口与输出端口，把数据帧直接转发到相应的端口，实现交换功能。

由于直通交换方式的交换机存储数据包，因此它具有传输数据时延迟小（延迟是指数据帧进入一个网络设备到离开该设备所花的时间）、交换速度快，但不进行差错检测、不进行速率转换等特点。

（2）储转发方式

存储转发（Store and Forward）是计算机网络领域使用得最为广泛的技术之一，以太网交换机的控制器先将输入端口到来的数据帧缓存起来，进行 CRC 校验，丢弃有差错帧或冲突帧，确定数据帧正确后，取出目的地址，通过查找地址表，找到与目的地址所对应的输出端口，最后将该数据帧转发出去。

存储转发方式的交换机对进入交换机的数据帧进行错误检测，并且能支持不同速度的输入/输出端口间的交换，保持高速端口和低速端口间协同工作。由于需要对数据帧进行存储、校验、转发处理，因此存储转发方式的交换机传输数据时延时较大。

（3）碎片隔离式

碎片隔离式（Fragment Free）是介于直通式和存储转发式之间的一种解决方案。它在转发前先检查数据帧的长度是否达到 64Byte，如果小于 64Byte，说明是残帧，则丢弃该帧；如果大于 64Byte，则发送该帧。从而确保碰撞碎片不通过网络传播，能够在很大程度上提高网络传输效率。该方式的数据处理速度比存储转发方式快，比直通式慢，由于碎片隔离式交换机能够避免残帧的转发，所以被广泛应用于低档交换机中。

> **提示**：局域网交换机具有低传输延迟、高传输带宽、支持虚拟局域网技术等特点。

3.1.4 ADSL

ADSL 是一种异步传输模式（ATM）。因为和传统的调制解调器（Modem）类似，所以也被称为"猫"。在电信服务提供商端，需要将每条开通 ADSL 业务的电话线路连接在数字用户线路访问多路复用器（DSLAM）上，而在用户端，用户需要使用一个 ADSL 终端来连接电话线路。

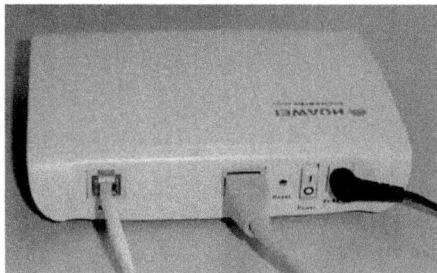

图 3-7　ADSL

ADSL 终端主要适用于宽带上网的家庭用户。如图 3-7 所示，通常的 ADSL 终端有一个电话 Line-In，一个 RJ-45 端口。有些终端集成了 ADSL 信号分离器，还提供一个连接的 Phone 接口。

传统的电话线系统使用的是铜线的低频部分（4kHz 以下频段）。而 ADSL

采用 DMT（离散多音频）技术，将原来电话线路 0kHz 到 1.1MHz 频段划分成 256 个频宽为 4.3kHz 的子频带。由上可以看到，对于电话信号而言，仍使用原先的频带，而基于 ADSL 的业务，使用的是话音以外的频带。也就是说一条电话线可同时拨打、接听电话并进行数据传输，两者互不影响，数据传输并不通过电话交换机设备。所以 ADSL 上网不需要缴付额外的电话费，节省了费用。

ADSL 是一种非对称的 DSL 技术，所谓非对称是指用户线的上行速率与下行速率不同，上行速率低，下行速率高。例如符合 ITU-T G.992.1 标准的 AD-SL 上行速率为 640kb/s，下行速率可达到 6.144Mb/s。

3.2 传 输 介 质

传输介质是网络中信息传输的媒体，是网络通信的物质基础之一。传输介质的性能特点对传输速率、通信距离、可连接的网络节点数目和数据传输的可靠性均有很大的影响，因此了解传输介质的特性是必要的。现在网络中常用的传输介质有双绞线、光纤和无线传输介质等。

3.2.1 双绞线

双绞线 TP（Twisted Pair）价格低廉，是目前使用最广泛的有线传输介质，尤其是在局域网中。

双绞线是由两根相互绝缘的铜导线（一根用于发送，一根用于接收）用规则的方法绞合而成，称为一对双绞线。采用两两相绞合的目的是为了抵消相邻线对之间传输信号的电磁干扰和减少其近端串扰。

通常把若干对双绞线捆成一条电缆并以坚韧的塑料护套包裹着。如在图 3-8 所示的 4 对双绞线中，每根铜导线的护套上都涂有不同的颜色，分为橙白、橙、绿白、绿、蓝白、蓝、棕白和棕色，以便于用户区分不同的线对。

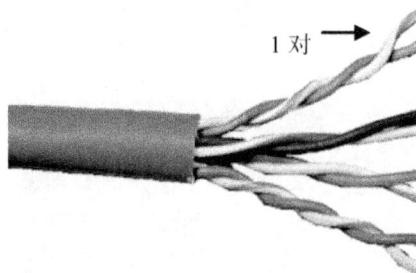

图 3-8 双绞线

　　用双绞线传输数字信号时，其数据传输率与电缆的长度有关。距离短时，数据传输率可以高一些。以太网中双绞线的数据传输率为 10Mb/s、100Mb/s 甚至可高达 1000Mb/s。

　　双绞线一般每隔两英尺就有一段文字，它解释了有关此线缆的相关信息，以 AMP 公司的线缆为例，其文字为："AMP SYSTEMS CABLEE138034 0100 24 AWG（UL）CMR/MPR OR C（UL）PCC FT4 VERIFIED ETL CAT5 O44766 FT 1007"，其中的具体含义如下所述：

　　AMP：代表公司名称。

　　0100：表示 100 欧姆。

　　24：表示线芯是 24 号的（线芯有 22、24、26 三种规格）。

　　AWG：表示美国线缆规格标准。

　　UL：表示通过认证的标准。

　　FT4：表示 4 对线。

　　CAT5：表示五类线。

　　044766：表示线缆当前处在的英尺数。

　　1007：表示生产年月，即 2010 年 7 月。

1. 双绞线的分类

　　（1）根据屏蔽类型，双绞线分为屏蔽双绞线（STP）和非屏蔽双绞线（UTP）两大类。

　　① 非屏蔽双绞线 UTP。如图 3-8 所示，非屏蔽双绞线的外面只有一层绝缘胶皮，具有重量轻、易弯曲，安装、组网灵活，比较适合于结构化布线。在无特殊要求的小型局域网中，尤其是在星型网络拓扑结构中，常常使用这种双绞线。

　　② 屏蔽双绞线 STP。如图 3-9 所示，屏蔽双绞线在双绞线与外层绝缘皮之间增加了金属（箔）屏蔽层。这种结构能减少辐射，增加抗干扰性，防止信息被窃听，同时还具有较高的数据传输速率。但由于屏蔽双绞线的价格相对较高且必须采用特殊的连接器，技术要求也比非屏蔽双绞线高，因此屏蔽双绞线只使用在安全性要求较高的网络环境中。

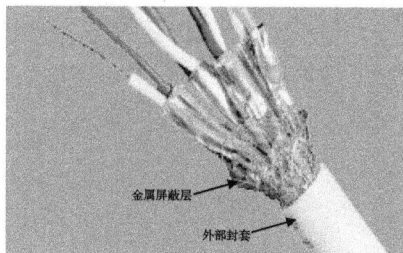

金属屏蔽层

外部封套

图 3-9　屏蔽双绞线 STP

（2）根据电气性能划分，双绞线又可分为 3 类（CAT3）、4 类（CAT4）、5 类（CAT5）、超 5 类（CAT5e）、6 类（CAT6）和 7 类（CAT7）双绞线等。数字越大，带宽越宽，价格越高。

3 类和 4 类线已基本不用；5 类线增加了绕线密度，是以太网最常用的电缆；6 类线和 7 类线适用于 1000 兆即 1G 的以太网，正逐步普及使用。

到目前为止，EIA/TIA（EIA，美国电子工业协会；EIA 美国电信工业协会）已颁布了 7 类线缆的标准。其中：

Cat1：适用于电话和低速数据通信。

Cat2：适用于 ISDN 及 T1/E1，支持高达 16MHz 的数据通信。

Cat3：适用于 10Base-T 或 100Mb/s 的 100Base-T4，支持高达 20MHz 的数据通信。

Cat5：适用于 100Mb/s 的 100Base-TX 和 100Base-T4，支持高达 100MHz 的数据通信。

Cat5e：既适用于 100Mb/s 的 100Base-TX 、100Base-T4，支持高达 100MHz 的数据通信；又适用于 1000Mb/s 的 1000Base-TX，支持高达 1000MHz 的数据通信。

Cat6：适用于 1000Mb/s 的 1000Base-TX，支持高达 1000MHz 的数据通信。

Cat7：适用于 1000Mb/s 的 1000Base-TX，支持高达 1000MHz 的数据通信。

2. 双绞线的配线标准

双绞线一般用于星型网络的布线，在网络组建过程中，双绞线的接线质量会直接影响到网络的整体性能。EIA/TIA 制定的布线标准，规定了 RJ-45 接口 8 根针脚的编号为 1～8，仅使用了 1、2、3 和 6 四个脚位，也就是说双绞线中的 8 根芯线只使用了 4 根，各脚位的功能参见表 3-2。

表 3-2　RJ-45 接口中脚位功能表

脚位	功能	简称
1	传输数据正极	Tx+
2	传输数据负极	Tx−
3	接收数据正极	Rx+
4	未使用	
5	未使用	
6	接收数据负极	Rx−
7	未使用	
8	未使用	

双绞线两端的 RJ-45 接口线序必须符合 EIA/TIA568B 或 EIA/TIA 568A 配线标准，具体接法如表 3-3 所示。双绞线的两端安装 RJ-45 水晶头，每条双绞线通过两端安装的 RJ-45 水晶头将各种网络设备连接起来。

表 3-3　RJ-45 接口 EIA/TIA 配线标准

线序	1	2	3	4	5	6	7	8
T568A 标准	绿白	绿	橙白	蓝	蓝白	橙	棕白	棕
T568B 标准	橙白	橙	绿白	蓝	蓝白	绿	棕白	棕

双绞线在使用时分为直通线和交叉线两种形式，直通线用于连接异型网络设备，如网卡和交换机；交叉线用于连接同型网络设备，如网卡和网卡。

（1）直通线：两端的线序相同，即两端都按 T568B 配线标准连接或两端都按 T568A 配线标准连接。表 3-4 给出的是按照 T568B 配线标准制作的直通线线序的对应关系。

表 3-4　T568B 直通线线序表

线线序	1	2	3	4	5	6	7	8
端 1	橙白	橙	绿白	蓝	蓝白	绿	棕白	棕
端 2	橙白	橙	绿白	蓝	蓝白	绿	棕白	棕

（2）交叉线：一端按 T568A 配线标准连接，另一端则按 T568B 配线标准连接。表 3-5 给出了交叉线线序的对应关系。

表 3-5　交叉线线序表

线线序	1	2	3	4	5	6	7	8
端 1	绿白	绿	橙白	蓝	蓝白	橙	棕白	棕
端 2	橙白	橙	绿白	蓝	蓝白	绿	棕白	棕

在制作网线时，如果不按标准连接，虽然线路也能接通，但是线路内部各线对之间的干扰不能有效消除，从而导致信号传输时误码率增高，最终将影响到网络的整体性能。只有按标准连接，才能保证网络的正常运行，也会给后期的维护工作带来便利。

双绞线的主要品牌：美国 Avaya 公司布线产品，品牌为 Systimax；美国 AMP 布线产品，品牌为 AMP netconnect；美国西蒙（SIEMON）公司的布线产品以及我国大唐电信科技股份有限公司和我国 TCL 国际电工的布线产品等。

3. RJ-45 插头

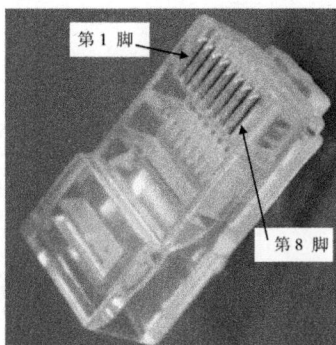

图 3-10 屏蔽双绞线 STP

RJ-45 是一种网络接口规范，RJ45 型网线插头又称水晶头，如图 3-10 所示。它共有八芯组成，用来连接双绞线的两端设备，广泛应用于局域网和 ADSL 宽带上网用户的网络设备间双绞线的连接。以便插在网卡（NIC）、集线器（Hub）或交换机（Switch）的 RJ-45 接口上，进行网络通信。

RJ45 型网线插头引脚号的识别方法是：手拿插头，有 8 个小镀金片的一端向上，有网线装入的矩形大口的一端向下，眼睛对着有镀金片的一面 ，从左边第一个小镀金片开始依次是第 1 脚、第 2 脚、…、第 8 脚。

3.2.2　同轴电缆

同轴电缆也是网络应用初期常见的传输介质。它由一根中央铜导线、包围铜线的绝缘层、一个网状金属屏蔽层以及一个塑料保护外皮四部分组成，如图 3-11 所示。其中，铜线传输电磁信号，它的粗细直接决定其衰减程度和传输距离；网状导体金属屏蔽层可以屏蔽噪声，又可以作为信号地线，能够很好地隔离外来的电信号。

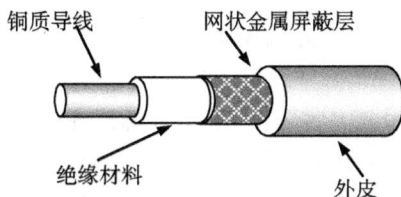

图 3-11 同轴电缆

同轴电缆具有较强的抗干扰能力，屏蔽性能好，一般用于总线型网络拓扑结构中设备之间的连接。

同轴电缆分为粗缆和细缆两种。粗缆使用 AUI 连接器连接，细缆则采用 BNC/T 型接头连接。

按特性电阻值划分，可将同轴电缆分为 50Ω 和 75Ω 两种。50Ω 同轴电缆常用于网络中，主要用来传输数字信号；而 75Ω 同轴电缆常用于 CATV 系统中的标准传输电缆，主要传输模拟信号。

3.2.3　光纤

光导纤维简称光纤，它是一种细小并能传导光信号的介质。它由石英玻璃纤芯、折射率较低的反光材料包层和塑料护套层组成。如图 3-12 所示。由于包层的作用，使得在纤芯中传输的光信号几乎不会被折射出去。

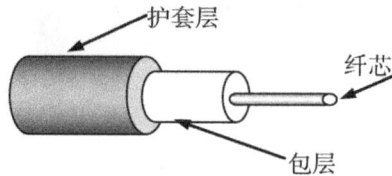

图 3-12　光纤

光纤芯是光的传导部分，而包层的作用是将光封闭在光纤芯内。光纤芯和包层的成分都是玻璃，光纤芯的折射率高，包层的折射率低，这样可以把光封闭在光纤不断反射传输在芯内。在包层外是由涂覆层及其外面的缓冲保护层构成的护套层，给光纤提供附加保护。

为保护光缆的机械强度和刚性，光缆通常包含有一个或几个加强元件，如芳纶砂、钢丝和纤维玻璃棒等三种。

光纤既不受电磁干扰，因此光纤具备频带宽、通信距离长、抗干扰能力强等优点。光纤已成为现代通信技术的主要传输介质。

1. 光纤通信的工作原理

光纤通信系统的主要部件为光收发器和光纤，如果用于长距离传输信号还需要中继器。

光纤通信实际上是应用光学原理，光纤通信系统中起主导作用的是光源、光纤和光收发器。如图 3-13 所示，发送端终端设备将要传输的电信号由光发送器转换为光脉冲，即将表示数字代码的电信号转变成光信号后导入光纤传播；在光纤的另一端，由光接收器接收光纤上传输的光信号（光脉冲），再将其还原成为发送前的电信号，经解码后传输给终端设备，该设备再进行相关处理。

图 3-13　光电转换示意图

从原理上讲，一条光缆不能进行信息的双向传输，如需进行双向通信时，必须使用两条光纤，一条用于发送信息，另一条则用于接收信息。

2. 光纤的分类

光纤主要分为多模光纤和单模光纤两种类型，如图 3-14 所示。

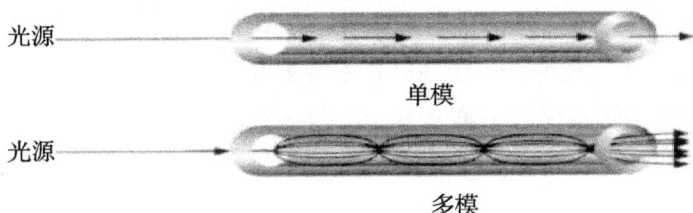

图 3-14 单模光纤和多模光纤

（1）多模光纤 MMF（Multi Mode Fiber）

如图 3-14 所示，多模光纤的光源一般采用发光二极管 LED，产生的可见光的波长多为 850nm 或 1300nm，当照射到光纤表面的光线的入射角大于某一个临界角，就会产生全反射，光束被不断地反射而向前传播。由于其芯线粗，因此，在同一条光纤中，就可以同时传输入射角度不同的多条光线，这种光纤称为多模光纤。但多模光纤的模间色散较大，这就限制了传输数字信号的距离。

多模光纤由于芯径和数值孔径比单模光纤大，具有较强的集光能力和抗弯曲能力，具有同时可传输多个信号、传输速度低、传输距离短等特点。多模光纤特别适合于多接头的短距离应用场合，常用于建筑物内干线子系统、水平子系统或建筑群之间的布线。

最常用的多模光纤纤芯直径分为 50mm 或 62.5mm，包层均为 125mm，也就是通常所说的 50mm、62.5mm 光缆。导入波长上分为 850nm、1300nm。与单模光纤相比，多模光纤的传输性能要差。

（2）单模光纤 SMF（Single Mode Fiber）

由于光纤的线芯较细，当光纤的直径减小到只有一个光的波长时，就可使光线一直向前传播，而不会产生多次反射，如图 3-14 所示。单模光纤的衰耗较小，在 2.5Gb/s 的高速率下可传输数十公里而不必采用中继器。单模光纤通常用在工作波长为 1310nm 或 1550nm 的激光发射器中。

单模光纤是当前研究和应用的重点，也是光纤通信与光波技术发展的必然趋势。在综合布线系统中，常用的单模光纤为 $8.3/125\mu m$（纤芯直径为 $8.3\mu m$，包层外直径 $125\mu m$）突变型单模光纤。

单模光纤的特点是传输频带宽、信息容量大，传输距离长，但成本较高。

单模光纤更适用于远距离传输。

提示：光纤通信多用于计算机网络的主干线。

3．光纤的优点与缺点

（1）优点

与铜质电缆相比，光纤具有以下优点：

① 传输信号的频带较宽，通信容量大，信号衰减小，应用范围广等。

② 电磁绝缘性能好，保密性好，不易被截取数据。

③ 抗化学腐蚀能力强，可用于一些特殊环境下的布线。

④ 传输速率高，目前实际可达到的传输速率为几十 Mb/s 至数千 Mb/s。

（2）缺点

光纤的缺点主要表现在以下几方面：

①与其他传输介质相比，光纤价格昂贵。

② 光纤连接和光纤分支均较困难，而且在分支时，信号能量损失很大。

③制作光纤接头需专用工具，光纤的安装与维护需要专业人员才能完成。

4．光纤连接器

光纤连接部件主要有配线架、端接架、接线盒、光缆信息插座、各种连接器（如 ST、SC、FC 等）以及用于光缆与电缆转换的器件。它们的作用是实现光缆线路的端接、接续、交连和光缆传输系统的管理，从而形成光缆传输系统通道。常用的光纤适配器如图 3-15 所示；常用的光纤连接器如图 3-16 所示。

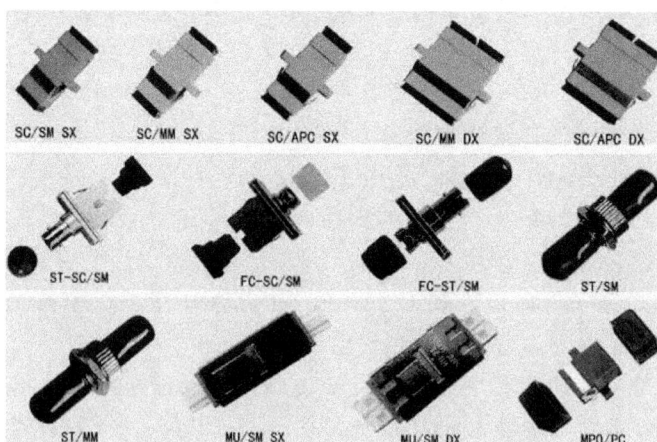

图 3-15　光纤适配器

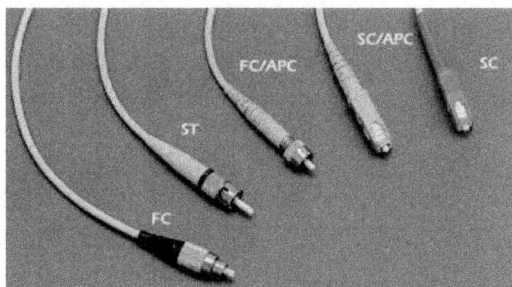

图 3-16 光纤连接器

与光纤连接的设备目前主要有光纤收发器（如图 3-17 所示）、网卡和光纤模块交换机等。

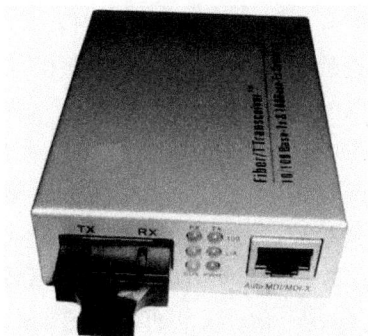

图 3-17 光纤收发器

3.2.4 无线传输介质

地球上的大气层为大部分无线传输提供了物理通道，这就是无线传输介质。无线传输所使用的频段很广，人们现在已经利用了无线电波、微波、红外线及可见光这几个波段来进行通信。紫外线和更高的波段目前还不能通信。而常用的无线通信的方法有微波、激光和红外线。

1. 无线电波通信

电磁波是发射天线感应电流而产生的电磁振荡辐射。这些电磁波在空中传播，最后被接收天线所感应。免费的无线电广播和电视就是以这种方式传输信号的。

（1）电磁波谱

无线电波用于无线电广播和电视的传输。例如，电视频道中的甚高频 VHF

的播送频率为 30～300MHz，超高频 UHF 的播送频率为 300MHz～3GHz。无线电波也主要用于 AM 和 PM 广播、业余无线电、蜂窝电话和短波广播。

微波通信频率为 100MHz～10GHz，对应的波长为 3CM～3M。

（2）说明

① 物理学的知识告诉我们：地面广播的低频波将以较少的损耗从高层大气中被反射回来。通过反复地反弹于大气和地表之间，这些信号可以沿着地球的曲面传播得很远。比如说，短波（3～30MHz 之间）设备可以接收到地球背面传来的信号，而频率较高的信号趋向于以较大的损耗进行反射，通常无法传播得那么远，因此无线电微波通信在数据通信中占有重要地位。

② 低频波的接收需要较长的接收天线。

2．微波通信

微波通信的频率范围为 300MHz～ 300GHz，主要使用范围是 2G Hz～40GHz，微波通信主要有地面微波接力通信和卫星微波通信。

3．地面微波接力通信

由于微波在空间是直线传播，而地球表面是个曲面，采用微波传输的站必须安装在视线内，因此其传播距离会受到限制，一般只有 50km 左右，微波通信示意图如图 3-18 所示。若采用 100 米高的天线塔，则传播距离可增大到 100km。为实现远距离通信，就必须在一条无线电通信信道的两个终端之间建立若干个中继站，而通信卫星可以看作是悬挂在太空中的微波中继站。中继站把前一站送来的信号经过放大后再发送到下一站，故称"地面微波接力通信"。在该通信系统中，要求通信双方各安装一台微波收发机与微波天线，以实现点对点或点对多点间的数据传输。

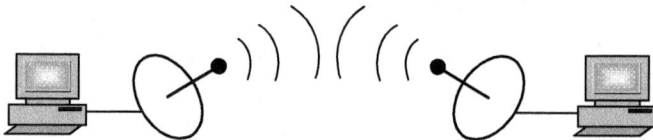

图 3-18　微波通信示意图

（1）特点。地面微波接力通信可传输电话、电报、图像、数据等信息。其主要特点是。

① 信道容量大。微波波段频率很高，其频段范围也很宽，因此其通信信道的容量很大。

② 传输质量高。因为工业干扰和天气干扰的主要频谱成分比微波频率低很

多，对微波通信的影响比对短波和米波通信小得多，因此微波传输质量比较高。

③ 不受地域限制。与相同容量和长度的电缆载波通信相比，微波接力通信建设投资小见效快，此外，微波通信不受地域限制，不受一般自然灾害的影响，易于安装调试，可靠性高。

（2）缺点。地面微波接力通信存在如下缺点。

① 相邻站之间必须直视，不能有障碍物。有时一个天线发射出的信号也会分成几条略有差别的路径到达目标天线，因而造成失真。

② 微波的传播易受到恶劣气候的影响。

③ 保密性较差。与电缆通信系统相比，地面微波接力通信的隐蔽性和保密性较差。

④ 对大量中继站的使用和维护要耗费一定的人力和物力。

4. 卫星通信

通信卫星提供商业服务是 1965 年开始的，20 世纪 80 年代中期随着技术水平的不断提高，卫星功率增大，使得卫星地面接收站设备费用则大幅度下降。

卫星通信的连网方式如图 3-19 所示。常用的卫星通信是在地球站之间利用位于 3 万 6 千公里高空的人造同步地球卫星作为中继器的一种微波接力通信。通信卫星就是在太空的无人值守的微波通信中继站，它对地面站进行广播，所有地面站都能通过天线收到卫星发来的报文，接收站点可根据阅读报文地址段决定是否需要接收。这种方式与地面广播电台相似。

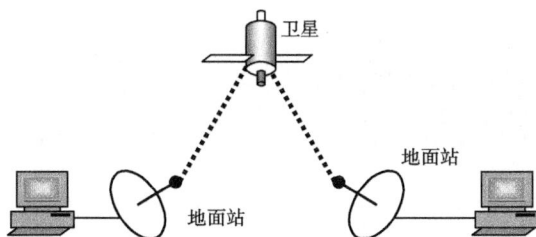

图 3-19　卫星通信

卫星通信具有如下特点。

（1）通信距离远，通信费用与通信距离无关。同步卫星发射出的电磁波能辐射到地球上的通信覆盖区的跨度达 1 万 8 千多公里。只要在地球赤道上空的同步轨道上，等距离地放置 3 颗 120 度的卫星，就基本上能实现全球的通信。

（2）具有较大的传播时延。由于各地球站的天线仰角并不相同，因此不管两个地球站之间的地面距离是多少，从一个地球站经卫星到另一个地球站的传播时延在 250～300ms 之间。一般可取为 270ms。这和其他的通信有较大的区别。例如：地面微波接力通信链路的传播时延约为 $3\mu s/km$，而对同轴电缆链路，由于电磁波在电缆中传播比空气中慢，传播时延一般可按 $5\mu s/km$ 计算。

（3）覆盖面很广。卫星通信非常适合于广播通信。

（4）保密性较差。

5. 红外通信

红外线是波长在 750nm～1mm 之间的电磁波，其频率高于微波而低于可见光，是一种人的眼眼看不到的光线。红外线传输建立在红外线光的基础上，采用光发射二极管、激光二极管或光电二极管来进行站点与站点之间的数据交换。

目前无线电波和微波已被广泛应用在长距离的无线通信中，由于红外线的波长较短，对障碍物的衍射能力差，所以更适合应用在需要短距离无线通信场合中点对点的直线数据传输。为了使各种红外设备能够互联互通，1993 年，由二十多个大厂商发起成立了红外数据协会（IrDA），统一了红外通信的标准，这就是目前被广泛使用的 IrDA 红外数据通信协议及规范。

红外通信的实质就是对二进制数字信号进行调制与解调，以便利用红外信道进行传输；红外通信接口就是针对红外信道的调制解调器。

红外线通信不受电磁干扰和射频干扰的影响。红外线传输既可以进行点到点通信，也可以进行广播式通信。但这种传输技术要求通信结点之间必须在直线视距之内，不能穿越墙。红外线传输技术数据传输速率相对较低，在面向一个方向通信时，数据传输率为 16Mb/s。如果选择数据向各个方向上传输时，速度将不能超过 1Mb/s。

> **提示**：局域网一般使用双绞线，主干线或远距离传输使用光纤，在有移动节点的局域网中多采用无线传输。

3.3　IEEE802 参考模型

美国电气和电子工程师学会 IEEE（Institute of Electrical and Electronics Engineers）是最早从事局域网标准制定的机构，这个机构于 1980 年 2 月成立了 802 委员会，又称 802 课题组，专门从事有关局域网各种标准的研究和制定，该委员会在 IBM 的系统网络体系结构（SNA）的基础上制定出局域网的体系结构，即著名的 IEEE 802 参考模型。

3.3.1　IEEE 802 参考模型概述

局域网可采用的传输介质有多种，数据链路层必须具有接入多种传输介质的访问控制方法。因此，从体系结构的角度出发，IEEE 802 参考模型将数据链路层化分成两个子层，即介质访问控制（MAC）子层和逻辑链路控制（LLC）子层，其中只有 MAC 子层才与具体的物理介质有关，LLC 子层则起着屏蔽局域网类型的作用。

IEEE802 参考模型从局域网的实际出发，规定了局域网的低三层标准。这三层分别是物理层、介质访问控制子层 MAC 和逻辑链路控制子层 LLC，它相当于 OSI 模型的最低两层，即物理层和数据链路层，其对应关系如图 3-20 所示。局域网标准没有规定高层的功能。因为局域网的绝大多数高层功能是与 OSI 参考模型一致的。

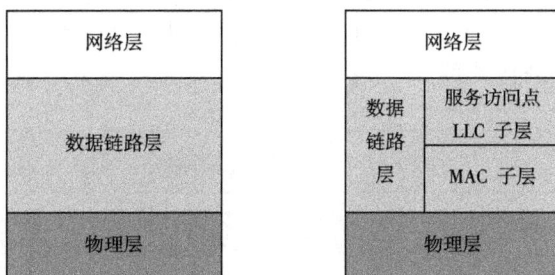

图 3-20 IEEE 802 参考模型与 OSI 七层参考模型的对比

1. 物理层

局域网的物理层规定了传输介质及其接口的电气特性、机械特性、接口电路的功能以及信令方式和信号速率等。

2. MAC 子层

MAC 子层负责处理局域网中各站点对通信介质的争用问题，在物理层的基础上进行无差错的通信。MAC 子层的主要功能是：

（1）发送时将上邻层传下来的数据封装成帧，接收时将帧拆封后转交给上邻层。

（2）进行差错检测。

（3）负责寻址。

3. LLC 子层功能

LLC 子层负责提供标准的 OSI 数据链路层服务，屏蔽 MAC 子层的具体实现，将其变成统一的 LLC 界面，从而向网络层提供一致的服务。LLC 子层的主要功能是：

（1）建立和释放数据链路层的逻辑连接。

（2）提供与高层的接口。

（3）进行差错控制。

3.3.2 IEEE 802 标准

IEEE 802 委员会于 1985 年公布了 IEEE 802 标准的五项标准文本，同年为 ANSI（美国国家标准学会——American National Standards Institute）所采纳作为美国国家标准。ISO（国际标准化组织——International Organization for Standards）也将其作为局域网的国际标准系列，称为 ISO 802 系列标准。IEEE 802 系列标准之间的关系如图 3-21 所示，从图中可以看出数据链路层中与媒体无关的部分都集中在 LLC 子层中，而涉及媒体访问的有关部分则根据具体网络的媒体访问控制方法进行处理。

802.10　可互操作的局域网安全					
802.1 体系结构网络互连					
802.2　　LLC 子层					
802.3 CSNA/CD	802.4 令牌总线	802.5 令牌环	802.6 城域网	802.9 综合数据 话音网络	802.11 无线 局域网

图 3-21　IEEE 802 系列标准

IEEE 802 系列标准分别为：

IEEE 802.1　定义了体系结构、寻址、网络互连、网络管理和性能测试。

IEEE 802.2　定义了逻辑链路控制（LLC）协议。

IEEE 802.3　定义了 CSMA/CD 总线访问控制方法及物理层规范。

IEEE 802.4　定义了令牌总线（Token Bus）访问控制方法及物理层规范。

IEEE 802.5　定义了令牌环（Token Ring）访问控制方法及物理层规范。

IEEE 802.6　定义了城域网介质访问控制方法及物理层规范。

IEEE 802.7　定义了宽带局域网访问控制方法与物理层规范。

IEEE 802.8　定义了 FDDI 访问控制方法与物理层规范。

IEEE 802.9　定义了综合数据话音网络。

IEEE 802.10　定义了可互操作的局域网安全性规范。

IEEE 802.11 定义了无线局域网访问控制方法与物理层规范。

IEEE 802.12 定义了 100VG-AnyLAN 访问控制方法及物理层规范。

IEEE 802.14 定义了交互式电视网，包括 Cable Modem 的技术规范。

提示：目前，IEEE 802 这一标准的数目还在不断扩充和完善，尽管高层软件和网络操作系统不同，但由于底层采用了标准协议，所以几乎所有局域网均可实现互连。

3.4 以 太 网

以太网（Ethernet）是一种局域网通信协议，是当今现有局域网采用的最通用的标准。以太网是一种传输速率为 10Mb/s 的常用局域网（LAN）标准。

1983 年，以太网技术（802.3）与令牌总线（802.4）和令牌环（802.5）共同成为局域网领域的三大标准。1995 年，IEEE 正式通过了 802.3u 快速以太网标准，以太网技术实现了第一次飞跃。1998 年 802.3z 千兆以太网标准正式发布，2002 年 7 月 18 日 IEEE 通过了 802.3ae 的 10Gb/s 以太网标准。

以太网一般有两种连接方式，一种是将所有计算机被一条同轴电缆连接的总线型，如图 3-22 所示；另一种则使用双绞线及多端口集线器连接而成的星型，如图 3-23 所示。它们都共享传输介质，采用具有冲突检测的载波感应多路访问（CSMA/CD）方法。

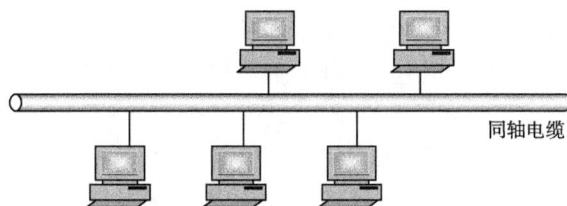

图 3-22 总线型以太网

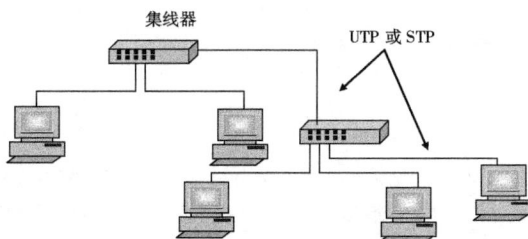

图 3-23 星型以太网

3.4.1　以太网的帧

1. 以太网帧的格式

符合 802.3 标准的以太网的帧格式如图 3-24 所示。

前导字段 （7字节）	帧起始定 界符	目的 MAC 地址	源 MAC 地址	类型/ 长度	数据	校验

图 3-24　以太网帧的格式

（1）前同步码。其长度为 7 字节（56 位），由交替出现的 1 和 0 组成，即 1010101010……。前同步码可以使 LAN 上所有的其他节点达到同步。

（2）帧起始定界符。1 字节的帧起始定界符，其格式为 10101011，标志着帧的内容从这里开始。

（3）目的 MAC 地址。长度为 6 字节（48 位二进制数），表示接收节点的 MAC 地址。目的地址的最高位为 0 时，表示普通地址；最高位为 1 时，表示组地址，组内各节点均接收该帧；目的地址全为 1 的帧，表示广播地址，将传至网上所有节点。

（4）源 MAC 地址。长度为 6 字节，表示发送节点的 MAC 地址。

（5）数据字段长度。指明该帧数据域的字节数。

（6）数据信息。上层的 PDU（即 IP 报文），长度为 46～1500B。

（7）帧检验序列 FCS。使用循环冗余码校验（CRC）值进行错误检测。在封装时，根据帧的其他域计算此值。当目的节点接收到该帧时再重新计算。如果重新计算结果与原来的值不匹配，认为收到的是一个有差错的帧，则接收节点要求重新发送该帧。当新值与初始值匹配时，不再重新传输。

FCS 的检验范围不包括前同步码和帧起始定界符。

（8）帧填充。填充的作用是确保每一帧足够长。因此，如果数据长度小于 46 字节，则把它填充到 46 字节。从目的地址字段的开头到 FCS 字段的结束计算，最小帧长度为 64 字节，最大帧长度为 1518 字节。

2. 帧的接收

以太网使用收发器与传输介质进行连接。收发器一般被直接被集成到终端站点的网卡当中。以太网采用广播机制，所有与网络连接的工作站都可以收到网络上传递的数据帧。计算机通过查看包含在数据帧中的目标地址，确定如何处理该帧：如果数据帧的目的 MAC 地址与自己的 MAC 地址相同，将会接收数据帧并传递给高层协议进行处理，否则就丢弃该帧。

以下 3 种帧被认为是"发往本站点的帧"。

（1）单播（Unicast）帧：即收到的帧地址为本站点的硬件地址。

（2）广播（Broadcast）帧：发送给所有站点的帧（全 1 地址）。

（3）多播（Multicast）帧：发送给部分站点的组帧。

3. 无效的帧

IEEE802.3 标准规定，当出现下列情况之一时即为无效的 MAC 帧。

（1）长度不是整数个字节的帧。

（2）帧中所封装数据的实际长度与数据长度域的值不一致的帧。

（3）用收到的帧检验序列 FCS 查出有差错的帧。

（4）收到的帧的数据字段长度不在 46～1500 字节范围内的帧。

3.4.2　以太网的介质访问控制方法

访问控制方法是指确定何时、何设备访问介质的机制。

由图 3-22 和图 3-23 所示的以太网都共享传输介质。以太网某节点将数据帧以广播的方式通过共享介质发送到其他各个节点，其他节点则根据数据帧的目的地址决定接收或丢弃该帧。那么，这些节点以怎样的方式来协调和使用共享总线，是以太网要解决的头等问题。

以太网是通过采用载波侦听、多路访问和碰撞检测（CSMA/CD）机制，来解决共用总线、争用及冲突问题的，它确保了在同一时刻总线上只有一台计算机在发送信息。CSMA/CD 是 IEEE802.3 的核心协议，也是著名的以太网所采用的协议，CSMA/CD 被广泛地应用于局域网的 MAC 子层。

载波侦听是指工作站在发送数据之前，首先需要侦听媒体是否空闲。即媒体上有无传输的数据帧，也就是载波是否存在。

多路访问是指多个站点可同时访问总线，一个站点发送的数据帧也可以被多个站点所接收，如图 3-25 所示。

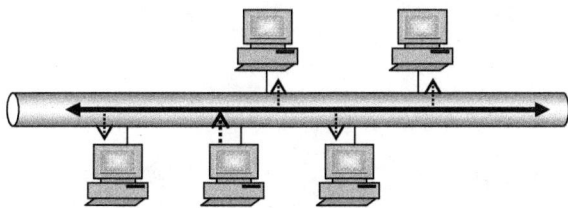

图 3-25　以太网 CSMA/CD 工作原理

所谓冲突，是指两个信号相互干扰。冲突检测是指当一个站点占用总线发送数据帧时，将边发送边检测总线有无冲突发生。如果两个工作站同时试图进行传输，将会造成冲突，形成废帧，这种现象称为碰撞。

图 3-25 所示的 CSMA/CD 工作流程如图 3-26 所示：

（1）任一站点在发送数据之前，首先需要侦听介质是否空闲。如果介质信道空闲，则发送数据帧，之后转到第（3）步；否则转到第（2）步。

（2）如果媒体信道忙（有载波），则转到第（1）步，继续对信道进行侦听。一旦发现空闲，就向信道上发送数据帧，并将执行第（3）步。

（3）站点在发送数据的同时要进行冲突检测，直至传输完成，结束发送。如果在发送过程中检测到碰撞，则停止正常发送，转而发送一个短的干扰信号，使网上所有站都知道出现了碰撞。

（4）站点发送了干扰信号后，退避一段随机时间，重新尝试发送，转到第（1）步。

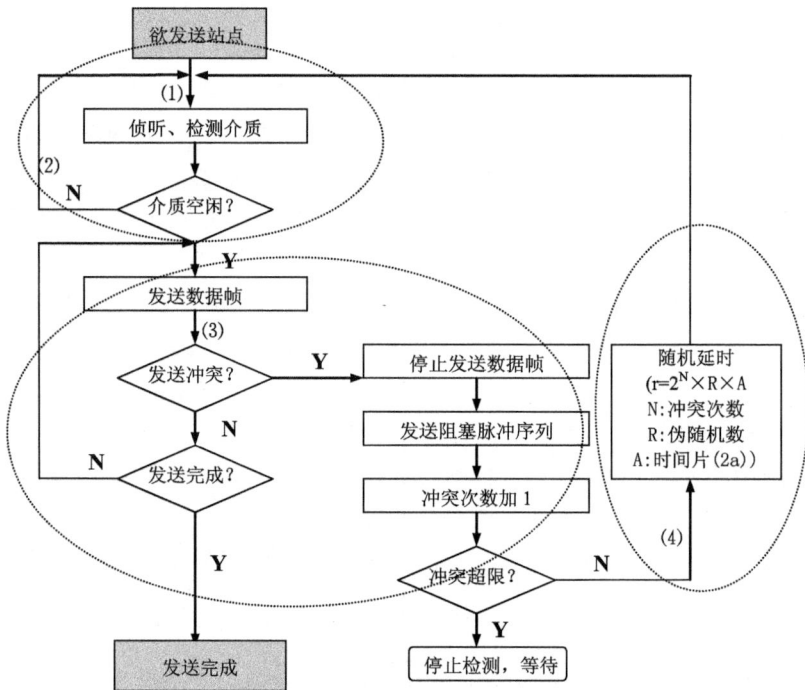

图 3-26　CSMA/CD 工作流程图

提示：冲突是不可能完全避免的。

为什么会产生冲突呢？因为电磁波在总线上是以有限的速率传播的，需要一定的传输时间。假设以太网中站点 A 发送的数据包未达 B 时，B 的载波监听还检测不到 A 发送的信号，如果此时站点 B 向信道发送数据，则站点 A 和站点 B 发送的信号必然会发生碰撞。

　　由于载波监听不能完全避免冲突，所以在以太网的收发器中设立了冲突检测机构。发送数据帧的节点一面将信息流送至总线上，一面经接收器从总线上将信息流接收下来。然后将接收到的信息与发送的信息进行比较，如果两者相同，则继续发送；如果不一致，则表明发生了冲突，应停止发送信息，并发送干扰信号警告所有的其他站点：已检测到冲突。然后采取某种退避算法等待一段时间后再重新监听线路，准备重新发送该信息。

3.4.3　以太网的组网标准

　　对于 10 Mb/s 以太网，IEEE802.3 根据传输介质不同、连接方式不同，也就是物理层的不同，有 4 种规范，如图 3-27 所示，即 10Base-5（粗缆以太网）、10Base-2（细缆以太网）、10Base-T（双绞线以太网）和 10Base-F（光纤以太网）。这里"Base"表示基带信号，Base 前面的数字 10，表示数据传输速度为10Mb/s（每秒传输 10M 比特），Base 后面的数字 5 或 2 表示每一段电缆的最大长度为 500m 或 200m（实际上是 185m）；"T"代表双绞线，"F"代表光纤。

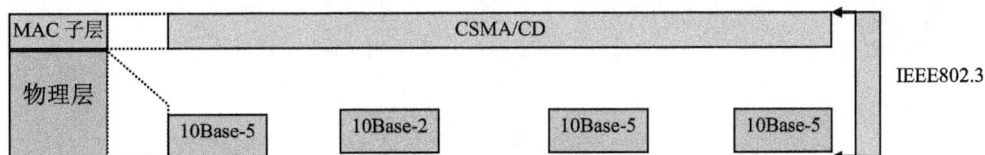

图 3-27　以太网和 IEEE 802.3

　　双绞线是目前使用最为广泛的传输介质，下面仅就 10Base-T 规范加以说明。

　　（1）10Base-T 规范是一种利用双绞线来组网的以太网标准，采用星型拓扑结构，如图 3-28 所示。

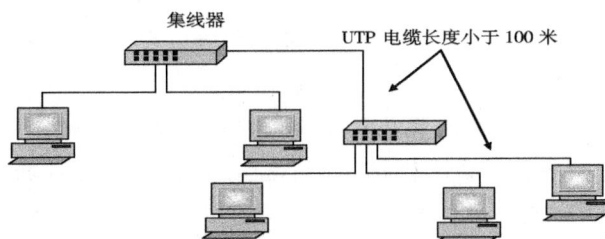

图 3-28　10BASE-T 拓扑图

（2）10Base-T 采用的网络设备一般是 10M 集线器（HUB）。

① 10Base-T 要求网络内所有站点均通过双绞线连接到一个中心集线器（HUB）上。这种结构使得增添或移去站点变得十分简单，并且很容易检测到电缆故障。

采用 HUB 连接的以太网在逻辑上仍然是总线型网络。

② 10Base-T 要求连接两个网络设备之间双绞线的最大有效长度为 100 米。

③ 采用 10Base-T 组网，能接入网络的计算机数目与集线器的端口数有关，当要接入网络的计算机数目大于集线器的端口数时，则需要采用集线器级联的方法扩充容量而组成树型网络，如图 3-28 所示。

④ 10Base-T 要求两个计算机端点之间最多允许有 4 个集线器和 5 个非屏蔽双绞线电缆段，即 10Base-T 网络所允许端到端的最大双绞线长度为 500 米。

⑤ 10Base-T 的连接采用 RJ-45 接口。

（3）10Base-T 的传输速率为 10Mb/s。

（4）10Base-T 采用 CSMA/CD 媒体访问控制方法。

注意：将 10M 集线器换成 10M 交换机所组建的网络便构成了并发连接的交互式以太网。

3.5　高速以太网

以太网传输速率较低，随着通信技术的发展以及用户对网络带宽需求的增加，迫切需要建立高速的局域网。而快速以太网和千兆以太网可以满足日益增长的网络数据流量速度需求。

3.5.1　快速以太网技术

1. 快速以太网技术的发展

IEEE802 委员会 1995 年 6 月正式批准了快速以太网（Fast Ethernet）标准，该标准被命名为 802.3u。

快速以太网的传输速率比普通以太网快 10 倍，数据传输速率达到了 100Mb/s。快速以太网保留着传统以太网的所有特征，包括相同的数据帧格式、介质访问控制方法与组网方法，只是将每个比特的发送时间由 100ns 降低到了 10ns。

由于快速以太网保留了 CSMA/CD 协议，从而保证不需对工作站的以太网卡的软件和上层协议做任何修改，就可以使传统局域网站点和快速以太网站点间相互通信，并且不需要进行协议转换。这样，在提高了网络性能的同时，降低了系统的造价和升级费用，增加了灵活性。

2. 快速以太网简介

IEEE802.3u 标准在 LLC 子层仍使用 IEEE802.2 标准，在 MAC 子层依然采用 CSMA/CD，只是在物理层作了一些必要的调整，定义了新的物理层标准（100 Base-T）。100 Base-T 标准定义了介质专用接口（MII，media independent interface），它将 MAC 子层与物理层分隔开来。这样，物理层在实现 100Mb/s 速率时所使用的传输介质和信号编码方式的变化将不会影响到 MAC 子层。

3. 快速以太网技术标准

快速以太网技术标准 802.3u 包含了 100BASE-TX、100BASE-FX、100BASE-T4 三个子类：

（1）100Base-TX 是一种使用 5 类双绞线的快速以太网技术。它使用两对双绞线，一对用于发送，一对用于接收数据。使用与 10BASE-T 相同的 RJ-45 连接器，连接两个网络设备之间双绞线的最大长度为 100 米，支持全双工的数据传输。

（2）100Base-T4 是一种可使用 3、4、5 类双绞线的快速以太网技术。它使用 4 对双绞线，3 对用于传送数据，1 对用于检测冲突信号。它使用与 10BASE-T 相同的 RJ-45 连接器，连接两个网络设备之间双绞线的最大长度为 100 米。

一般把 100Base-TX 和 100Base-T4 统称为 100Base-T。

（3）100Base-FX 是一种可使用单模和多模光纤的快速以太网技术。仅需一对光纤：一路用于发送，一路用于接收。100Base-FX 可将站点与服务器的最大距离增加到 185 米，服务器和工作站之间（无集线器）的最大距离增加到约 400 米；而使用单模光纤时可达 2 公里。表 3-6 给出了快速以太网 3 种不同的物理层标准。

表 3-6　快速以太网 3 种物理层标准

	100Base-TX	100Base-FX	100Base-T4
支持全双工	是	是	否
电缆对数	两对双绞线	一对光纤	四对双绞线
电缆类型	UTP Cat5	多模/单模光纤	UTP Cat5
最大距离	100m	200m，2km	100m
接口类型	RJ-45	MIC，ST，SC	RJ-45

3.5.2　千兆以太网技术

1. 千兆以太网简介

1998 年 2 月，IEEE802 委员会正批准了千兆以太网标准（IEEE 802.3z）。

千兆以太网是建立在以太网标准基础之上的技术。千兆以太网与以太网和快速以太网完全兼容，并利用了原以太网标准所规定的全部技术规范，千兆以太网仍采用 IEEE802.3 的帧格式、CSMA/CD 介质访问控制方式、全双工、流量控制以及 IEEE 802.3 标准中所定义的管理对象。作为以太网的一个组成部分，千兆以太网也支持流量管理技术，保证了在以太网上的服务质量。

千兆以太网还利用 IEEE 802.1QVLAN 支持、第四层过滤、千兆位的第三层交换。千兆以太网原先是作为一种交换技术设计的，采用光纤作为上行链路，用于楼宇之间的连接。之后，在服务器的连接和骨干网中，千兆以太网获得广泛应用，由于 IEEE802.3ab 标准（采用 5 类及以上非屏蔽双绞线的千兆以太网标准）的出台，千兆以太网可适用于任何大中小型企事业单位。

目前，千兆以太网已经发展成主流网络技术。大到成千上万人的大型企业，小到几十人的中小型企业，在企业局域网建设时都会把千兆以太网技术作为首选的高速网络技术。

2. 千兆以太网标准

IEEE 802.3z 标准在 LLC 子层仍使用 IEEE802.2 标准，在 MAC 子层依然使用 CSMA/CD 方法，只是在物理层作了一些必要的调整，它定义了新的物理层标准 1000Base-T。1000Base-T 标准定义了千兆介质专用接口（GMII, gigabit media independent interface），它将 MAC 子层与物理层分隔开来。这样，物理层在实现 1000Mb/s 速率时所使用的传输介质和信号编码方式的变化不会影响到 MAC 子层。

千兆以太网标准包括 1000BASE-SX、1000BASE-LX、1000BASE-CX 和 1000BASE-T 等传输介质标准。

（1）1000Base-T。它使用 4 对 5 类非屏蔽双绞线，连接两个网络设备之间双绞线长度可以达到 100m。

1000Base-T 主要用于结构化布线中同一层建筑的通信，从而可以利用已建以太网或快速以太网中铺设的 UTP 电缆。

（2）1000Base-CX。它是针对低成本、优质的屏蔽绞合线或同轴电缆的短途铜线缆而制订的 IEEE802.3z 标准，连接两个网络设备之间双绞线的最大距离可达 25m。

1000Base-CX 主要用于集群设备的连接，如一个交换机房内的设备互连。

（3）1000Base-LX。它是针对工作于单模或多模光纤上的长波长（1300nm）激光收发器而制定的 IEEE802.3z 标准，当使用 62.5μm 的多模光纤时，连接距离可达 440m；当使用 50μm 的多模光纤时，连接距离可达 550m；在使用单模光纤时，连接距离可达 3000m。

1000Base-LX 主要用于主干网。

（4）1000Base-SX。它是针对芯径为 50μm 及 62.5μm、工作波长为 850nm 的多模光纤收发器而制定的 IEEE802.3z 标准，当使用 62.5μm 的多模光纤时，连接距离可达 260m，当使用 50μm 的多模光纤时，连接距离可达 550m。

1000Base-SX 主要适用于建筑物中同一层的短距离主干网。

3.6　无线局域网

有线网络在某些场合要受到布线的限制，比如布线、改线工程量大、线路容易损坏、网中的各节点不可移动等。特别是当要连接相距较远的节点时，铺设专用通信线路的布线施工难度大、费用高、耗时长，而无线局域 WLAN（Wireless Local Area Networks）网则可以解决有线网络出现的这些问题。

无线局域网络是利用射频（Radio Frequency；RF）技术，取代双绞铜线所构成局域网络的有线介质，能让用户利用无线局域网络简单的存取架构，达到主机在网络环境中漫游的理想境界。

3.6.1　无线局域网概述

1. 无线局域网简介

无线局域网 WLAN 是 20 世纪 90 年代计算机网络与无线通信技术相结合的产物，无线局域网是指以无线信道作传输介质的计算机局域网。无线局域网采用与有线网络同样的工作方法把 PC、服务器、工作站、无线适配器和访问点等通过无线信道建立起来的网络。它提供了使用无线多址信道的一种有效方法来支持计算机之间的通信。

基于 IEEE802.11 标准的无线局域网允许在局域网络环境中使用未授权的 2.4GHz 或 5.3GHz 射频波段进行无线连接。

目前无线网络技术已相当成熟，高速无线网络的传输速率已达到 11M，完全能满足一般的网络传输要求，包括传输文字、声音、图像等。

无线局域网的应用范围非常广泛，室内应用包括大型办公室、车间、智能仓库、临时办公室、会议室、证券市场等；室外应用包括城市建筑群间通信、学校校园网络、工矿企业厂区自动化控制与管理网络、银行金融证券城区网、矿山、水利、油田、港口、码头、江河湖坝区、野外勘测实验、军事流动网、公安流动网等。

2. 无线局域网设备

除了无线网卡外，无线网设备还包括无线访问接入点 AP（Access Point，相当于集线器）、无线网桥、无线路由器等设备，如图 3-29 所示。目前几乎所有的无线网络产品中都自含无线发射/接收功能。

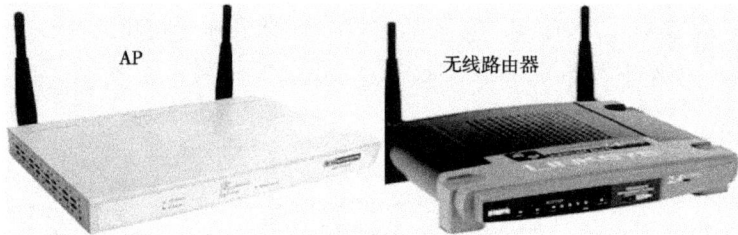

图 3-29　无线局域网设备

AP 通常有一个用来连接有线的 RJ-45 端口，任何一台装有无线网卡的 PC 均可通过 AP 来分享有线局域网络甚至广域网络的资源。AP 本身又可对装有无线网卡的 PC 做必要的控制和管理。现在的无线 AP 设备一般都具备有线网络中交换机中的部分功能，可作为无线客户之间的连接桥，实现较大范围的无缝覆盖。

图中无线路由器的型号是 Cisco Linksys WRT54G，它对中小型 WLAN 中整合度最高，可以完成有线交换机、无线 AP、有线和无线路由管理、防火墙，甚至网络打印服务等强大的网络功能，是家庭和中小型办公室组建 WLAN 的合适设备。

3. 无线局域网的标准

IEEE802 标准委员会制订的无线局域网标准 IEEE802.11，主要是对无线局域网的物理层和介质访问控制 MAC 制订了系列规范，其中对 MAC 层的规定是重点。802.11 标准包括如下规范：

802.11a：将传输频段放置在 5GHz 频率空间。

802.11b：将传输频段放置在 2.4GHz 频率空间。

802.11d：Regulatory Domains，定义域管理。

802.11e：：QoS（Quality of service），定义服务质量。

802.11f：IAPP（Inter-Access Point Protocol），接入点内部协议。

802.11g：在 2.4GHz 频率空间取得更高的速率。

802.11h：5GHz 频率空间的功耗管理。

802.11i：Security，定义网络安全性。

以上规范中最核心的是 802.11a、802.11b 和 802.11g，它们定义了物理层规范，这也是受所有芯片开发商及系统集成商所瞩目的 802.11 未来走势所在。

有了 IEEE802.11，各厂商的产品在同一物理层上可以互操作，逻辑链路控制层（LLC）是一致的，即 MAC 层以下对网络应用是透明的。这样易于质优价廉地实现无线网的两种主要用途"同网段内多点接入"和"多网段互连"。

在 MAC 层以下的物理层，802.11 规定了三种发送及接收技术：即扩频（Spread Spectrum）技术、红外（Infared）技术和窄带（Narrow Band）技术。而扩频又分为直接序列（Direct Sequence DS）扩频技术（简称直扩），和跳频（Frequency Hopping FH）扩频技术。直序扩频技术，通常又会结合码分多址 CDMA 技术。

IEEE 802.11 定义了三种物理介质：

（1）数据速率为 1Mb/s 和 2Mb/s，波长在 850～950nm 的红外线。

（2）运行在 2.4GHz ISM 频带上的直接序列扩展频谱。它能够使用 7 条信道，每条信道的数据速率为 1Mb/s 或 2Mb/s。

（3）运行在 2.4GHz ISM 频带上的跳频的扩频通信，数据速率为 1Mb/s 或 2Mb/s。

IEEE 802.11b 无线局域网的带宽最高可达 11Mb/s，与普通的 10Base-T 规格有线局域网几乎是处于同一水平。作为公司内部的设施，可以基本满足大多数网络业务的使用要求。IEEE 802.11b 使用的是开放的 2.4GB 频段，不需要申请就可使用。

IEEE 802.11b 无线局域网与我们熟悉的 IEEE 802.3 以太网的原理很类似，都是采用载波侦听的方式来控制网络中信息的传送。不同之处是 802.11b 无线局域网引进了冲突避免技术，从而避免了冲突的发生，大幅度提高了网络效率。

无线局域网既可作为对有线网络的补充，也可独立组网，从而使网络用户摆脱网线的束缚，实现真正意义上的移动应用。

4. 介质访问控制规范

IEEE 802.11 工作组决定采用分布式基础无线网（DFW）的介质访问控制算法。将 MAC 层分为 2 个子层：分布式协调功能（DCF）子层与点协调功能（PCF）子层。

分布式协调功能（DCF）子层使用了一种简单的 CSMA 算法，但没有冲突检测功能。CSMA 的介质访问规则将进行如下两项工作：

（1）如果一个节点要发送帧，它需要先侦听介质，如果介质空闲，则发送帧；如果介质忙，节点就要推迟发送，继续监听，直到介质空闲。

（2）节点延迟一个空隙时间片，再次侦听介质。如果发现介质忙，则节点按照二进制指数退避算法延时，并继续监听介质，返回步骤（1）。

在分布式访问控制子层之上有一个集中式控制选项。点协调功能是通过在网中设置集中式的轮询主管"点"的方式，使用轮询方法来解决多结点争用公用信道问题，提供无竞争的服务。

3.6.2　无线局域网组网方法

在 IEEE802.11b 标准中，无线局域网组网结构有"对等（Peer-To-Peer，即点对点）"和"主从（Master-Slave）"两种标准形式。"点到点"结构用于连接个人计算机或便携式计算机，允许各台计算机在无线网络所覆盖的范围内移动并自动建立点到点的连接，使不同计算机之间直接进行信息交换。而"主从"结构中所有工作站都直接与中心天线或访问节点 AP 连接，由 AP 承担无线通信的管理及与有线网络连接的工作。无线站点在 AP 所覆盖的范围内工作时，无需为寻找其他站点而耗费大量的资源，是理想的低功耗工作方式。目前无线局域网采用的拓扑结构主要有对等方式、接入方式、中继方式三种。

1．对等方式

对等方式下的无线局域网，不需要 AP，所有的基站都能对等地相互通信。但并不是所有号称兼容 802.11 标准的产品都具有这种工作模式，无线产品对应的这种模式是 Ad Hoc Demo Mode。在该模式的局域网中，一个基站会自动设置为初始站，对网络进行初始化，使所有同域的基站成为一个局域网，并且设定基站协作功能，允许有多个基站同时发送信息。在 MAC 帧中，包含源地址、目的地址和初始站地址。这种模式采用了 NetBEUI 协议，不支持 TCP/IP，适合于组建临时性的网络，如野外作业、临时流动会议等。每台计算机仅需一片网卡，经济实惠。其结构如图 3-30 所示。

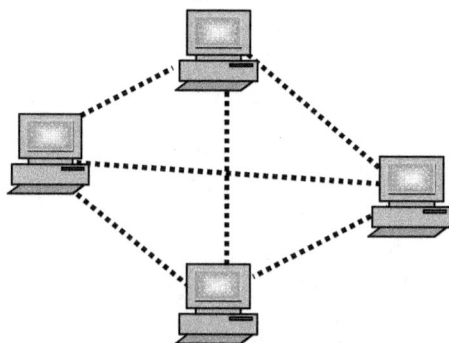

图 3-30　对等方式

2．接入方式

接入方式是以星型拓扑为基础，以接入点 AP 为中心，如图 3-31 所示。所有基站的通信要通过 AP 接转，在 MAC 帧中，包含源地址、目的地址和接入点地址。通过各基站的响应信号，接入点 AP 能在其内部建立一个"桥连接表"，将各个基站和端口一一联系起来。当接收转发信号时，AP 就通过查询"桥连接表"进行通信。

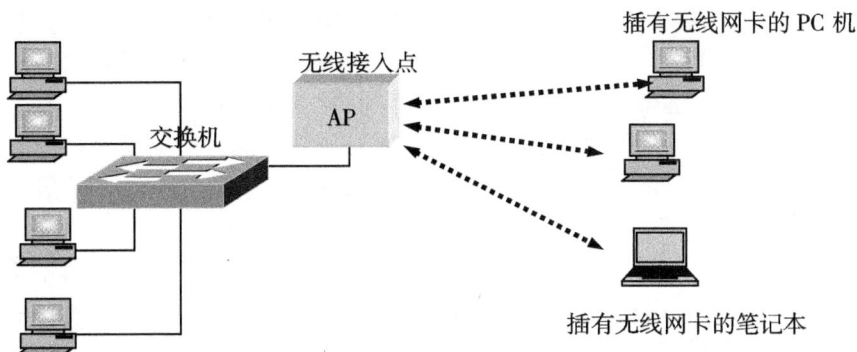

图 3-31　接入方式

当室内布线不方便、原来的信息点不够用或计算机的相对移动较多时，可以利用无线接入方式。通过无线局网的 AP 的 RJ45 端口与交换机连接，这样可以以 AP 作为一个有线网的扩展部分，建一个有线与无线混合的局域网。这就可以使插有无线网卡的客户共享有线网资源。如果在办公大楼放置多个 AP，利用其无缝漫游功能，可以建立较大的无线局域网。

3．中继方式

中继是建立在接入原理之上的，是两个 AP 点对点的链接，由于独享信道，比较适合于两个局域网的远距离互连（架设高增益定向天线后，传输距离可达到 50 公里）。无线网络采用中继方式的组网模式有典型中继模式、点对点模式、点对多点模式，由于形式多种多样，所以统称为无线分布系统（Wireless Distribution System）。在这种模式下，MAC 帧使用了四个地址，即源地址、目的地址、中转发送地址、中转接收地址。

> **提示：** 接入方式和中继方式支持 TCP/IP 和 IPX 等多种网络协议，是 IEEE802.11 重视而且极力推广的无线网络主要的应用方式。

3.6.3　蓝牙技术

1. 蓝牙技术简介

蓝牙这个名称来自于第十世纪的一位丹麦国王 Harald Blatand，Blatand 在英文里的意思可以被解释为 Bluetooth（蓝牙）因为国王喜欢吃蓝梅，牙龈每天都是蓝色的所以叫蓝牙。

蓝牙技术是一种支持设备短距离通信（一般 10m 内）的无线电技术。如果增加功率或是加上某些外设便可达到 100m 的传输距离。蓝牙采用 2.4GHz ISM 频段和调频、跳频技术，使用权向纠错编码、ARQ、TDD 和基带协议。TDMA 每时隙为 $0.625\mu s$，基带速率为 1Mb/s，支持点对点及点对多点通信。利用蓝牙技术，能够有效地简化移动通信终端设备之间的通信，也能够成功地简化设备与 Internet 之间的通信，从而使数据传输变得更加迅速高效，为无线通信拓宽了道路。

目前，已把蓝牙技术引入到手机和笔记本电脑中，而打印机、台式电脑、传真机、键盘、游戏操纵杆及所有其他的数字设备都可以成为蓝牙技术系统的一部分。任意蓝牙技术设备一旦搜寻到另一个蓝牙技术设备，马上就可以建立联系，而无须用户进行任何设置，在无线电环境非常嘈杂的环境下，它的优势就更加明显。

2. 连接蓝牙设备

（1）开启 Bluetooth 功能

对于多数计算机，用户需要从控制面板或系统首选项中开启 Bluetooth 射频功能。尝试连接设备时，用户应将设备设置为可见，这样才能为彼此所发现。完成设备配对后，如果用户担心设备会被其他设备发现，可以将设备设置为隐藏。

（2）将两个设备设为连接模式

打开位于可发现范围内的蓝牙设备电源，开启蓝牙功能，每个设备都需要初始化通信会话。通常，在两个设备之间连接时，一个设备会作为主机，而另一个设备则作为访客。主机设备是具有用户界面的设备，多数连接设置都将从此进行。一个设备可以是另一个设备的主机，也可以作为其他设备的访客。例如，手机与无线耳机配对时，该手机就是主机。但是，手机与计算机配对时，计算机就是主机。

（3）输入密码

设备彼此发现对方后，用户将被要求在一个或两个设备中输入密码。有些密码可能是由制造商为该设备指定的固定密码。

（4）删除或断开与信任设备的连接

对于手机或计算机之类设备，用户应进入设备的连接设置，然后查找信任设备列表。用户随后便能选择添加新设备或删除信任设备。

蓝牙技术功耗低、对人体危害小、应用简单、容易实现，且不需要支付任何费用。所以很易于推广。

本 章 小 结

局域网（LAN）在计算机网络中占有非常重要的地位，它目前已被广泛应用于办公自动化、企业管理信息系统、辅助教学系统、软件开发系统和商业系统等方面。

局域网最主要的特点是：网络为一个单位所拥有，且地理范围和站点数目均有限。

局域网最主要优点是：能方便地共享昂贵的外部设备、主机以及软件、数据。从一个站点可访问全网；便于系统的扩展和逐渐地演变，各设备的位置可灵活调整和改变；提高了系统的可靠性、可用性。

局域网采用总线型、星型、环型和树型拓扑结构。

由于传输介质是网络中信息传输的媒体，是网络通信的物质基础之一。通过学习，应该掌握各种传输介质的结构、连接方式、适用范围以及它们各自的主要优缺点，以便于在实际应用中，能够合理、恰当地进行选择合适的传输介质。

了解局域网设备，理解局域网中网卡、集线器、交换机的作用和功能。掌握RJ-45 接口 EIA/TIA 配线标准，能够制作直通线和交叉线，学会局域网设备的连接方法，是组建局域网的基础。

IEEE 802 参考模型将数据链路层化分成两个子层，即介质访问控制（MAC）子层和逻辑链路控制（LLC）子层，其中只有 MAC 子层才与具体的物理介质有关，LLC 子层则起着屏蔽局域网类型的作用。IEIEEE 802 参考模型是构建局域网的规范和标准，掌握以太网技术及组网标准和快速以太网及组网标准，了解无线网络及组网标准，是构建和维护网络的基础。而以太网、快速以太网、千以太网是目前采用的主要组网方法。

习　　题

1. 试画出自己学校行政办公大楼的网络设备连接示意图。
2. 在选择传输介质时需考虑的主要因素是什么？
3. 试比较集线器与交换机的异同。

4. IEEE802 标准规定了哪些层次?

5. 简述 CSMA/CD 工作原理。

6. 10Mb/s/100Mb/s 自适应交换机,它的各个端口既可连接 10Mb/s 的设备,也能连接 100Mb/s 的设备。当它同时与若干台 10Mb/s 的工作站或若干台 100Mb/s 的工作站连接时,实际上在其内部形成了 10Mb/s 和 100Mb/s 两个网段,请说出这两个网段互连采用的机制是什么? 分析这种交换机的优缺点。

7. 千兆位以太网技术的优势是什么?

8. 是什么原因使以太网有最小帧长和最大帧长的限制?

9. 在 10Base-2 和 10Base-T 中,"10" "Base" "2" 和 "T",各代表什么含义?

第 4 章　IP 地址规划

IP 地址的合理规划是网络设计中的重要一环，大型网络必须对 IP 地址进行统一规划并得到实施。IP 地址规划的好坏，将直接影响到网络路由协议算法的效率、网络性能、网络扩展和网络管理，也必将直接影响到网络应用的进一步发展。

学习目标：
■ 掌握标准 IP 地址的分类
■ 了解子网划分和子网掩码的理论
■ 掌握 IP 地址规划的方法

4.1　网　络　地　址

在邮政系统中，不管信件是从哪儿寄出的，都可使用相同的目的地址。但如果目标移动了，就需要赋予它一个新的目的地址。

网络地址就是网络中惟一标识网络中每台网络设备的一个数字，若没有这种唯一的地址，网络中的计算机之间就不可能进行可靠的通信。实际上网络中每个节点都有两类地址标识：数据链路层地址和网络层地址，即物理地址（physical address）和 IP 地址。

4.1.1　MAC 地址

网络上的每一个设备有一个惟一的物理地址，有时被称为硬件地址或数据链路地址。数据链路层地址是与网络硬件相关联的固定序列号，通常在出厂前即被确定。这些地址通过位于数据链路层中的 MAC（Media Access Control，介质访问控制）子层，被称为 MAC 地址。它是在媒体接入层上使用的地址，由网络设备制造商生产时写在硬件内部。MAC 地址与网络无关，无论将带有这个地址的硬件（如网卡、路由器等）接入到网络的何处，该硬件都有相同的 MAC 地址。

如同一个人的身份证号一样，网络设备的 MAC 地址在世界上是惟一的。

对于网络硬件而言，地址通常被编码到网络的接口卡中。常见的情况是，这些地址用户根本不能改变，因为一个惟一的编号已存到只读存储器（PROM）中。例如以太网卡的 MAC 地址由厂商写在网卡的 BIOS 里，采用 6 字节 48 比特的 MAC 地址。这个 48 比特都有其规定的意义，前 24 位是由 IEEE（电气与电子工程师协会）分配，称为独一无二的机构标识符（OUI）；后 24 位由厂商自行分配，这样的分配使得世界上任意一个拥有 48 位 MAC 地址的网卡都有唯一的标识。

以太网卡的 MAC 地址通常表示为 12 个十六进制数（48 位二进制数），每 2 个十六进制数之间用冒号隔开，如：08：00：20：0A：8C：6D 就是一个 MAC 地址，其中前 6 位十六进制数 08：00：20 代表网络硬件制造商的编号，它由 IEEE 分配，而后 6 位十六进制数 0A：8C：6D 代表该制造商所制造的某个网络产品（如网卡）的系列号。每个网络制造商必须确保它所制造的每个网络设备都具有相同的前三字节以及不同的后三个字节。这样就可保证世界上每个设备都具有惟一的 MAC 地址。

数据链路层的 PDU 包含了目的 MAC 地址和源 MAC 地址，它是确认通信双方身份的惟一标识。通过 MAC 地址的识别，才能准确、可靠地找到对方，也才能够实现通信。

MAC 地址用于标识本地网络上的系统。大多数数据链路层协议，包括以太网和令牌环网协议，都使用制造商写入网卡的 MAC 地址。

IEEE 提供了一个 OUI 数据库，网址是 http：//standards. ieee. org/re-gauth/oui/index. shtml。

4.1.2　IP 地址

IP 地址是网络地址，是逻辑地址，该地址可以通过操作系统软件进行定义和更改。

网络地址采用一种分层编址方案，如同个人通信地址包括国家、省、市、街道、住宅号及个人姓名一样，网络分类更加逻辑化，更容易管理和使用，因而更加有用。

为了方便用户的理解和记忆，IP 地址采用了点分十进制标记法，即将 4 字节的二进制数值对应地转换成 4 个十进制数值，每个数值都小于或等于 255，数值中间用"."隔开，表示成 w. x. y. z 的形式，如图 4-1 所示。因此，IP 地址的最小值为 0. 0. 0. 0，最大值为 255. 255. 255. 255。

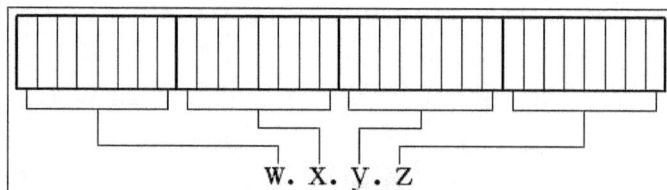

图 4-1　点分

例如二进制 IP 地址：

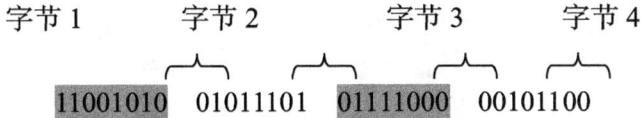

　　　　　字节 1　　　　　字节 2　　　　　　字节 3　　　　　字节 4

　　　　11001010　01011101　01111000　00101100

对应的点分十进制数 IP 地址为：202.93.120.44。

1. IP 地址的组成

互联网是具有层次结构的，一个互联网包括了多个网络，每一个网络又包括了多台主机。与互联网的层次结构相对应，互联网使用的 IP 地址也采用了层次结构，如图 4-2 所示。

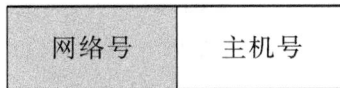

网络号	主机号

图 4-2　IP 地址的层次结构

TCP/IP 规定，只有同一网络（网络号相同）内的主机才能够直接通信，不同网络内的主机，只有通过其他网络设备（如路由器）的转发，才能够进行通信。

（1）组成

IP 地址由网络号（Net id）和主机号（Host id）两个层次组成，如图 4-2 所示。

网络号用来标识互联网中的一个特定网络，而主机号则用来表示该网络中主机的一个特定连接。因此，IP 地址的编址方式明显地携带了位置信息。这给 IP 互联网的路由选择带来了很大好处。

（2）优点

给出 IP 地址就能知道它位于哪个网络，因此路由比较简单。

（3）缺点

如果主机在网络间移动，IP 地址也必须发生变化。事实上，由于 IP 地址不仅包含了主机本身的地址信息，而且还包含了主机所在网络的地址信息，因此，当主机从一个网络移到另一个网络时，主机的 IP 地址必须进行修改以正确地反映这个变化。例如，在图 4-3 左图中，具有 IP 地址 192.168.100.1 的计算机需要从网络 1 移动到网络 2，那么，当它加入网络 2 后，必须为它分配新的 IP 地址（如 192.168.224.1）后才能使用。如图 4-3 右图所示。

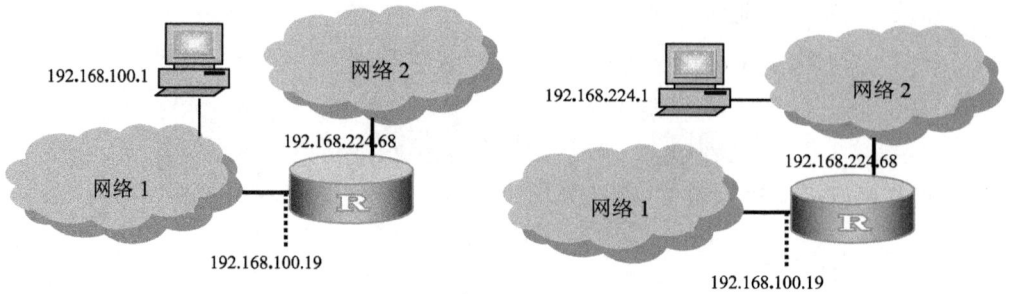

图 4-3　主机在网络间的移动

　　IP 地址与邮政系统中的邮件地址非常相似。邮件地址描述了信件收发人的地理位置，也具有一定的层次结构（如城市、区、街道等）。如果收件人的位置发生变化，例如从一个区搬到了另一个区，其邮件地址就必须随之改变，否则邮件就不可能送达收件人。

　　2. 标准 IP 地址分类

　　在长度为 32 位的 IP 地址中，哪些位代表网络号，哪些位代表主机号呢？这个问题看似简单，意义却非常重大，只有明确其网络号和主机号，才能确定其通信地址；同时当地址长度确定后，网络号长度又将决定整个互联网中可以包含多少个网络，主机号长度则决定每个网络能容纳多少台主机。

　　根据 TCP/IP 协议规定，IP 地址由 32bit 组成，它们被划分为 3 个部分：地址类别、网络号和主机号。

　　在互联网中，网络数是一个难以确定的因素，而且网络规模也相差很大。有的网络具有成千上万台主机，而有的网络仅仅有几台主机。为了适应各种网络规模的不同，IP 协议将 IP 地址划分为 5 类网络（A、B、C、D 和 E），它们分别使用 IP 地址的前几位（地址类别）加以区分，常用的是 A、B 和 C 三类地址。

　　（1）A 类：以第一字节的 0 开始，与其后的 7 位表示网络号（首字节 0～126），最后 24 位数用来表示主机号。

　　（2）B 类：以第一字节的 10 开始，与其后的 14 位表示网络号（首字节 128～191），最后 16 位用来表示主机号。

　　（3）C 类：以第一字节的 110 开始，与其后的 21 位表示网络号（首字节 192～223），最后 8 位数用来表示主机号。

　　（4）D 类：以第一字节的 1110 开始，用于因特网多播。

　　（5）E 类：以第一字节的 11110 开始，保留为以后扩展使用。

　　以上 IP 地址的分类是经过精心设计的，它能适应不同的网络规模，具有一定的灵活性。表 4-1 简要地总结了 A、B 和 C 三类 IP 地址可以容纳的网络数和主机数。

表 4-1　　A、B、C 三类 IP 地址可以容纳的网络数和主机数

类别	首字节范围	网络地址长度	最大的主机数目	适用的网络规模
A	1—126	1 个字节	16 777 214	大型网络
B	128—191	2 个字节	65 534	中型网络
C	192—223	3 个字节	254	小型网络

3. 特殊的 IP 地址

（1）网络地址

在互联网中，经常需要使用网络地址，IP 编址方案规定，一个网络地址包含了一个有效的网络号和一个全"0"的主机号。

例如，地址 113.0.0.0 就表示该网络是一个 A 类网络的网络地址。而一个具有 IP 地址为 202.100.100.2 的主机所处的网络地址为 202.100.100.0，它是一个 C 类网络，其主机号为 2。

（2）广播地址

当一个设备向网络上所有的设备发送数据时，就产生了广播。为了使网络上所有设备能够识别这样一个广播，必须使用一个可进行识别和侦听的 IP 地址。通常，其目的主机号全为"1"的 IP 地址是一个广播地址标志，如 202.100.100.255 是一个广播地址。

IP 广播有两种形式，一种叫直接广播，另一种叫有限广播。

① 直接广播。如果广播地址包含一个有效的网络号和一个全"1"的主机号，则称之为直接广播（Directed broadcasting）地址。在 IP 互联网中，任意一台主机均可向其他网络进行直接广播。

例如 C 类地址 202.100.100.255 就是一个直接广播地址。互联网上的一台主机如果使用该 IP 地址作为数据报的目的 IP 地址，那么这个数据报将同时发送到 202.100.100.0 网络上的所有主机。

毫无疑问，直接广播的一个主要问题是在发送前必须知道目的网络的网络号。

② 有限广播。32 位数全为"1"的 IP 地址（255.255.255.255）用于本网广播，该地址称为有限广播（Limited broadcasting）地址。实际上，有限广播将广播限制在最小的范围（本网段）内。如果采用标准的 IP 编址，那么有限广播将被限制在本网段之中；如果采用子网编址，那么有限广播将被限制在本子网之中。

有限广播不需要知道网络号。因此，在主机不知道本机所处的网络时（如主机的启动过程中），只能采用有限广播方式。

（3）回送地址

A 类网络地址 127.0.0.0 是一个保留地址，用于网络软件测试以及本地机器进程间通信。这个 IP 地址叫做回送地址（Loop back address）。无论什么程序，一旦使用回送地址发送数据，协议软件不进行任何网络传输，立即将之返回。因此，含有目的网络号 127 的数据报不可能出现在任何网络上。

4．私网地址

在互联网中，只有三个网络地址范围保留为内部网络使用，称为私网地址。这三个范围分别包括在 IPV4 的 A、B、C 类地址内，它们是：

10.0.0.0～10.255.255.255

172.16.0.0～172.31.255.255

192.168.0.0～192.168.255.255

这些范围保留作私有网络使用，不能直接使用这些地址访问 Internet。在访问 Internet 之前，这些地址必须翻译成能够全球路由的地址。这个工作通常由网络地址转换（NAT）完成。

5．主机 IP 地址的约定

在网络上，一个 IP 地址只能标识一台网络设备，但一台网络设备则可以有多个 IP 地址。

例如，在图 4-4 中，路由器分别与两个不同的网络连接，因此它应该具有两个不同的 IP 地址（192.168.224.6 和 192.168.100.8）。装有 2 块网卡的多宿主主机，也具有 2 个 IP 地址（192.168.100.89 和 192.168.101.1）。在实际应用中，还可以将多个 IP 地址绑定到一条物理连接上，使一条物理连接（如一块网卡）具有多个 IP 地址。

图 4-4　IP 地址标志网络连接

4.2　子网划分

标准 IP 地址的分类虽然考虑了不同网络规模的问题，但不能解决千差万别的实际网络情况。例如一个单位分配了一个 B 类 IP 地址，但若将上万台计算机连接在同一个网络中，势必造成网络冲突成倍增加而效率低下，也增加了出现网络安全故障的可能性。使用子网分划分就可以顺利解决诸如此类的问题。

4.2.1　子网划分的方法

划分子网时必须让每个子网拥有一个独一无二的子网地址（Subnet address），用来识别子网。由于分配到的网络地址（如一个 C 类网络 202.113.27.0）是不能变动的，因此需要从主机号部分"借用"其高几位作为子网地址。这样由原来的网络地址再加上"借用"的主机地址便可以组成特定的子网，如图 4-5 所示。

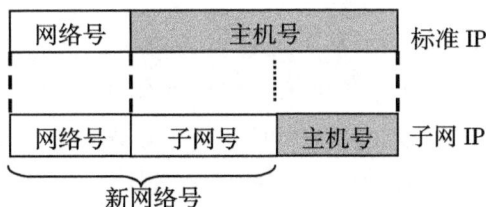

图 4-5　子网编址的层次结构

一个子网地址包括了网络号、子网号和主机号三个部分。

子网划分的规则如下。

（1）不允许使用全 0 或者全 1 的子网地址，这些地址是保留的。因此只有 1 位数时，不能得到可用的子网地址。

（2）在利用主机号划分子网后，剩余的主机号部分，全部为"0"的表示该子网的网络号，全部为"1"的则表示该子网的广播地址，剩余的就可以作为主机号分配给子网中的主机。

B 类网络的主机号部分有两个字节，故而最多只能借用 14 位去创建子网。而 C 类网络中主机号部分只有一个字节，故最多只能借用 6 位去创建子网。

> 提示：根据子网划分的规则，在"借"用主机号作为子网号时必须给主机号部分剩余 2 位；在"借"用时至少要借用 2 位。

例如，一个 C 类 IP 地址如下：

11001010 01110001 00011011 <u>10100010</u>（202.113.27.162）

　　　　网络地址　　　　　　　主机号

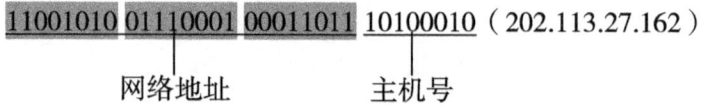

按照标准 IP 地址分类的规定，前 24 位是网络地址（202.113.27.162），后 8 位是主机号。若要分割子网，就需要从后 8 位主机的高位中取出几个 bit 作为子网地址，这里取出高 3 个 bit 作为子网地址。则：

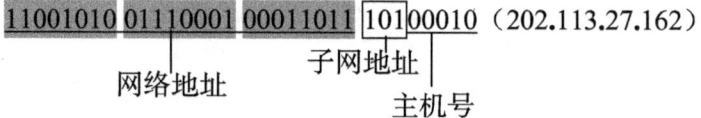

11001010 01110001 00011011 |101|00010（202.113.27.162）

　　　　网络地址　　　　　子网地址|
　　　　　　　　　　　　　　　主机号

原先的 24 位网络地址与 3 位子网地址合起来共 27 位，作为新的网络地址，即 11001010 01110001 00011011 101 00000（202.113.27.160），用来识别该子网；新的主机号是 00010（2）。

借用 3 个 bit 作为子网，将产生 2^3-2 即 6 个子网。即 |001| 00000（32）、|010| 00000（64）、|011| 00000（96）、|100| 00000（128）、|101| 00000（160）和 |110| 00000（192）；但 |000| 00000（0）和 |111| 00000（224）不能作为子网地址使用。每个子网剩余的 5bit 作为主机号，可以有 2^5-2 即 30 台主机。

对于网络号为 202.113.27.0 的 C 类网络，可以借用 3 位主机号来划分子网，其子网号、主机号范围、可容纳的主机数、子网地址、子网广播地址如表 4-2 所示。

表 4-2　一个 C 类网络借用 3bit 进行子网划分

子网	二进制子网号	二进制主机号范围	十进制范围	可容纳的主机数	子网地址	广播地址
第 1 个子网	001	001 00001—001 11110	.33——.62	30	202.113.27.32	202.113.27.63
第 2 个子网	010	010 00001—101 11110	.65——.94	30	202.113.27.64	202.113.27.95
第 3 个子网	011	011 00001—011 11110	.97——.126	30	202.113.27.96	202.113.27.127
第 4 个子网	100	100 00001—100 11110	.129——.158	30	202.113.27.128	202.113.27.159
第 5 个子网	101	101 00001—101 11110	.161——.190	30	202.113.27.160	202.113.27.191
第 6 个子网	110	110 00001—110 11110	.193——.222	30	202.113.27.192	202.113.27.223

由于这个 C 类地址最后一个字节的前 3 位用作划分子网，因此子网中的主机号只能用剩下的 5 位来表达。

在上面的例子中，除二进制数 <u>00000000</u> 和 <u>11100000</u> 外，其他二进制数 <u>00100000</u>～<u>11000000</u> 都可以作为子网号进行分配。

提示：虽然 Internet 的 RFC 文档规定了子网划分的原则，但现在很多供应商的产品也都支持全为 0 和全为 1 的子网，当用户要使用全为 0 和 1 的子网时，首先要证实网络中路由器是否提供相关支持。若支持时，全 0 子网和全 1 子网也都可以使用。

4.2.2　子网掩码

对于标准的 IP 地址而言，网络的类别可以通过它的前几位进行判定。而对于子网编址来说，机器是如何知道 IP 地址中哪些位数用来表示网络、子网和主机部分呢？识别子网的关键就是确定子网的地址长度。为了解决这个问题，子网编址使用了子网掩码（或称为子网屏蔽码）。

子网掩码也采用了 32 位二进制数值，分别与 IP 地址的 32 位二进制数相对应。

IP 协议规定：子网掩码必须是由一串连续的 1 后跟一串连续的 0 组成。与子网掩码 1 对应 IP 地址的 bit 是网络号和子网号部分，与子网掩码 0 对应 IP 地址的 bit 是主机号部分。

A 类网络的默认子网掩码是 11111111 00000000 00000000 00000000（255.0.0.0），B 类网络的默认子网掩码是 11111111 11111111 00000000 00000000（255.255.0.0），C 类网络的默认子网掩码是 11111111 11111111 11111111 00000000（255.255.255.0）

例如：给出一个经过子网编址的 C 类 IP 地址 202.113.27.162，我们并不知道在子网划分时到底借用了几位主机号来表示子网，如果给出它的子网掩码是255.255.255.224，即：

IP 地址：　11001010 01110001 00011011 101 00010（202. 113. 27. 162）

子网掩码：　11111111 11111111 11111111 111 00000（255.255.255.244）

此时，IP 地址 202.113.27.162 的网络地址为：202.113.27.160（11001010 01110001 00011011 101 00000 与子网掩码中连续 27 个 1 相对应），主机号为 2（00010 与子网掩码中连续的 5 个 0 相对应）。

提示：上述 IP 地址与子网掩码的组合也可以写成：202.113.27.162/27，/前表示正常的 IP 地址，/后表示子网掩码中 1 的数目，表示其前面地址中的前 27 位代表网络部分，其余位代表主机部分。

如果选择 B 类子网，可以按照表 4-3 所描述的子网位数、子网掩码、可用的子网数和可用的主机数对应关系进行子网划分。

表 4-3　B 类网络子网划分关系表

子网 位数	子网掩码中 1 的位数	可用的 子网数	可用的 主机数
2	18	2	16382
3	19	6	8190
4	20	14	4094
5	21	30	2046
6	22	62	1022
7	23	126	510
8	24	254	254
9	25	510	126
10	26	1 022	62
11	27	2 046	30
12	28	4 094	14
13	29	8 190	6
14	30	16 382	2

　　如果选择 C 类子网，其子网位数、第四字节的子网掩码、可用的子网数和可用的主机数的对应关系如表 4-4 所示。

表 4-4　C 类网络子网划分关系表

子网 位数	掩码的 末节值	可用的 子网数	可用的 主机数
2	192	2	62
3	224	6	30
4	240	14	14
5	248	30	6
6	252	62	2

　　提示：如果使用子网掩码将网络信息流量分段成一系列小型的子网，那么首先一定要全面地计划如何给每个段分配节点，以及如何给那些段赋子网掩码。这个计划必须要考虑到网络的扩容。

4.2.3　子网划分的步骤

子网规划和 IP 地址分配在网络规划中占有非常重要的地位。在划分子网之前，应确定所需要的子网数和每个子网需要的最大主机数。有了这些信息后，就可以定义每个子网的子网掩码、网络地址（含网络号和子网号）的范围和主机号的范围。划分子网的步骤如下。

（1）决定子网数

设计的第一步是考虑组建网络的单位需要多少个子网数，用来惟一标识网络上的每一个子网。这需要考虑单位所具有的部门数、物理位置等因素。

（2）决定每个子网的主机数

确定每个子网需要多少台主机数，用来标识该子网上的每台主机。而主机号部分需要能容纳够用的主机。

（3）确定子网掩码

根据步骤（1）和（2），定义一个符合网络要求的子网掩码。

（4）确定标识每一个子网的网络地址。

（5）确定每一个子网上所使用的主机的地址范围。

通过下面的案例来体会网络划分的步骤。

一个单位被分配了一个 C 类网络 202.113.27.0。如果该单位需要 5 个子网，每个子网的计算机不超过 25 台，那么应该如何规划和使用 IP 地址？

IP 地址划分过程如下。

第 1 步：对于给定的 C 类网络 202.113.27.0，由于每个子网都需要一个惟一的子网号来标识，该单位需要 5 个子网号，而超过 5 个子网的最小子网数为 6，因此可以考虑借用子网的位数为 3。

第 2 步：因为每个子网的计算机不超过 25 台，考虑到使用路由器连接，因此需要至少 27 个主机号，所以使用剩余 5 位二进制数（最多 30 台主机）可以满足需求。

第 3 步：根据第 1 步和第 2 步的分析，从表 4-4 中可以看出，选择掩码/27就可以满足要求，它所对应的二进制地址是 1111111 11111111 11111111 111 00000；也就是最后一个字节的 8 位位被分成：3 位加到网络号中形成扩展的网络前缀，剩下的 5 位用于识别主机。

第 4 步：确定可用的网络地址：子网掩码确定后，便可以确定可以使用的子网号位数。在本例中，由于采用子网号的位数为 3，因此可能的组合为 000、001、010、011、100、101、110 和 111。根据子网划分的规则，除去 000 和 111，剩余 001、010、011、100、101、和 110 这 6 个子网，因此所需 5 个子网的地址可分别选定为 202.113.27.32（001 00000）、202.113.27.64（010 00000）、

202.113.27.96（011 00000）、202.113.27.128（100 00000）和 202.113.27.160（101 00000），而子网 202.113.27.192（110 00000）可被弃用。

第 5 步：确定各个子网的主机地址范围，见表 4-5。

表 4-5 C 类网络 202.113.27.0/27 中各子网对应的主机地址范围

子网编号	子网地址	可用的主机地址范围	广播地址
1	202.113.27.32	202.113.27.33～202.113.27.62	202.113.27.63
2	202.113.27.64	202.113.27.65～202.113.27.94	202.113.27.95
3	202.113.27.96	202.113.27.97～202.113.27.126	202.113.27.127
4	202.113.27.128	202.113.27.129～202.113.27.158	202.113.27.159
5	202.113.27.160	202.113.27.161～202.113.27.190	202.113.27.191

提示：进行子网互连的路由器也需要占用有效的 IP 地址，因此，在计算网络或子网中需要使用的 IP 地址时，不要忘记连接该网络或子网的路由器。

虽然分子网方法是对 IP 地址结构有价值的扩充，但是它还要受到一个基本的限制：整个网络只能有一个子网掩码。因此，当用户选择了一个子网掩码之后，也就意味着每个子网内的主机数确定了，就不能支持不同尺寸的子网了。任何对更大尺寸子网的要求意味着必须改变整个网络的子网掩码。这就需要使用可变长子网掩码。

4.3 可变长子网掩码（VLSM）

假设一个网络地址为 172.16.0.0，这是一个 B 类地址，使用 16 位的网络号。如果使用 6 位扩展网络前缀会得到 22 位的子网掩码，则有 62（2^6-2）个可用的子网地址，每个子网内有（2^{10}-2）1022 个可用的主机地址。这种子网化策略对需要超过 30 个子网和每个子网内超过 500 个主机的组织是合适的。但是，如果这个组织由一个超过 500 个主机的稍大的分部和许多小的只有 40～50 个主机设备的分部组成，那么，地址的大部分就被浪费了。每个组织即使不需要，也被分配一个有 1022 个主机地址的子网。小的分部大约浪费 950 个主机地址。因为子网化的网络只能用单一的掩码，且这个掩码是预定义的固定长度，所以这种地址浪费将是不可避免的。

对于上述不能用一个固定掩码解决子网划分的问题，网络工程师给出采用不同长度的子网掩码的方法，也就是可以采用可变长子网掩码，以解决在一个网络中使用多种层次的子网问题。

例如，一个单位被分配了一个 C 类网络 202.113.27.0。如果该单位需要 5

个子网，各个子网的计算机台数分别为 10、24、20、20 和 18，同时还需要为 4 个地点的广域网链路提供地址（需 4 个子网），也就是说，该单位需要 9 个子网。从表 4-4 可以看出，无论如何选择子网掩码，都不能同时满足上述需求，那么应该如何规划其 IP 地址呢？

对于该单位的上述需求，采用可变长子网掩码，其划分子网的步骤如下。

（1）采用掩码/27 划分出可以使用的 6 个子网 202.113.27.32/27～202.113.27.192/27。

（2）使用 5 个子网 202.113.27.32/27～202.113.27.160/27，解决了每个子网都可以容纳 30 台主机的需求。

（3）对未使用的一个子网 202.113.27.192/27（可用的主机地址范围 202.113.27.193～202.113.27.222），被更进一步使用掩码/30 划分成可以使用的 6 个子网 202.113.27.196/30～202.113.27.216/30，每个子网只有 2 个有效的主机地址，如表 4-6 所示。而每个点对点的广域网链路只需要 2 个地址，这样划分，恰好能够提供 6 个点对点的广域网链路地址。

表 4-6　子网 202.113.27.192/27 继续划分为掩码/30 时对应的主机地址范围

子网编号	子网地址	可用的主机地址范围	广播地址
1	202.113.27.196	202.113.27.197～202.113.27.198	202.113.27.199
2	202.113.27.200	202.113.27.201～202.113.27.201	202.113.27.203
3	202.113.27.204	202.113.27.205～202.113.27.206	202.113.27.207
4	202.113.27.208	202.113.27.209～202.113.27.210	202.113.27.211
5	202.113.27.212	202.113.27.213～202.113.27.214	202.113.27.215
6	202.113.27.216	202.113.27.217～202.113.27.218	202.113.27.219

提示：VLSM 使一个组织的 IP 地址空间被更有效的使用，使网络管理员能够按子网的特殊需要定制子网掩码。

4.4　无类域间路由（CIDR）

一种新的忽略地址分类命名的方法是使用无类域间路由（Classless Inter domain Routing，CIDR）编址。"无类"的意思是选路决策，是基于整个 32 位 IP 地址的掩码操作。而不管其 IP 地址是 A 类、B 类或是 C 类。它带来的最大优点是：消除地址分类、超网化和路由汇聚。

4.4.1　CIDR 如何工作

CIDR 基本思想是取消地址的分类结构，取而代之的是允许以可变长分界的方式分配网络数。CIDR 将路由集中起来，使一个 IP 地址代表主要骨干提供商服务的几千个 IP 地址，从而减轻 Internet 路由器的负担。

CIDR 支持路由聚合，可限制 Internet 主干路由器中必要路由信息的增长。CIDR 是传统地址分配策略的重大突破，它完全抛弃了有类地址（前面介绍的有类地址用 8 位表示一个 A 类网络号，16 位表示一个 B 类网络号，24 位表示一个 C 类网络号）。CIDR 用网络前缀代替了这些类，前缀可以任意长度，而不仅仅是 8 位，16 位或 24 位。这允许 CIDR 可以根据网络大小来分配网络地址空间，而不是在预定义的网络地址空间中作裁剪。每一个 CIDR 网络地址和一个相关位的掩码一起广播，这个掩码识别了网络前缀的长度。也就是说，一个网络地址中主机部分与网络部分的划分完全是由子网掩码确定的。例如，使用 192.125.61.8/20 标识一个 CIDR 地址，此地址有 20 位网络地址。而这种无类别超级组网技术通过将一组较小的无类别网络汇聚为一个较大的单一路由表项，减少了 Internet 路由域中路由表条目的数量。

4.4.2　超网

超网（supernetting）正好与子网把大网络分成若干小网络相反，是将网络部分的某些位合并进主机部分，把一些小网络组合成一个大网络，也就是使用子网掩码将多个有类别的网络聚合成的一个网络。它不在拘泥于使用地址类来决定一个地址的网络部分，而是使用地址和掩码的组合来表示其网络号。

对于诸如具有前 16 位相同的 256 个 C 类网络，可以使用 16 位掩码形成 1 个超网，如 202.113.0.0/16。

例如，对于 2 个相邻的 C 类网络，202.113.27.0 和 202.113.28.0，从表 4-7 可以看出，这 2 个网络的前 19 位是相同的，因此可以使用 19 位子网掩码，形成一个超网 202.113.28.0/19。

表 4-7　各子网对应的主机地址范围

网络号	第 1 个 8 位	第 2 个 8 位	第 3 个 8 位	第 4 个 8 位
202.113.27.0	11001010	01110001	000110 11	00000000
202.113.28.0	11001010	01110001	000111 00	00000000

4.4.3　路由汇聚

CIDR 可以使任何符合 CIDR 规范的路由器能够更有效地汇聚路由信息。换句话说，路由表中一个表项能够表示许多网络地址空间，减少了整个网络的网络数。这就大大减小了网络中所需路由表的大小，加快了路由器查找网络的速度，能使网络具有更好的可扩展性。

为了执行能够强制设置的路由汇聚，需要一个无类路由协议。不过，无类路由协议本身还是不够的。制定这个 IP 地址管理计划是必不可少的，这样就可以在网络的战略点实施没有冲突的路由汇聚。目前的路由器大部分都支持路由汇聚。

将多个网络汇聚为一个超网和掩码的过程可以分为 3 个步骤：

第 1 步：以二进制格式列出所有网络。如：

网络 1：10101100 000101 00 00000000 00000000 (172.20.0.0/16)

网络 2：10101100 000101 01 00000000 00000000 (172.21.0.0/16)

网络 3：10101100 000101 10 00000000 00000000 (172.22.0.0/16)

网络 4：10101100 000101 11 00000000 00000000 (172.23.0.0/16)

第 2 步：计算所有网络地址中从左侧开始的相同位数来确定掩码。其中上述网络有 14 位相同，掩码为/14 或 255.252.0.0。

第 3 步：复制这些相同的位，在后面添 0，以确定超网地址。

超网地址：10101100 000101 00 00000000 00000000 (172.20.0.0/14)

通过实施 CIDR 技术，将 4 个网络汇聚成一条路由 172.20.0.0/14，大大减少了路由表的数目，从而为网络路由器节省出了存储空间和查找速度。

注意：使用 CIDR 技术汇聚的网络地址的比特位必须是一致的，否则无法实现 CIDR 技术。

4.5　网络地址转换

网络地址转换（Network Address Translation，NAT）属接入广域网技术，是一种将私有地址转化为合法 IP 地址的转换技术，它被广泛应用于各种类型 Internet 接入方式中。NAT 不仅完美地解决了 IP 地址不足的问题，而且还能够有效地避免来自网络外部的攻击，隐藏并保护网络内部的计算机。

由于保密原因或 IP 地址在外网中不合法，网络的内部 IP 地址无法在外部网络使用，就产生了 IP 地址转换的需求。例如：公司更换供应商；重组公司主干网络或者供应商合并或散伙。一旦外部拓扑结构改变，本地网络的地址分配也必须改变以反映外部变化。通过将这些变化集中在单个地址转换路由器中，局域网用户并不需知道这些改变。基本地址转换允许主机从内部网络中透明地访问外部网络，并容许从外部访问选定的本地主机。对于一个机构，其网络主要用于内部服务而仅有时用于外部访问，这种配置是很适用的。

使用这种转换方法是有一定限制的，即会话的请求及响应的发送必须经过相同的 NAT 路由器。在边界路由器上安装 NAT 能确保这一过程，边界路由器在该域中是惟一的，而所有经过的 IP 包要么来自于此域要么到达此域。此外还可使用多重 NAT 设备确保这一过程。

NAT 解决方法有其不足之处，仅以增强的网络状态作为补充，而忽略了 IP 地址端对端的重要性。结果是，由于存在 NAT 设备，由 IPSec 保证的端对端 IP 网络级安全无法应用到终端主机。此方法的优势是不需要改变主机或路由器就可以直接安装 NAT。

NAT 的实现方式有三种：静态转换 Static Nat、动态转换 Dynamic Nat 和端口多路复用 OverLoad。

（1）静态转换

静态转换是将内部网络的私有 IP 地址一对一转换为公有 IP 地址，是一成不变的，某个私有 IP 地址只转换为某个公有 IP 地址。借助于静态转换，可以实现外部网络对内部网络中某些特定设备（如服务器）的访问。

（2）动态转换

动态转换是将内部网络的私有 IP 地址转换为公用 IP 地址时，IP 地址是不确定的，是随机的，所有被授权访问 Internet 的私有 IP 地址可随机转换为任何指定的合法 IP 地址。也就是说，只要指定哪些内部地址可以进行转换，以及用哪些合法地址作为外部地址时，就可以进行动态转换。动态转换可以使用多个合法外部地址集。当 ISP 提供的合法 IP 地址略少于网络内部的计算机数量时。可以采用动态转换的方式。

（3）端口多路复用

端口多路复用（Port address Translation，PAT）是改变外出数据包的源端口并进行端口转换，即端口地址转换。采用端口多路复用方式。内部网络的所有主机均可共享一个合法外部 IP 地址，以实现对 Internet 的访问，从而可以最大限度地节约 IP 地址资源。同时，又可隐藏网络内部的所有主机，有效避免来自 Internet 的攻击。因此，目前网络中应用最多的就是端口多路复用方式。

4.6　IPV6

IPV6 是"Internet Protocol Version 6"的缩写，它是 IETF（互联网工程任务组，Internet Engineering Task Force）设计的用于替代现行版本 IPV4 协议的下一代 IP 协议。

目前的全球因特网所采用的协议族是 TCP/IP 协议族。IP 是 TCP/IP 协议族中网络层的协议，是 TCP/IP 协议族的核心协议。

IPV6 正处在不断发展和完善的过程中，它在不久的将来将取代目前被广泛使用的 IPV4。这可以使每个人将拥有更多得 IP 地址。

4.6.1　IPV6 简介

目前使用的第二代互联网 IPV4 技术，核心技术属于美国。它的最大问题是网络地址资源有限，从理论上讲，编址 1600 万个网络、40 亿台主机。但采用 A、B、C 三类编址方式后，可用的网络地址和主机地址的数目大打折扣，以至目前的 IP 地址近乎枯竭。其中北美占有 3/4，约 30 亿个，而人口最多的亚洲只有不到 4 亿个，中国截止 2010 年 6 月 IPV4 地址数量达到 2.5 亿，落后于 4.2 亿网民的需求。地址不足，严重地制约了我国及其他国家互联网的应用和发展。

一方面是地址资源数量的限制，另一方面是随着电子技术及网络技术的发展，计算机网络将进入人们的日常生活，可能身边的每一样东西都需要连入全球因特网。在这样的环境下，IPV6 应运而生。单从数字上来说，IPV6 所拥有的地址容量是 IPV4 的约 8×10^{28} 倍，达到 2^{128}（算上全零）个。这不但解决了网络地址资源数量的问题，同时也为除电脑外的设备连入互联网在数量限制上扫清了障碍。

但是与 IPV4 一样，IPV6 一样会造成大量的 IP 地址浪费。准确的说，使用 IPV6 的网络并没有 2^{128} 个能充分利用的地址。首先，要实现 IP 地址的自动配置，局域网所使用的子网的前缀必须等于 64，但是很少有一个局域网能容纳 2^{64} 个网络终端；其次，由于 IPV6 的地址分配必须遵循聚类的原则，地址的浪费在所难免。

但是，如果说 IPV4 实现的只是人机对话，而 IPV6 则扩展到任意事物之间的对话，它不仅可以为人类服务，还将服务于众多硬件设备，如家用电器、传感器、远程照相机、汽车等，它将是无时不在，无处不在的深入到社会每个角落的真正的宽带网。而且它所带来的经济效益将非常巨大。

当然，IPV6 并非十全十美、一劳永逸，不可能解决所有问题。IPV6 只能在发展中不断完善，也不可能在一夜之间发生，过渡需要时间和成本，但从长远看，IPV6 将有利于互联网的持续和长久发展。目前，国际互联网组织已经决定成立两个专门工作组，制定相应的国际标准。

4.6.2　IPV6 的特点

（1）IPV6 地址长度为 128 比特，地址空间增大了 2 的 96 次方倍。

（2）灵活的 IP 报文头部格式。使用一系列固定格式的扩展头部取代了 IPV4

中可变长度的选项字段。IPV6 中选项部分的出现方式也有所变化，使路由器可以简单路过选项而不做任何处理，加快了报文处理速度。

（3）IPV6 简化了报文头部格式，字段只有 7 个，加快报文转发，提高了吞吐量。

（4）提高安全性。身份认证和隐私权是 IPV6 的关键特性。

（5）支持更多的服务类型。

（6）允许协议继续演变，增加新的功能，使之适应未来技术的发展。

4.6.3　IPV6 的优势

与 IPV4 相比，IPV6 具有以下几个优势：

（1）IPV6 具有更大的地址空间。IPV4 中规定 IP 地址长度为 32，即有 2^{32} 个地址；而 IPV6 中 IP 地址的长度为 128，即有 2^{128} 个地址。

（2）IPV6 使用更小的路由表。IPV6 的地址分配一开始就遵循聚类（Aggregation）的原则，这使得路由器能在路由表中用一条记录（Entry）表示一片子网，大大减小了路由器中路由表的长度，提高了路由器转发数据包的速度。

（3）IPV6 增加了增强的组播（Multicast）支持以及对流的支持（Flow Control），这使得网络上的多媒体应用有了长足发展的机会，为服务质量（QoS，Quality of Service）控制提供了良好的网络平台。

（4）IPV6 加入了对自动配置（Auto Configuration）的支持。这是对 DHCP 协议的改进和扩展，使得网络（尤其是局域网）的管理更加方便和快捷。

（5）IPV6 具有更高的安全性。在使用 IPV6 网络中用户可以对网络层的数据进行加密并对 IP 报文进行校验，极大的增强了网络的安全性。

图 4-6 给出了 IPV6 的长分布式网络结构：

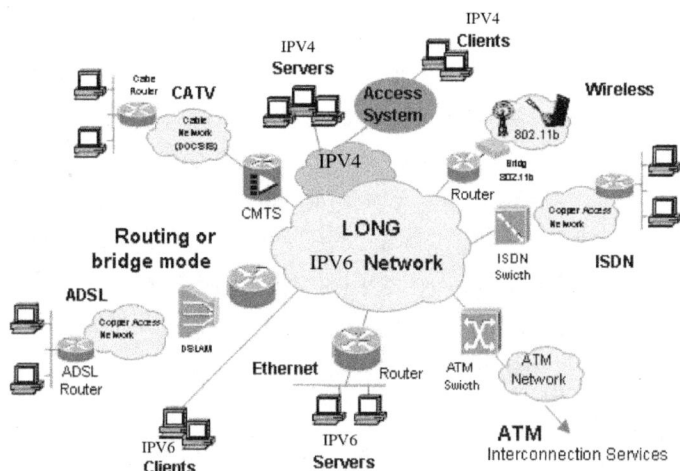

图 4-6　IPV6 的长分布式网络结构图

本 章 小 结

TCP/IP 协议栈中的 IP 协议为标识主机而采用的地址格式，掌握 IP 地址的组成和划分是 IP 规划和的核心。

理解 IP 地址规划的关键是明白子网掩码的意义和使用方法。IP 地址规划方案应根据网络用户的实际需求条件，通过计算设计才能给出。IP 地址规划方案还要兼顾到扩容和网络运行的效率。

在实际应用中，将会遇到更复杂的子网划分要求，这就需要使用更加灵活的可变长子网掩码、无类别域间路由等技术。

习　　题

1. 什么是 MAC 地址？计算机是如何接收数据的？

2. 利用以太网交换机连接的 2 台电脑组成了局域网，如果它们都运行 TCP/IP 协议，且网络管理员为它们分配的 IP 地址和子网掩码如下所示：

A：IP 192.168.1.34 掩码 255.255.255.240

B：IP 192.168.1.49 掩码 255.255.255.240

A、B 之间能够直接通信吗？为什么。

3. 一台主机的 TCP/IP 属性中，IP 地址是 192.168.14.178，子网掩码是 255.255.255.240。请回答以下问题：

(1) 该主机的 IP 地址属于哪一类 IP 地址。

(2) 写出该主机 IP 地址对应的网络地址和广播地址。

4. 现需要对一个局域网进行子网划分。其中，第一个子网包含 25 台计算机，第二个子网包含 26 台计算机，第三个子网包含 30 台计算机，第四个子网包含 8 台计算机。如果分配给该局域网一个 C 类网络地址 211.168.168.0，请写出你的 IP 地址分配方案和理由。

5. 若要持一个 B 类的网络 168.168.0.0 划分为 14 个子网，请计算出每个子网的子网掩码以及在每个子网中主机 IP 地址的范围。

第5章　企业网组建与互连

网络互连技术是指利用各种网络互连设备将同构网络或异构网络相互连接起来，组成功能更强，地理覆盖范围更大的互连网络系统。互连网结构已经成为网络应用系统的基本结构模式。而多个网络的互连设备包括网桥、交换机、路由器和网关等，学习和运用网络应用技术就必须了解网络互连设备的用途和网络互连的知识。

学习目标：

■ 了解网络互连的类型和网络互连的优点

■ 熟练掌握网桥、交换机、路由器和网关的用途

■ 掌握 VLAN 的工作机制

■ 掌握交换机的基本配置方法

■ 了解路由器的功能，熟悉路由器的工作原理

■ 掌握 IP 路由和路由表的概念，了解路由协议

■ 掌握路由器的基本配置方法

■ 能够实现网络间的互连

5.1　网络互连的概念

单一的网络资源比较有限，因此需要将多个网络连成更大的网络，使各个不同网络的用户能够互相通信、交换信息和共享资源。要实现网络互连，必须有相应的硬件和软件支持，通常把实现网络互连的硬件称为网络互连设备，而把用于实现网络互连协议的软件，称为网络互联软件。

计算机网络互连的关键是对单个网络的影响减少到最小，并且不能改变原网络的软硬件平台和协议。而其面临的问题是如何让使用不同协议的计算机能够相互通信。

5.1.1　网络互连的类型

1. 几个概念

(1) 网络连接：网络连接是指网络在应用级的互连。它是对连接于不同网络

的各种系统之间的互连，它主要强调协议的接续能力，以便完成端到端之间数据的传递。

（2）网络互连：是指不同的网络在物理上的连接。两个网络之间借助于相应的网络设备至少有一条连接的线路，它为两个网络的数据交换提供了可能性，但这样仍不能保证两个网络一定能够进行通信，这要取决于两个网络的通信协议是不是相互兼容。网络互连主要涉及到网络产品、处理过程和互连技术。

（3）网络互联：是指网络在逻辑上的连接。它是在网络互连的基础上，实现网络之间的通信。

（4）网络互通：是指两个网络之间可以进行通信。

（5）互操作：是指网络中不同计算机系统之间具有透明地访问对方资源的能力。互操作是由高层软件来实现的。

2. 网络互连的目的

（1）将不同的网络或相同的网络用互连设备连接在一起形成一个范围更大的网络。

（2）实现异种网之间的服务和资源共享。

3. 网络互连的类型

网络互连的类型主要有局域网与局域网的互连；局域网与广域网的互连；两局域网经广域网的互连；广域网与广域网的互连等。

（1）局域网与局域网的互连（LAN—LAN）

局域网互连包括同构网络的互连和异构网络的互连。同构网络互连是指采用相同协议局域网的互连，例如，两个以太网之间的互连。这种局域网互连的设备有交换机、网桥等。而异构网的互连是指两种不同协议局域网的互连，例如一个以太网与一个令牌环网之间的互连。这种局域网互连的设备需要支持互连的网络所使用的协议。

（2）局域网与广域网的互连（LAN—WAN）

局域网与广域网的互连是目前常见的方式之一。路由器或网关是实现局域网与广域网互连的主要设备。

（3）局域网经广域网的互连（LAN—WAN—LAN）

将两个分布在不同地理位置的局域网通过广域网实现其互连。当几个要互连的局域网相距较远时，无法再用局域网互连的方法实现其互连，这时可通过广域网实现其互连，即让这些局域网都与广域网互连，这样就可以通过广域网实现局域网的互连。路由器或网关是实现局域网经广域网互连的主要设备。

（4）广域网与广域网互连（WAN—WAN）

广域网与广域网是通过路由器或网关互连起来的。

5.1.2　网络互连的层次

网络互连主要解决的是不同网络的通信问题，因为不同的网络可以采用不同的网络体系结构和网络协议。网络互连要解决的主要问题就是协议的转换，而需要转换的只是那些不同的协议，若协议相同也就不需要转换了。

网络互连的目的则是向高层隐藏低层网络技术的细节，为用户提供统一的通信服务。因此网络互连实质上就是按层次结构找到一个互连层，在互连层以上各层需要具有相同的层次和协议，在互连层及其以下各层可以具有不同的层次和协议。

根据网络层次的结构模型，可以将网络互连的层次从通信协议的角度分为：物理层互连、数据链路层互连、网络层互连和高层互连。

1. 物理层互连

物理层互连主要解决的是在不同的电缆段之间复制位信号的问题。物理层的连接设备主要是中继器（Repeater），中继器主要是在不同的电缆段之间复制、放大和再生位信号。中继器是最低层的物理设备，用来连接同一个局域的几个网段。因此，中继器只是局域网网段连接设备而不是网络互连设备，中继器的使用正在逐渐减少。

集线器是一个多端口的中继器。集线器也称 HUB，它是一种特殊的中继器。使用集线器构成的网络呈现星型拓扑结构，集线器作为网络传输介质间的中央节点，它克服了介质单一通道的缺陷。以集线器为中心的优点是当网络系统中某条线路或某个节点出现故障时，不会影响网络其他节点的正常工作。

通过集线器连接的网络是一个大的冲突域，即集线器不能隔离冲突域。由于多个用户共享相同的冲突域，会使网络性能逐渐下降，这种情况发生时，通常使用以太网交换机来提高性能。

> **提示**：物理层的互连设备—中继器和集线器是网段连接设备而不是网络互连设备。

2. 数据链路层互连

若两个网络的链路层及其下层物理层的协议不同时，则只能在数据链路层实现其互连。数据链路层主要解决同一类网络之间是如何存储转发数据帧的。

数据链路层的互连设备是网桥（Bridge），它可以在同一类网络之间存储转发帧。网桥在网络互连中起到数据接收、地址过滤与数据转发的作用，用来实现多个同类网络之间的数据交换。

交换机是一个多端口的网桥。具有过滤、转发和学习等传统网桥的基本功能。

3. 网络层互连

若两个网络的网络层及其以下各层的协议是不相同的，则只能在网络层实现其互连。网络层互连主要解决在不同的网络之间是如何存储转发数据分组的。

网络层的互连设备主要是路由器（Router），它具有路由选择、拥塞控制、差错处理与分段等。如果网络层协议相同，则互连主要解决的是路由选择问题；如果网络层协议不同，则还需要使用多协议路由器进行协议之间的转换。

第三层交换机也是网络层的互连设备。

4. 高层互连

传输层及其以上各层协议不同的网络之间的互连属于高层互连。实现高层互连的设备是网关（Gateway）。高层互连允许两个互连网络的应用层及其以下各层的网络协议都可以是不同的。

5.1.3　网络互连设备

一般来说，参加互连的网络差异越大，需要协议的转换工作也越复杂，当然互连设备也变得越复杂。中继器是最简单的局域网网段互连设备，它只能实现同一局域网不同网段的互连。网关是最复杂的互连设备，它可以实现体系结构完全不同的网络互连。表 5-1 给出了网络互连设备的区别和联系。

表 5-1　网络互连设备与 OSI 对应关系

OSI 层名称	该层功能	地址类型	网络互联设备
应用层	为用户提供操作功能		网关（协议转换器）
表示层	提供字符表示、数据压缩和安全性等方面功能		网关（协议转换器）
会话层	建立、管理和结束会话		网关（协议转换器）
传输层	在应用程序进程之间传输消息	应用程序进程地址（端口）	网关（协议转换器）
网络层	通过网络发送单个的数据包	网络地址	路由器、第三层交换机
数据链路层	将数据帧发送到目的节点	网卡地址（硬件地址）	网桥、交换机
物理层	通过物理介质传输表示比特的信号		中继器、集线器

1. 中继器

中继器是连接网络线路的一种装置，常用于两个网段节点之间物理信号的双向转发工作。

中继器主要完成物理层的功能，负责在两个节点的物理层上按位传递信息，完成信号的复制、调整和放大功能，以此来延长网络的长度。由于存在损耗，在线路上传输的信号功率会逐渐衰减，衰减到一定程度时将造成信号失真，因此会导致接收错误。中继器就是为解决这一问题而设计的。中继器的两端连接的是相同的媒体，但有的中继器也可以完成不同媒体的转接工作。

从理论上讲中继器的使用是无限的，网络也因此可以无限延长。事实上这是不可能的，因为网络标准中都对信号的延迟范围作了具体的规定，中继器只能在此规定范围内进行有效的工作，否则会引起网络故障。

2. 集线器

集线器的英文称为 Hub。Hub 是"中心"的意思，集线器的主要功能是对接收到的信号进行再生整形放大，以扩大网络的传输距离，同时把所有节点集中在以它为中心的节点上。它工作于 OSI（开放系统互联参考模型）参考模型第一层，即"物理层"。集线器与网卡、网线等传输介质一样，属于局域网中的基础设备。

3. 网桥

网桥（Bridge）工作在数据链路层，将两个局域网（LAN）连起来，根据 MAC 地址（物理地址）来转发帧，它可以有效地联接两个 LAN，使本地通信限制在本网段内，并转发相应的信号至另一网段，网桥通常用于连接数量不多的、同一类型的网段。

4. 第 2 层交换机

第 2 层交换机（Switch），也称为 LAN 交换机或工作组交换机，通常替代共享式集线器。像网桥一样，交换机也连接 LAN 的分段。它利用一张 MAC 地址表来决定帧需要转发到哪个分段，从而减少通信量。但交换机的处理速度比网桥要高得多。

交换机是数据链路层的设备，它像网桥一样把多个物理上的 LAN 分段互连成单个更大的网络。与网桥相似，交换机也是基于 MAC 地址对通信帧进行转发和泛洪。由于交换是在硬件中执行的，所以交换机的交换速度要比网桥中用软件执行的交换快速得多。把每一个交换端口都当作一个微型网桥，则每一个交换端口就充当一个独立的网桥，从而为每一台主机提供介质的全部带宽。然而跟网桥一样，交换机也是把广播消息转发到交换机上的所有分段。因此，交换机环境中的所有分段被认为是处于同一广播域。

5. 路由器

路由器（Router）是网络互连设备，它基于第 3 层地址在网络间传递数据分组。路由器能作出决定为网络上的数据分组选择最佳传递路径，因为路由器根据网络地址转发数据。换句话说，与交换机或网桥不同，路由器知道应向哪个网路发送数据。

路由器的目的是检查每一个进来的分组（第 3 层数据），为它们选择穿过网络的最佳路径，然后将它们交换到适当的出口。在大型网络中，路由器是最重要的通信调节设备。实际上，路由器可以使任何种类的计算机与世界上任何地方的其他计算机进行通信。

6. 网关

网关实质上是一个网络通向其他网络的 IP 地址。比如有网络 A 和网络 B，网络 A 的 IP 地址范围为 "192.168.1.1 ～ 192.168.1.254"，子网掩码为 255.255.255.0；网络 B 的 IP 地址范围为 "192.168.2.1～192.168.2.254"，子网掩码为 255.255.255.0。在没有路由器的情况下，两个网络之间是不能进行 TCP/IP 通信的，即使是两个网络连接在同一台交换机（或集线器）上，TCP/IP 协议也会根据子网掩码（255.255.255.0）判定两个网络中的主机处在不同的网络里。而要实现这两个网络之间的通信，则必须通过网关。如果网络 A 中的主机发现数据包的目的主机不在本地网络中，就把数据包转发给它自己的网关，再由网关转发给网络 B 的网关，网络 B 的网关再转发给网络 B 的某个主机。网络 B 向网络 A 转发数据包的过程也是如此。

现在有很多的硬件网关设备，但从根本上说，网关不能完全归为一种网络硬件。用概括性的术语来讲，它们应该是能够连接不同网络的软件和硬件的结合产品。特别地，它们可以使用不同的格式、通信协议或结构连接起两个网络系统。网关实际上通过重新封装信息以使它们能被另一个网络系统读取。为了完成这项任务，网关必须能运行在 OSI 模型的几个层上。网关必须同应用通信，建立和管理会话，传输已经编码的数据，并解析逻辑和物理地址数据。

由于网关具有强大的功能并且大多数时候都和应用有关，一般来讲它们比路由器的价格要贵一些。另外，由于网关的传输更复杂，它们传输数据的速度要比网桥或路由器低一些。正是由于网关较慢，它们有造成网络堵塞的可能。

5.1.4 网络互连的要求

互连的网络可以是同种类型的网络或者不同类型的网络以及运行不同网络协议的设备和系统。在互连网络中，每个网络中的网络资源都应成为互连网中的资源。互连网络资源的共享服务与物理网络结构是分离的。互连网络结构对网络用户来说是透明的。互连网络应该屏蔽各子网在网络协议、服务类型与网络管理等方面的差异。

1. 网络互连的基本要求

（1）在互连的网络之间要提供有通路，至少要有物理线路，若不存在通路，一个网络的信息就不可能传输到另一个网络中去。

（2）在不同网络节点的进程之间要提供适当的路由来交换数据、传输数据。

（3）提供网络记账服务，记录网络资源使用情况，提供各用户使用网络的记录及有关状态信息。

（4）提供各种互连服务，应尽可能不改变互连网络的结构。这就要求网络互连应能够协调各个网络之间不同的网络特性。

2. 网络互连的方法

进行网络互连时必须考虑网络的拓扑结构和协议。网络互连主要就是如何把使用不同传输介质、不同网络协议、不同网络拓扑结构、不同网络操作系统的网络集成在一起。网络互连需要根据欲互连网络的需求，选择相应的传输介质、网络互连设备和相应的拓扑结构将这些网络互连起来。

5.2 网桥互连方式

网桥工作在 OSI/RM 参考模型的数据链路层。它是一种将两个独立的、仅在低两层实现上有差异的子网互连的存储转发设备。网桥最早是为具有相同物理层和介质访问控制子层的局域网互连起来而设计的，后来也用于具有不同 MAC 协议局域网的互连。

单一的局域网很难适合一个单位的需求，采用网桥连接多个局域网，可以使数据帧在局域网间转发，提供数据流量控制和差错控制，把多个物理网络连接成一个逻辑网络，使得这个逻辑网络的行为就像一个单独的物理网络一样。

5.2.1 网桥的特点

一个单位有上千台计算机，若将它们连接在单个局域网中，则需要更宽的带宽和更长的电缆，这将是很难实现的；如果将它们根据需要分别连接到不同的局域网中，然后再将这些局域网互连起来，则可以较容易地实现。一方面可以把通信量限制在每一个局域网内，另一方面也延长了网络的距离，以后扩展也更加方便。

1. 网桥的特点

网桥具有"过滤和转发"功能，它能够接收它所连接局域网中的所有帧，通过检查帧的目的地址和协议类型进行过滤。其特点是：

（1）需要网桥互连的网络在数据链路层以上各层应采用相同或兼容的协议。

（2）网桥能互连两个采用不同数据链路层协议、不同传输介质与不同传输速率的网络。如图 5-1 所示。

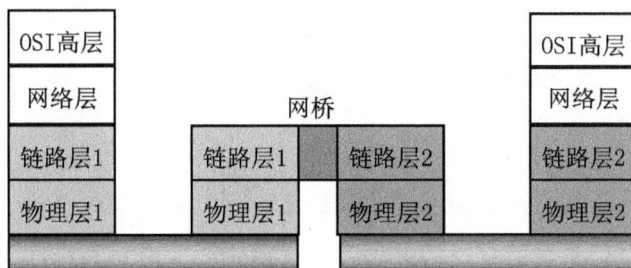

图 5-1　网桥互连

（3）网桥以接收、存储、地址过滤和转发的方式来实现互连网络之间的通信，实现了更大范围局域网的互连。

① 转发监控，防止错误扩散

网桥的工作过程包括接收帧、检查帧和转发帧三个部分。它能够对被转发的帧进行差错校验，网桥不会把有差错的帧转发到其他子网上。

② 地址过滤，减少网络拥塞

利用网桥互连的网络可以容纳不同数据链路层的编址（MAC 地址）格式，因此，网桥能够识别 MAC 地址，并根据数据帧的地址，有选择地让部分数据帧穿越网桥。允许用户进行设置，滤去不希望被转发的帧，减少了数据流量。例如，可以单向地禁止对某个子网的访问，以确保该子网的安全性。

③ 帧限制

网桥不对数据帧进行分段，只进行必要的帧格式转换，以适应不同的子网。若数据帧的长度超过目的站点所在子网的帧长限制时，则该帧将被网桥丢弃。因此，采用网桥进行局域网之间的互连时，更高层的协议应当保证被传送信息长度的一致性。

帧限制的另一方面是为了维护各个子网的独立性，不允许控制帧和要求应答的信息帧穿越网桥。

④ 缓冲能力

网桥具有一定的缓冲即存储转发能力，这可以解决穿越网桥的信息量临时超载的问题。同时可以解决数据传输不匹配的子网之间的互连。事实上即使是速率相同的网络进行互连，这种缓冲能力也是必须的。

⑤ 使用网桥扩展了局域网的有效长度，增加了局域网的跨度。

（4）网桥可以分隔两个网络之间的广播通信量，有利于改善互连网络的安全性及其性能。

2. 网桥的常用场合

网桥常用于以太网与以太网、以太网与 FDDI、以太网与令牌环和以太网与 ATM 网之间的连接。

以下几种需求，可以考虑采用网桥来实现网络的互连。

（1）连接部门间的局域网

一个单位内部有许多不同的部门，由于各部门的工作性质不同，而选用了不同的局域网，如有的工作站要求有较高的保密性，有的工作站则要求具有较强的实时性，这些部门又需要交换信息和共享资源时，就需要利用网桥把多个局域网互连起来，如图 5-2 所示。

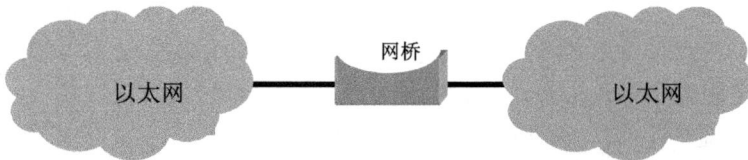

图 5-2　部门间局域网的连接

（2）连接同构型 LAN

当有若干个遵循 IEEE 802 标准的 LAN 时，如 CSMA/CD 总线网、令牌总线网、令牌环网等，它们具有相同的 LLC 子层，这时就可用网桥将它们连接起来，形成一个更大规模的 LAN，如图 5-3 所示。若网桥读出从 LAN A 发来的所有帧，经过地址识别后，仅接收其中需要转发到 LAN B 的帧。然后按照 LAN B 的介质访问规程，经过帧转换后，将新形成的帧，转发给 LAN B。

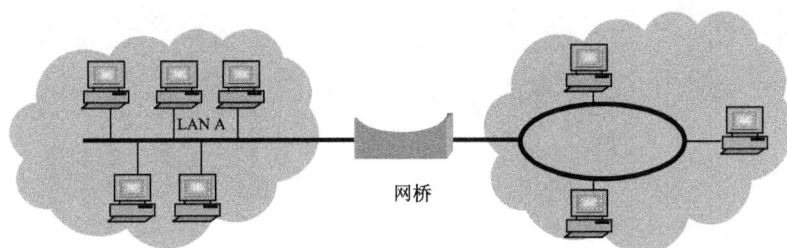

图 5-3　网桥连接同构型 LAN A 和 LAN

（3）改变网络性能

一般来说，局域网或广域网的性能将随着其连接设备数量或介质长度的增加而降低。将这些设备分别集中起来，使得在局域网内部的通信大大超过跨越局域网间的通信，这时采用多个更小的局域网通过网桥连接，往往可以获得更好的性能。

（4）延伸网络的跨距

一个单位在地理位置上较分散，无法将它们连在同一个局域网内，此时可以将局域网分段，在各段之间通过网桥连接，这样可以增加工作站的物理距离。

另外，出于可靠性考虑，在一个单独的局域网中，一个有缺陷的节点不断地输出无用的信息流会严重地破坏局域网的运行。网桥可以布置在局域网中的关键部位，就像建筑物内的紧急出口一样，防止因单个节点失常而破坏整个系统。

5.2.2　网桥技术

网桥连接了多个不同的局域网网段，一个网桥连接的局域网的数量并没有限制。每个站点都有一个全局惟一的 MAC 地址，网桥的正常运行依赖于这一地址。网桥与每个相连的局域网的连接处都有一个端口，而网桥内部保存了该端口和与其连接的所有站地址的对应映射表，即网桥知道到达每个站要经过的端口。

网桥标准有两个，是由 IEEE 802.1 分委员会和 IEEE 802.5 分委员会分别制定的。它们的区别在于路由选择策略的不同。基于这两种标准的网桥分别是透明网桥与源路选网桥。

1. 透明网桥

透明网桥由各个网桥自己决定路由选择，而在 LAN 上的各个网络工作站都不需设置路由选择功能。

（1）地址表

网桥为实现路由选择，需要设置一张站名地址表，在该表中为网络上的每一个工作站建立一个含有站址、端口号及 LAN 类型的表目。其中端口号是用于指示转发帧时使用；LAN 类型用于标识 MAC 规程，以便了解是否需要进行协议转换。

> **提示：**网桥在运行过程中，站名地址表将会不断地被补充和更新，以适应工作站在运行过程中的不断变化，如打开、关闭或新增计算机。

（2）网桥的工作过程

网桥收到一个帧时，将执行三种功能：地址表扩充（学习）、过滤和转发。网桥在工作时使用如下策略：

① 网桥采用混杂侦听，接收所经过的每一个数据帧。

② 转发或广播帧

网桥对于收到的每一个数据帧，都将查找地址表，确定与该帧的目的地址对应的端口。如果帧的源地址端口与目的地址端口相同，表示源站与目标站处于同一个网段中，网桥就无需进行转发而丢弃这个帧。

如果源、目的地址的端口不相同，表明源站和目标站不在同一个 LAN 中，则网桥将根据所查得的端口号进一步查找其所连接的 LAN 类型，如果相邻网络属于不同类型的 LAN，则网桥还要进行 MAC 帧格式和物理层规程的转换，然后将转换后形成的新帧从查得的端口发往相邻的 LAN，进行帧转发。

如果网桥在地址表里没找到这个地址端口条目，网桥将把这个帧转发给除接收此帧端口外的所有端口。与此类似，当遇到组播目的地址时，网桥也向各个端口转发该组播帧。

③ 地址表扩充

网桥是通过逆向学习算法来填写端口地址表的。网桥记录它所接到帧的源地址和接收该帧的端口，新建一个端口地址表项，并对源地址表更新，动态地建立端口地址表。

随着站点不断地发送帧，网桥就会知道所有活动站的地址与端口的对应关系。

例如，在图 5-4 中，网桥 B1 并不能区分 LAN2 和 LAN3 上的站点。B1 只能意识到它连接着 2 个 LAN，LAN1 连接到端口 1，LAN2 连接到端口 2，因此 B1 并不知道 B2 的存在。

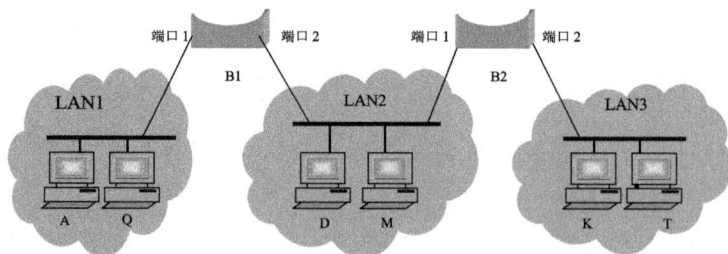

图 5-4　网桥地址表扩充

现在假定站点 A 要发送一个帧 P 给站点 K，B1 从端口 1 中收到 P，通过查看 P 的源地址，B1 知道 A 在其端口 1 的那端并登记到 B1 的地址表中。但网桥 B1 还不知道站点 K 位于何处，所以它把 P 向所有端口（端口 1 除外）转发。此时 B2 就将从自己的端口 1 中收到 P，通过查看 P 的源地址并登记到 B2 的地址表。但网桥 B2 还不知道站点 K 位于何处，它把 P 转发到端口 2，于是站 K 便可以接收到帧 P。

如果站点 Q 发送了一个帧 P1 给 A，B1 判断出 Q 在其端口 1 的那端并登记到地址表中。而网桥 B1 已经知道 A 也位于端口 1 的位置，因而对 P1 不转发而丢弃。

当所有节点都发送过一些帧以后，则 2 个网桥便形成了各自的地址表。见表 5-2。

表 5-2　桥 B1、B2 的地址表目

网桥 B1		网桥 B2	
端口	站址	端口	站址
端口 1	A	端口 1	A
端口 1	Q	端口 1	Q
端口 2	D	端口 1	D
端口 2	M	端口 1	M
端口 2	K	端口 2	K
端口 2	T	端口 2	T

在帧的转发过程中注意以下几点：

当网桥转发帧时，转发帧的源地址始终是该帧最初发送者的主机地址，而不是网桥自己的地址。无论帧的目的地址是什么，网桥都接收下来并把它们以最初发送者的地址转发出去，它从不把自己的地址加入到转发的帧中。

事实上，端站点意识不到网桥的存在。发送者并不知道某个网桥在为它转发帧。接收站把所有的帧都看作是如同发送者和接收者在同一个 LAN 网段上的帧一样，因此，网桥是透明的。

当通过某个端口向 LAN 上其他有关的站发送帧时，它必须按照端口正常的介质访问控制规程来工作。例如网桥连接以太网的端口也必须延迟发送、检测冲突等。

提示：透明网桥主要适用于树型拓扑结构或总线型拓扑结构。

2. 源路选网桥

源路选网桥的核心思想是发送方知道目的站的位置，并将路径中所经过的网桥地址包含在帧头中一并发出，途经网桥依照帧头中的下一站网桥地址将帧一一转发，直到将帧传送到目的地。

（1）如果发送的源节点知道所发送帧的确切传输路径，就直接传输。它便将源节点到目的节点的确切路径放在源节点发送的帧中。网桥将按照帧内指定的路径存储并转发帧。

（2）如果源节点不知道路径，则源节点发送一个具有探测功能的广播帧，则：

① 接到广播帧的网桥检查广播帧，如果本网桥号已经在帧中，不作任何处理。

② 否则，收到这个探测帧的每个网桥都会向该帧中的数据区加进路由信息，并把它复制到自己所有的输出端口中，将该帧转发到与之连接且网络号未在帧中出现的其他网络。

③ 当目的节点接到该测试帧后，根据积累的路由信息做出响应。向源发节点返回一个应答帧，并沿着测试帧途径的路径反向传递，应答帧中包含了所需的路径信息。

④ 由于广播的缘故，源发节点可能会回收到多个应答帧。通常通过某种算法从中选择一条（最佳）路径。这一般由三种因素决定：被接收返回的第 1 个帧采取的路径、到达目标地址经最少节点的路径以及使用最大长度帧的传输路径。

源路选网桥可以获得最佳的路径，其缺点是测试帧的发送增加了网络的信息流量，有可能会形成"广播风暴"，甚至可能导致网络拥塞现象。

例如：在图 5-5 中，主机 H1 想向 H2 发送数据帧，则 H1 首先发送一个测试帧以检测 H2 是否与 H1 在同一网段上；如果测试后发现 H2 与 H1 不在同一网段上，则 H1 将进行下列动作：

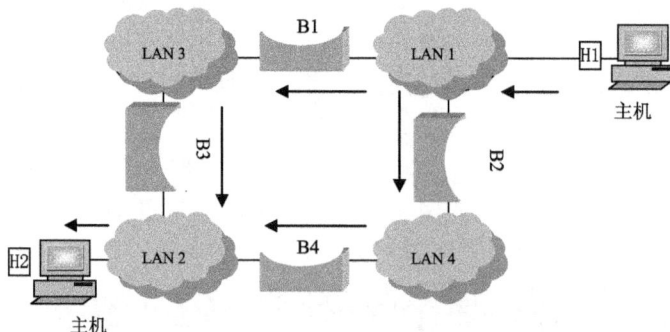

图 5-5　源路选网桥的工作原理

（1）H1 发出一个探测帧，探测 H2 的所在位置。

（2）桥 B1 和 B2 都收到 H1 发出的探测帧，它们分别在探测帧中加进各自的路由信息，然后将探测帧分别转发到 B3 和 B4。

（3）桥 B3 收到 B1 转发来的探测帧，在该探测帧中加进自己的路由信息，然后将探测帧转发给 H2；桥 B4 收到 B1 转发来的探测帧，在该探测帧中加进自己的路由信息，然后也将探测帧转发给 H2。

（4）H2 收到两个探测帧后，分别检查探测帧中累积的路由信息，然后分别沿着探测帧发来的路径发送响应帧。

（5）H1 收到 H2 发来的两个响应帧，从而得知有两条路径可以到达 H2，分别为：H1→B1→B3→H2 和 H1→B2→B4→H2。

（6）最后 H1 选择其中一条路径如 H1→B1→B3→H2，将路由信息加到数据帧中再发送给 H2。

> **提示**：传统的交换机实际上是一个多端口网桥。因此，可以使用局域网交换机实现网络在链路层的互连。

5.3　VLAN 与交换机配置

交换机是在网桥基础上发展起来的网络设备。随着网络技术的发展，交换机产品也日益丰富，交换机技术也得到了空前的发展。为了满足各个层次用户对交换机的不同要求，出现了很多新的交换机技术，其中链路聚合技术、堆叠技术、虚拟局域网（Virtual Local Area Network，VLAN）技术和第三层技术得到了广泛的应用。

VLAN 即虚拟局域网，是一种通过将局域网内的设备逻辑地划分成一个个网段从而实现虚拟工作组的新兴技术。IEEE 于 1999 年颁布了用以标准化 VLAN 实现方案的 802.1Q 协议标准草案。

当然，不是所有交换机都具有此功能，这一点可以查看相应交换机的说明书即可得知。

5.3.1　虚拟局域网技术

1. 广播域

广播域就是广播帧所能传递的最大范围，也即是广播帧能够直接通信的范围。下面是一些常见的广播通信：

ARP 请求：建立 IP 地址和 MAC 地址的映射关系。

RIP：一种路由协议。

DHCP：用于自动设置 IP 地址的协议。

NetBEUI：Windows 下使用的网络协议。

IPX：NovellNet Ware 使用的网络协议。

二层交换机是链路层设备，具备根据报文的目的 MAC 地址进行转发的能力，但在收到广播报文或未知单播报文（报文的目的 MAC 地址不在交换机 MAC 地址表中）时，将会向其源端口之外的所有端口转发。也就是说，二层交换机构成了一个单一的广播域。

但是，如果整个网络只有一个广播域，那么一旦发出广播信息，就会传遍整个网络，并且对网络中的主机带来额外的负担，有可能会影响到网络整体的传输性能。随着网络内计算机数量的增多，广播帧的数量也会急剧增加，当广播帧的数量占到总量 30％时，网络的传输效率将会明显下降。特别是当某个网络设备出现故障后，会不停地发送广播帧，从而导致广播风暴，使网络通信陷于瘫痪。因此，在设计 LAN 时，需要注意如何才能有效地分割广播域。

因此，当网络内的计算机数量多到一定程度后（通常限制在 200 台以内），就必须采取措施将网络分隔开来，把一个大的广播域划分为若干个小的广播域，以减小广播可能造成的损害。而使用虚拟局域网技术（Virtual Local Area Network，VLAN）的主要原因是为了限制广播域。

当然，使用路由器可以减小以太网上广播域的范围，从而降低广播报文在网络中的比例。但这也不能解决同一交换机下的用户隔离，并且使用路由器来划分广播域，无论是在网络建设成本上，还是在管理上以及转发速度上都存在很多不利因素。况且使用路由器分割广播域的话，所能分割的个数完全取决于路由器的网络接口个数，使得用户无法自由地根据实际需要分割广播域。与路由器相比，二层交换机一般带有多个网络接口。因此如果能使用它分割广播域，那么运用上的灵活性会大大提高。

VLAN 技术的出现，使得管理员根据实际应用需求，把同一物理局域网内的不同用户逻辑地划分成不同的广播域，每一个 VLAN 都包含一组有着相同需求的计算机工作站，与物理上形成的 LAN 有着相同的属性。VLAN 实现了二层广播域的划分，很好地地解决了路由器划分广播域所存在的困难。

可以将 VLAN 理解为将一台交换机在逻辑上分割成了多台交换机，这些逻辑交换机（VLAN）之间是互不相通的。也就是说在交换机上划分为 VLAN 后，则这些 VLAN 之间是不能直接通信的，必须借助于路由器或三层交换机的处理才能够通信。这样，通过 VLAN 限制广播帧转发的范围而分割了广播域。

2. VLAN 的优点

VLAN 技术划分广播域具有无与伦比的优势。VLAN 在逻辑上把网络资源和网络用户按照一定的规则进行划分，把一个物理上的网络划分成若干个小的逻辑网络，这些小的逻辑网络形成各自的广播域。如图 5-6 所示，同一办公大楼的几个部门都使用一个中心交换机，但是各个部门属于不同的 VLAN，形成各自的广播域，广播报文不能跨越这些广播域传送。

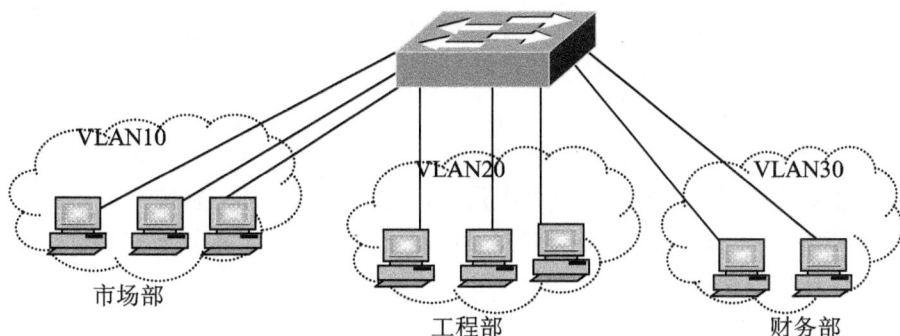

图 5-6　VLAN 示意图

VLAN 在功能和作用上与传统的物理分隔完全相同，所不同的是，逻辑子网中的成员与其物理位置无关，既可连接至同一台交换机，也可连接至不同交换机。VLAN 的优点表现在以下几个方面。

（1）控制广播风暴的产生

同一个 VLAN 中的广播只有 VLAN 中的成员才能听到。将网络划分为多个 VLAN 可减少参与广播风暴的设备数量。使用 VLAN，可以将某个交换端口或用户赋予某一个特定的 VLAN 组，该 VLAN 组可以在一个交换网中，也可以跨接多个交换机，在一个 VLAN 中的广播不会送到 VLAN 之外。同样，相邻的端口不会收到其他 VLAN 产生的广播。这样可以减少广播流量，释放带宽给用户应用。

（2）增强网络安全性

VLAN 的一个重要好处就是提高了网络安全性，由于交换机只能在同一 VLAN 内的端口之间交换数据，不同 VLAN 的端口不能直接相互访问。VLAN 能将重要资源放在一个安全的 VLAN 内，限制用户的数量与访问，从而降低泄露机密信息的可能性。由于 VLAN 间不能够直接通信，而且通信流量被限制在 VLAN 内，所以 VLAN 间的通信必须要通过路由器或三层交换机。在路由器或三层交换机上可以设置访问控制，使得控制访问有关 VLAN 的主机地址、应用类型、协议类型等信息，因此 VLAN 能够提高网络的安全性。

（3）增加了网络连接的灵活性

在使用物理手段划分子网时，如果需要把一台计算机从一个子网转移到另一个子网，则只能采用将其与原来子网的连接断开，然后再物理地连接到另一个子网的方式。当用户变更比较频繁时，这种迁移所耗费的精力和时间是相当可观的。而如果使用 VLAN，迁移的工作只是由网络管理员通过管理计算机重新定义，这样可以降低移动和变更工作的管理成本。

（4）提高网络性能

将第二层平面网络划分为多个逻辑工作组（广播域）可以减少网络上不必要的流量并提高网络的整体性能。

（5）网络监督和管理

网络管理员可以通过网管软件查到 VLAN 间和 VLAN 内数据报的通信细目分类信息以及应用数据报的细目分类信息，而这些信息对于确定路由系统和经常被访问的服务器的最佳配置十分有用。通过划分 VLAN，可以使网络管理变得更加简单、轻松和有效。

3. 划分 VLAN 的方法

VLAN 的主要目的就是划分广播域。在规划网络时，可以根据交换机的物理端口、网卡 MAC 地址、网络层地址和 IP 广播组来划分 VLAN。其中按交换机的物理端口划分的 VLAN 被称为静态 VLAN、其他方法划分的 VLAN 则被称为动态 VLAN。

（1）按交换机端口划分

基于交换机端口划分 VLAN 就是明确指定交换机的各个端口属于哪个 VLAN。端口分成若干个组，每个组构成一个虚拟网，它和端口连接的是哪一台主机无关。如图 5-7 所示的基于端口划分的 VLAN 情况如表 5-3 所示。

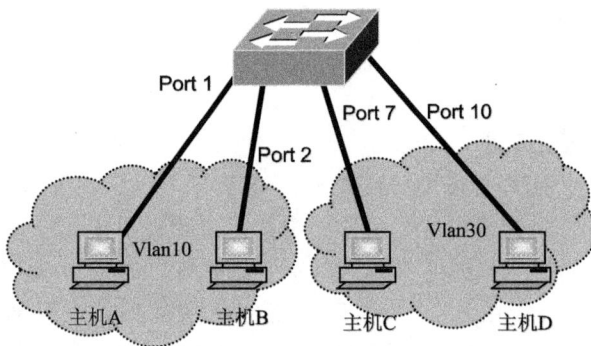

图 5-7　按端口划分 VLAN

表 5-3　基于端口划分的 VLAN 映射表

端口	VLAN ID
Port 1	VLAN 10
Port 2	VLAN 10
Port 7	VLAN 30
Port 10	VLAN 30

由于交换机的端口 1 和端口 2 属于 VLAN 10，端口 7 和端口 10 属于 VLAN 30，此时，主机 A 和主机 B 在同一 VLAN 10 中，主机 C 和主机 D 在另一 VLAN 30 中。如果将主机 A 和主机 C 交换所连接的端口，且 VLAN 表仍将保持不变时，则主机 A 变成与主机 D 同在 VLAN 30 中，而主机 B 和主机 C 则属于 VLAN 10。

如果网络中存在多个交换机，还可以指定不同交换机的端口属于同一 VLAN。这同样可以实现 VLAN 内部主机的通信，并隔离广播报文的泛滥。

①优点：定义 VLAN 成员非常简单，只需要指定交换机的端口即可。

②缺点：如果 VLAN 用户离开原来的接入端口，而连接到新的交换机端口，就必须重新指定新连接的端口所属的 VLAN ID。

注意： 基于交换机端口划分的 VLAN 中，交换机必须支持 VLAN，且交换机的同 1 个端口不能同时属于 2 个 VLAN。

（2）按 MAC 地址划分

这种划分 VLAN 的方法是根据每个网卡的 MAC 地址来划分的。也就是说，某个计算机属于哪一个 VLAN 只与它网卡的 MAC 地址有关，而与它连接的端口及 IP 地址都没有关系，从某种意义上说，这是一种基于用户的网络划分手段。在 VLAN 配置完成后，会形成一张如表 5-4 所示的 VLAN 映射表。

表 5-4　基于 MAC 划分的 VLAN 映射表

MAC 地址	VLAN ID
00-15-2A-22-3C-8A	VLAN 10
00-15-2A-22-3C-6A	VLAN 20
00-15-2A-22-3C-8C	VLAN 20
……	……

①优点：当用户改变计算机的物理位置即改变交换机的接入端口时，不需要重新配置主机或交换机；安全性较高。

②缺点：这种方法的初始配置工作量很大，需要针对每台计算机进行 VLAN

配置。

（3）按网络层地址划分

在 IP 网络中，基于网络层地址的 VLAN 划分方法是根据网络主机使用的 IP 地址所在的子网来划分广播域的，每个 VLAN 都是和一段独立的 IP 网段相对应的。也就是说，IP 地址属于同一个子网的主机属于同一个广播域，而与主机的其他因素没有关系。在交换机上完成配置后，会形成一张如表 5-5 所示的 VLAN 映射表。

表 5-5   基于子网划分的 VLAN 映射简要表

子网	VLAN ID
10.0.1.0/24	VLAN 10
10.0.2.0/24	VLAN 20
10.0.3.0/24	VLAN 30
10.0.4.0/24	VLAN 40

①优点：这种方式有利于在 VLAN 交换机内部实现路由，也有利于将动态主机配置（DHCP）技术结合起来，网络用户可以随意移动工作站而无需重新配置网络地址。且不需要附加的帧标签来识别 VLAN，这样可以减少网络的通信量。

②缺点：效率低。一般的交换机芯片都可以自动检查网络上数据包的以太网帧头，为了判断用户属性，必须检查每一个数据帧的网络层地址，这将耗费交换机不少的资源；并且同一个端口可能存在多个 VLAN 用户，这对广播报文的抑制效率有所下降。

（4）基于 IP 组播划分 VLAN

IP 组播实际上也是一种 VLAN 的定义，即认为一个组播组就是一个 VLAN。这种划分的方法将 VLAN 扩大到了广域网，因此这种方法具有更大的灵活性，而且也很容易通过路由器进行扩展。当然这种方法不适合局域网，主要原因是效率不高。

注意：以上划分 VLAN 的方式中，基于端口的 VLAN 方式建立在物理层上；MAC 方式建立在数据链路层上；网络层和 IP 广播方式建立在第三层上。

4. 实现 VLAN 的机制

（1）VLAN 交换机端口

VLAN 交换机端口可以运行在接入模式（Access mode）或汇聚模式（Trunk mode），与端口所连接的链路也分别被称为接入链路（Access Link）或汇聚链路（Trunk Link）。

Access 属于且只属于一个 VLAN，且仅向该 VLAN 转发标准以太网帧。即

Access Link 仅用来连接不支持 VLAN 技术的终端设备端口（终端或二层交换机），这些端口接收到的数据帧都不包含 VLAN 标签 TAG，且向外发送数据帧时，这些端口也不包含 VLAN 标签 TAG。

Trunk 端口是指那些连接支持 VLAN 技术的网络设备（如交换机或路由器）的端口，这些端口接收到的数据帧一般都包含 VLAN 标签（Trunk 只允许缺省 VLAN 的报文发送时不打标签），而向外发送数据帧时，必须保证接收端能够区分不同 VLAN 的数据帧，故常常需要添加 VLAN 标签（数据帧 VLAN ID 和端口缺省 VLAN ID 相同除外）。

也就是说，Access 类型的端口只能属于 1 个 VLAN，一般用于连接计算机的端口。而 Trunk 类型的端口可以允许多个 VLAN 通过，可以接收和发送多个 VLAN 的报文，一般用于交换机之间连接的端口。

提示：对于华为交换机缺省 VLAN 被称为 "Pvid Vlan"，对于思科交换机缺省 VLAN 被称为 "Native Vlan"。

（2）VLAN 数据帧的传输

交换机是使用 "VLAN ID" 来区分识别不同的 VLAN 的。802.1q 标准规定在原有的标准以太网帧格式中增加一个特殊的标志域——Tag 域，用于标识该数据帧所属的 VLAN ID。

任何主机都不支持带有 Tag 域的以太网数据帧，即主机只能发送和接收标准的以太网数据帧，而认为 VLAN 数据帧是非法的数据帧。所以支持 VLAN 的交换机在与主机和交换机进行通信时，需要区别对待。当交换机将数据发送给主机时，必须检查该数据帧，并删除 Tag 域；而发送给其他交换机时，为了让对端交换机能够知道数据帧的 VLAN ID，它把从主机接收到的数据帧增加 Tag 域后再发送。其数据帧在传播过程中变化如图 5-8 所示。

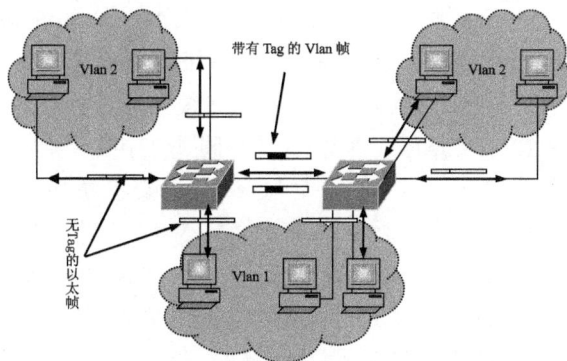

图 5-8　VLAN 数据帧传输过程

当交换机接收到某数据帧时，交换机根据数据帧中的 Tag 域或者接收端口的缺省 VLAN ID 来判断该数据帧应该转发到哪些端口，如果目标端口连接的是普通主机，则删除 Tag 域（如果数据帧包含 Tag 域）后发送数据帧，如果目的端口连接的是交换机，则添加 Tag 域（如果数据帧不包含 Tag 域）后发送数据帧。

为了保证交换机之间的 Trunk 链路上能够接入普通主机，以太网交换机还有特殊处理；即当检查到数据帧的 VLAN ID 和 Trunk 端口的缺省 VLAN ID 相同时，数据帧不会被增加 Tag 域。而到达对端交换机后，交换机发现数据帧没有 Tag 域时，就确认该数据帧为接收端口的缺省 VLAN 数据。

（3）汇聚链路

如果需要设置跨越多台交换机的 VLAN 时又如何呢？在规划企业级网络时，很有可能会遇到隶属于同一部门的用户分散在同一座建筑物中的不同楼层的情况，这时可能就需要考虑到如何跨越多台交换机设置 VLAN 的问题了。

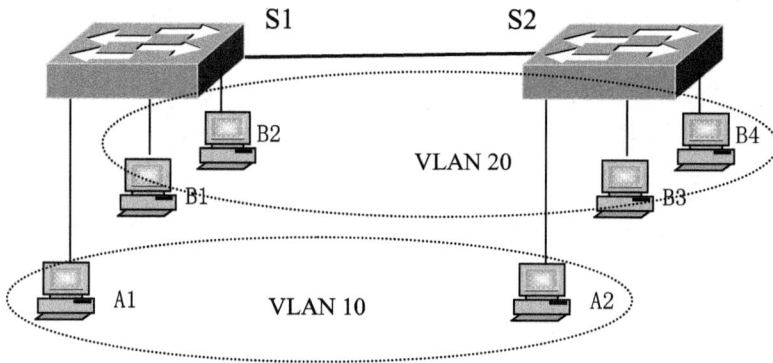

图 5-9 汇聚链路

假设有如图 5-9 所示的拓扑图中，同属于 VLAN 10 的计算机 A1 和 A2 处在不同的建筑物之间，分别连接于交换机是 S1 和 S2 上，这需要考虑跨越多台交换机设置 VLAN 的问题。最简单的方法是使用连线接通交换机 S1 和 S2，并将连线端口设置为 VLAN 10。同样地，对于同属于同属于 VLAN 20 的计算机 B1、B2 与计算机 B3、B4，也需要使用另外一根连线接通交换机 S1 和 S2，并将这根连线端口设置为 VLAN 20。这样就就解决了同一 VLAN 的计算机跨越多台交换机实现通信的问题。显然计算机越多，属于同一 VLAN 的计算机越分散，实现起来越困难，其效率也越低。为了避免这种效率低下的连接方式，采用了将交换机间的连线集中到一条线路上，这就是汇聚链路（Trunk Link）。其中 S1 和 S2 间连线端口为 Trunk 端口，其他与计算机间连线端口则为 Access 端口。

Trunk Link 指的是能够转发多个不同 VLAN 的通信的端口。汇聚链路上流通的数据帧，都被附加了用于识别分属于哪个 VLAN 的特殊信息 Tag。

在图 5-9 中，A1 要跨越交换机发送数据帧给同属于 VLAN 10 的 A2 时，A1 数据帧从交换机 S1 的 Trunk 端口发送时，在数据帧上附加了表示属于 VLAN 10 的标记 Tag，经过汇聚链路到达交换机 S2 的 Trunk 端口。

交换机 S2 收到 Trunk 端口的数据帧时，经过检查 VLAN 的 Tag 标记，发现这个数据帧是属于 VLAN 10 的，因此 S2 先去除 Tag 标记，再将复原的数据帧只转发给属于 VLAN 10 的其他端口。这时的转送，将仅转发给目标 MAC 地址所连的端口，这时 A2 将收到已去除 Tag 标记的数据帧。只有当数据帧是一个广播帧、多播帧或是目标不明的帧时，它才会被转发到所有属于 VLAN 10 的端口。

同属于 VLAN 20 的 B1、A1 要跨越交换机发送数据帧给 B3 或 B4 时的情形也与此相同。

汇聚链路上转发着所有 VLAN 的数据，自然负载较重。因此，在设定汇聚链接时，Trunk 端口必须支持 100Mb/s 以上的传输速度。

5.3.2 交换机配置基础

根据网络需求对交换机做必要的配置可以提高网络传输效率，实现网络安全和管理。下面以 Cisco 交换机为例，介绍交换机的基本配置方法。

1. 配置连接方式

交换机的配置必须借助于计算机才能实现。通常情况下，管理用计算机与交换机之间可以通过 Console 端口直接连接或通过 RJ45 口连接。

（1）通过 Console 端口直接连接

① Console 端口

可网管的交换机上都至少有一个 Console 端口，用于对交换机进行配置和管理。它也是配置和管理交换机必经的步骤。虽然还有 Web 方式、Telnet 方式等，但是，这些方式必须通过 Console 端口进行基本配置之后才能进行。

不同类型交换机的 Console 端口所处的位置并不相同，通常在 Console 端口的上方或侧方都会有 "CONSOLE" 字样的标识，如图 5-10 所示。绝大多数都采用 RJ-45 端口（图 5-10 右图），如 Catalyst 1900 和 Catalyst 4006；但也有少数采用 DB-9 串口端口（图 5-10 左图），如 Catalyst 3200；或 DB-25 串口端口，如 Catalyst2900。

图 5-10 交换机的 Console 端口

② Console 线缆

无论交换机采用 DB-9 或 DB-25 串行接口，还是采用 RJ-45 接口，都需要通过专门的 Console 线缆连接至配置用计算机（通常称作终端）的串行口（RS232 端口）。

Console 线缆也分为两种：一种是串行线，即两端均为串行接口，两端分别插入至计算机的串口和交换机的 Console 端口；另一种是两端均为 RJ-45 接头的扁平线，无法直接与计算机串口进行连接，必须同时使用一个 RJ-45-to-DB-9（或 RJ-45-to-DB-25）的适配器。

③ 设备连接

按照如图 5-11 所示的方式，利用 Console 线缆将计算机的串口与交换机的 Console 端口连接在一起。

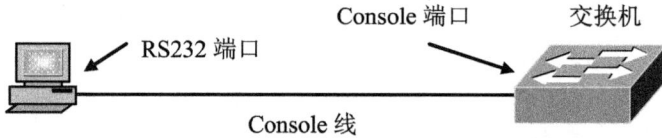

图 5-11　用 Console 线缆连接计算机和交换机

④ 计算机与交换机通信

在计算机与交换机通信之前，应确认已经做好了以下准备工作：

·利用 Console 线缆将计算机与交换机连接在一起。

·计算机中安装有 Windows 操作系统，且安装有"超级终端"（Hyper Terminal）组件。

·为交换机分配了 IP 地址、域名或名称。

第 1 步：单击"开始→程序→附件→通信→超级终端"，双击"Hypertrm"图标，显示"位置信息"对话框，输入"区号"如 0378，单击"确定"按钮后，将打开"新建连接-超级终端"对话框。

第 2 步：在"名称"文本框中键入任一名称，如键入"switch"，用于标识与 Cisco 交换机的连接。单击"确定"按钮，将打开"连接到"对话框。

第 3 步：通常情况下，使用的串行口 1 选项。这里选择"COM1"，单击"确定"按钮，显示如图 5-12 所示的对话框。

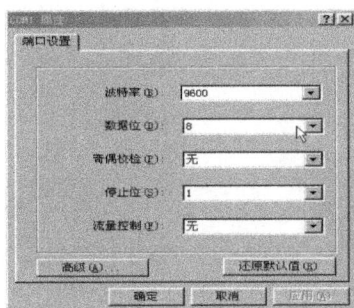

图 5-12　COM1 属性对话框

第 4 步：在"波特率"下拉列表框中选择"9600"，"数据流控制"选择"无"，其他各选项均采用默认值。单击"确定"按钮，显示"switch 超级终端"窗口。

第 5 步：打开交换机电源后，连续按回车键，即可在"超级终端"窗口显示交换机初始界面，如图 5-13 所示。

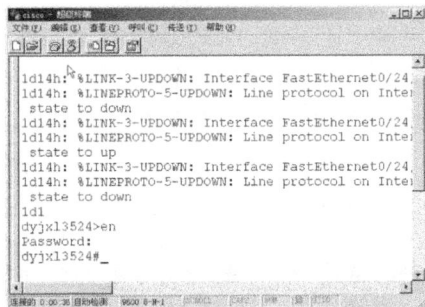

图 5-13　超级终端正确连接

计算机与交换机连接成功之后，就可以用菜单（Menus）方式或命令行（Command Line）方式对交换机进行配置和管理了。

提示：如果在屏幕上未能显示交换机的启动过程，则可能是通信端口选择错误或参数设置有问题，需重新配置超级终端。当然，也有可能是 Console 线或连接有问题，可逐一检查。

（2）通过 RJ45 端口连接

① 设备连接

除通过 Console 端口直接连接外，还可以通过交换机的普通以太网端口通过双绞线实现与计算机的连接，如图 5-14 所示。这种连接方式的管理计算机是以

Telnet 或 Web 浏览器的方式实现与被管理交换机的通信的。当然，实现这种连接的前提是必须已经为交换机配置好 IP 地址。否则，计算机根本无法找到欲管理的交换机。

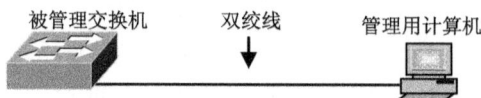

图 5-14　设备连接图

② Telnet 方式

Telnet 协议是一种远程访问协议，可以用它登录到远程计算机、网络设备等。Windows 都内置有 Telnet 客户端程序，用于实现与远程交换机的通信。

在使用 Telnet 连接至交换机前，应当确认已经做好以下准备工作。

· 在被管理的交换机上已经配置好 IP 地址信息（通过 Console 端口进行设置），并建立了具有管理权限的用户账户。如果没有建立新的账户，则 Cisco 交换机默认的管理员账户为"Admin"。

· 在用于管理的计算机中安装有 TCP/IP 协议，并配置好与被管交换机处于同一网段的 IP 地址信息。

第 1 步：单击"开始"按钮，选择"运行"命令，显示如图 5-15 所示对话框。键入格式为 telnet ip_address（ip_address 表示被管理交换机的 IP 地址）的命令，这里假设交换机的 IP 地址为 192.168.0.1，则键入 telnet 192.168.0.1。

图 5-15　"运行"对话

第 2 步：单击"确定"，建立与远程交换机的连接。

然后就可以根据实际需要对该交换机进行相应的配置和管理了。

③ Web 界面访问方式

当利用 Console 口为交换机设置好 IP 地址信息并在交换机上启用 HTTP 服务后，即可通过 Web 浏览器访问交换机，并可通过 Web 浏览器修改交换机的各种参数并对交换机进行管理。通过 Web 界面，可以对交换机的许多重要参数进行修改和设置，并可实时查看交换机的运行状态。

在利用 Web 浏览器访问交换机之前，应当确认已经做好以下准备工作。

· 在用于管理的计算机中安装 TCP/IP 协议，并且在管理用计算机和被管理的交换机上都已经配置好同一网段的 IP 地址。

· 在被管理的交换机上建立了拥有管理权限的用户账户和密码。被管理交换机的 IOS 支持 HTTP 服务，并且已经启用了该服务。

第 1 步：运行 Web 浏览器，在"地址"栏中键入被管理交换机的 IP 地址（如 192.168.0.1）或为其指定的域名。单击回车键，显示对话框，要求输入用户名和密码。

第 2 步：分别在"用户名"和"密码"文本框中，键入拥有管理权限的用户名和密码。当然用户名和密码应当事先通过 Console 端口进行设置。

第 3 步：单击"确定"按钮，建立与被管理交换机的连接，Web 浏览器中显示交换机的管理页面。

接下来，通过 Web 界面查看交换机的各种参数和运行状态，并可根据需要对交换机的某些参数做必要的修改和配置。

2. CLI 命令模式与使用

Cisco 交换机所使用的软件系统为 Catalyst IOS。CLI（Command-Line Interface）是一个基于 DOS 命令行的软件系统，不区分大小写。CLI 可以采用缩写命令与参数，只要它包含的字符足以与其他当前可用命令和参数区分开即可。虽然对交换机的配置和管理也可以通过多种方式实现，但相比较而言，命令行方式的功能更强大，掌握起来难度也更大些。

（1）CLI 命令模式

Cisco IOS 命令需要在各自的命令模式下才能执行，因此，如果想执行某个命令，必须先进入相应的配置模式。例如，interface type _ number 命令只能在 Global cennguration 模式下执行。

Cisco IOS 共包括 6 种不同的命令模式：用户（User Exec）模式、特权（Privileged Exec）模式、VLAN 配置（VLAN data Base）模式、全局配置（Global configuration）模式、接口配置（Interface conhguration）模式和 Line 配置（Line connguration）模式。当在不同的模式下，CLI 界面中会出现不同的提示符。6 种 CLI 命令模式的用途、提示符、访问及退出方法，如表 5-6 所示。

表 5-6　　CLI 命令模式

模　式	访问方法	提示符	退出方法	用　途
User Exec	开始一个进程	switch>	键入 logout 或 quit	改变终端设置执行基本测试显示系统信息
Privileged Exec	在 UserExec 模式中键入 enable 命令	switch♯	键入 disable 退出	校验键入的命令。该模式由密码保护
Global Configuration	在 privileged Exec 模式中键入 configure 命令	Switch (config) ♯	键入 exit 或 end 或按下 Ctrl-Z, 返回至 privileged EXEC 状态	将配置的参数应用于整个交换机
Config-vlan	在 global configuration 模式中键入 vlanvlan-Id	Switch (configvlan) ♯	键入 "exit" 退回至 global configuration 模式；按 "Ctrl-Z" 组合键或键入 "end"，返回至 privileged EXEC 模式	配置 VLAN 参数。当 VTP 模式处于透明模式时，创建扩展序列的 VLAN (VLAN ID 大于 1005)，并将配置文件保存至启动文件
Interface Conflguration	在 Global Configuration 模式中，键入 interface 命令	Switch (config-if) ♯	键入 exit 返回至 Global Configuration 模式按下 Ctrl-Z 或键入 end，返回至即 rivileged Exec 模式	为 E 出 ernet interfaces 配置参数
Line Configuration	Global Configuration 中，为 1ine vty or lineconsole 命令指定一行	Switch (config-line) ♯	PrivilegedExec 模式	为 terminalline 配置参数

（2）CLI 的帮助与缩略方式

在任何命令模式下，只须键入 "?"，即显示该命令模式下所有可用到的命令及其用途。另外，还可以在一个命令和参数后面加 "?" 并回车，以寻求相关的帮助。

例如，如果想查看 "Show" 命令的用法，则只须键入 "show ?"，回车即可。

另外，"?" 还具有局部关键字查找功能。也就是说，如果只记得某个命令的前几个字符，则可以使用 "?" 让系统列出所有以该字符或字符串开头的命令。但是，在最后一个字符和 "?" 之间不得有空格。例如，在 Privileged Exec 模式下键入 "c?"，系统将显示以 "c" 开头的所有命令。

　　Cisco IOS 命令均支持缩写命令，只要键入的命令所包含的字符长到足以与其他命令区别就足够了，根本没有必要键入完整的命令和关键字。例如，可将"configure terminal"命令缩写为"conf t"，然后回车即可。这里需要注意的是，如果给出的缩写过于简单，那么将出现多个命令使用这个字头，例如要使用 e 命令代替 enable，由于在用户模式下 exit 命令也是以 e 开头，这时系统将会给出"Ambiguous command"也就是"歧义命令"提示。

　　(3) 指定端口、VLAN、MAC 和 IP

　　① 指定交换机的模块和端口

　　在有用户配置端口的模块上，最左边的端口为第 1 端口 (port)。当在指定模块上指定特定端口时，其命令语法为：mod _ num/port _ num（模块号/端口号）。例如，3/1 表示指定位于模块 3 上的端口 1。

　　在许多命令中，必须键入端口列表在指定端口列表时，使用逗号","可指定一个个单独的端口，使用连字符 "-" 可指定两个号码之间的所有端口。连字符优先于逗号。

　　例如：2/8　　　　　　　指定模块 2 上的端口 8。

　　　　　3/2-5　　　　　　指定模块 3 上的端口 2 至端口 5。

　　　　　5/7-9，6/11　指定模块 5 上的端口 7、8 和 9，及模块 6 上的端口 11。

　　提示：固定配置的交换机上的端口都位于 0 模块。

　　② 指定 VLAN

　　在 VLAN 加上一个数字即为 VLAN ID，用于识别 VLAN。在指定 VLAN 列表时，使用逗号","（不能插入空格）可指定一个单独的 VLAN，使用连字符"-"可指定 VLAN 范围（两个号码之间的所有 VLAN）。

　　指定 VLAN 或 VLAN 范围的示例如下：

　　8　　　　　　指定 VLAN 8。

　　2，5，10　指定 VLAN 2、VLAN 5 和 VLAN 10。

　　2-5，11　　指定 VLAN 2 至 VLAN 5，及 VLAN 11。

　　③ 指定 MAC 地址

　　在命令中指定 MAC 地址时，必须使用标准格式。MAC 地址必须是以连字符分开的 6 组 16 进制数，例如 00-00-e8-77-8a-b9。

　　④ 指定 IP 地址

　　在命令中指定 IP 地址时，必须使用点分十进制格式。例如 192.168.0.10。

　　(4) 口令

　　Cisco 交换机的口令有两种，即 "secret password" 和 "password"，其中，前者被加密存储，安全性较强，所设置的密码是以加密方式存储的。后者则未被加密，所设置的密码是以明文方式存储的，安全性较差。两种口令都可包括 1～ 26 个大写或小写字母，也可以包括数字，而且空格也被认为是有效的字符，但口令的第一个字符若是空格，将被忽略。两种口令都区分大小写，必须牢记该密码。"secret password"较"password"的级别更高，设置了 secret password 后，将忽略原来的 Password。

采用 CatIOS 系统的 cisco 交换机的口令与采用 CLS 系统的稍有不同，前者的 Enable password 口令是分等级的，其中 level 1 等级最低，level 15 等级最高，即特权密码等级。

3. 交换机的基本配置

由于现在大部分的 Cisco 交换机都采用 CLS 操作系统，所以，其配置方式和命令虽然略有差别，但大致相差不多。下面，以 Cisco 4006 为例，简单介绍交换机的基本配置。在命令描述中使用如下约定：

· 命令和关键字使用粗体字；

· 需要由使用者根据具体情况进行修改的参数使用斜体字；

· 拥有 2 个关键字，但每次只能选择一个的关键字被置于"｛ ｝"中，并使用"｜"将其分隔开；

· 可同时可以选择多个的关键字将置于"［ ］"中；

· "//"后是注释内容。

(1) 交换机基本配置

第 1 步：进入全局配置模式

　　Switch # **configure terminal**

　　switch（config）#

第 2 步：配置交换机口令

　　Switch（*config*）# **enable password** *password* //设置特权非密口令，password 是用户自己设定的任意口令，如：123456。

第 3 步：配置 secret 口令

　　Switch（*config*）# **enable secret** *password* //设置特权加密口令，通常 **password** 和 **secret password** 两者只配置一个。

第 4 步：配置主机名

　　Switch（*config*）# **hostname** *SW2950* // 设置主机名为 *SW2950*（这里将交换机命名为 SW2950），该命令将立即生效。

　　SW2950（*config*）#

第 5 步：配置交换机所在域的域名

　　SW2950（*config*）# **ip domin-name** *domin-name*

第 6 步：配置交换机所使用的域名服务器地址。

　　　$SW2950\ (config)$ # **ip name-server** ip-$adderss$ //此地址是交换机本身所使用的，与交换机相连的主机应配置自身的域名服务器地址。

第 7 步：返回上一层。

　　　$SW2950\ (config)$ # **exit** //返回上一层命令。

　　　$SW2950$ #

（2）配置接口

① 配置接口速率和双工模式

在配置接口速率和双工模式时应当注意以下几个方面的问题。

· 当将接口速率设置为"auto"时，交换机将自动设置双工模式为"auto"；

· 键入"no speed"命令，交换机将自动把接口的速率和双工模式设置为"auto"；

· 当将接入速率设置为 1000Mb/s 时，工作模式为全双工，不能改变双工模式；

· 当将接口速率设置为 10Mb/s 或 100Mb/s 时，如果不明确指定工作模式，将采用半双工模式。当将 10/100Mb/s 端口速率设置为"auto"时，速率和双工模式均为自适应。

第 1 步：进入全局配置模式

　　　$Switch$ # **configure terminal**

第 2 步：选择欲配置的接口

　　　$Switch\ (config)$ # **interface fastethernet** $slot\ interface$

　　　$Switch\ (config$-$if)$ #

第 3 步：设置接口速率

　　　$Switch\ (config$-$if)$ # **speed** $\left[\,l0\,|\,100\,|\,\textbf{auto}\,\right]$

② 设置双工模式

1000Mb/s 端口无法将双工模式由全双工设置为半双工。10/100Mb/s 端口将速率设置为"auto"时，双工模式也为自适应，因此，自适应端口无须设置双工模式。

第 1 步：进入全局配置模式

　　　$Switch$ # **conf t** // 简略命令方式

第 2 步：选择欲配置的接口

　　　$Switch\ (config)$ # **interface fastethernet** $slot\ /\ interface$

第 3 步：设置双工模式

　　　$Switch\ (config$-$if)$ # **duplex** $\left[auto\ |\ full\ |\ half\right]$

③ 显示接口速率和双工模式

　　　$Switch$ # **show interfaces** $\left[fastethernet\ |\ gigabitethernet\right]\ slot/$

interface //使用"show interfaces"命令，可以检查接口速率和双工模式。

④ 监视接口和控制器状态

第 1 步：显示所有接口或指定接口的状态和配置

　　　Swish ♯ **show interfaces** [*type slot / interface*]

第 2 步：显示当前 RAM 中运行的配置

　　　Switch ♯ **show running-config**

第 3 步：显示配置协议

　　　Switch ♯ **show protocols** [*type slot / interface*]

第 4 步：显示硬件配置、软件版本、名称、源配置文件和引导映像

　　　Switch ♯ **show version**

⑤ 清除并重启接口

　　　Switch ♯ **clear counters** {*type slot/interface*}

⑥ 关闭并重启接口

第 1 步：进入全局配置模式

　　　Switch ♯ **conf t**

第 2 步：选择欲配置的接口

　　　Switch (*config*) ♯ **interface** { **vlan** *vlan _ * ID} | { { **fastether-**
　　　net | **gigabitethernet** } *slot/port* } | { **port-channel** *port _ channel*
　　　_ number }

第 3 步：关闭接口

　　　Switch (*config-if*) ♯ **shutdown**

第 4 步：重新启用端口

　　　Switch (*config-if*) ♯ **no shutdown**

（3）检查接口和模块状态

① 检查模块状态

对于多插槽交换机而言，可以使用"show module all"命令检查已经安装的模块，以及每个模块的 MAC 地址、版本号及工作状态。当然，也可以只检查指定的模块。

检查所有模块的状态：

　　　Switch ♯ **show module all**

检查指定模块的状态：

　　　Switch ♯ **show module** *mod _ num*

② 检查接口状态

　　　Switch ♯ **show interfaces status**

当需要查看端口工作状态时，使用"show interfaces status"命令。

（4）交换机安全配置

①控制台登录口令的设置

交换机的控制端口（console）的编号为 0，通常需要利用该端口进行本地登录，以实现对交换机的配置和管理。为安全起见，应为该端口的登录设置密码。配置命令为：

Switch（config）♯ **line console** 0 //进入控制端口的 Line 配置模式

Switch（config-line）♯ **password** password //设置本地登录密码 password

Switch（config-line）♯ login //使密码生效

②远程登录口令设置

交换机支持多个虚拟终端，一般为 16 个（0～15）。设置了密码的虚拟终端，就允许远程登录，没有设置密码的，则不能进行远程登录。例如：如果对 0～3 条虚拟终端线路设置了登录密码，则交换机就允许同时有 4 个 telnet 登录连接，其配置命令为：

Switch（config）♯ **line vty** 0 3 //对 0～3 条虚拟终端线路进行设置

Switch（config-line）♯ **password** password //设置远程登录密码为 password

Switch（config-line）♯ **login** //使密码生效

③特权模式口令设置

Switch（config）♯ **enable password** password //设置特权模式密码为 password

5.3.3　VLAN 配置基础

首先需要说明的是，对于所有支持 VLAN 的交换机而言，VLAN 1 都是一个默认 VLAN，交换机所有的以太网端口都默认属于 VLAN 1。该 VLAN 1 是不能被删除或添加的。我们将以 Cisco 交换机为例讨论交换机的 VLAN 配置过程。

配置 VLAN 大致可以有以下几个方面：

（1）创建/删除 VALN。

（2）为管理 VLAN 或逻辑的三层接口配置 IP 地址与子网掩码。

（3）添加端口到指定 VLAN 中。

（4）指定端口类型。

（5）指定缺省 VLAN ID。

（6）指定 Trunk 端口可以通过的 VLAN 数据帧。

1. 配置 VLAN

VTP（VLAN Trunk Protocol）是 VLAN 中继协议的缩写。该协议由思科公司创建，它是用来使 VLAN 配置信息在交换网内其他交换机上进行动态注册的二层协议。VTP 提供了一种用于管理网络上全部 VLAN 的简化方法，它允许网络管理员从 VTP 服务器上对网络中所有 VLAN 的增加、删除和重命名进行管理。在一台 VTP 服务器上配置一个新的 VLAN 信息时，该信息将自动传播到本域内所有的交换机上，以便减少在多台设备上配置同一信息的重复工作量。

根据交换机在 VTP 域中的作用不同，VTP 可以分为三种模式：

（1）服务器模式（Server）：默认情况下交换机处于 VTP 服务器模式。VTP 服务器能够为服务器所在的域创建、修改或删除 VLAN，同时这些信息会通告给域中的其他交换机。每个 VTP 域必须至少有一台服务器，域中的 VTP 服务器可以有多台。

（2）客户机模式（Client）：VTP 客户机不允许管理员创建、修改或删除 VLAN，它可以从 VTP 服务器接收信息，而且它们也发送和接收更新，但它们不能做任何改变，它的配置不保存在 NVRAM 里。不能在客户机的交换机端口上增加新的 VLAN。

（3）透明模式（Transparent）：该模式下的交换机不参与 VTP 域，它可以创建、修改或删除 VLAN，但这些 VLAN 信息并不会通告给其他交换机，它也不接收其他交换机的 VTP 通告而更新自己的 VLAN 信息。然而需要注意的是，它会通过 Trunk 链路转发接收到的 VTP 通告从而充当了 VTP 中继的角色，因此完全可以把该交换机看成是透明的。

当交换机是 VTP server 或处于透明模式时，可以在 global 模式下（**vlan** *vlan _ id* [**name** *vlan _ name*]）或特权模式下（**vlan database**）配置 VLAN。VLAN 配置被保存于 vlan. dat 文件，使用"show vlan"命令可显示 VLAN 配置。

如果交换机处于透明模式，使用"copy running-config startup-config"命令可以将 VLAN 配置保存至"startup-config"文件。在将运行配置保存为启动配置后，使用" show running-config"和"show startup-config"命令可查看 VLAN 配置。

交换机引导时，如果 startup-config 和 vlan. dat 中的 VTP 域名和 VTP 模式不匹配，交换机将使用 vlan. dat 中的配置。

（1）创建 VLAN

第 1 步：进入 VLAN coafiguration 模式。

```
switch # vlan database
```

　　　　Switch（*vlan*）♯

第 2 步：添加 VLAN ID 及 VLAN 名。

　　　　Switch（*vlan*）♯ **vlan vlan ＿ ID**［**name** *vlan ＿ name*］

第 3 步：返回 privileged EXEC 模式。

　　　　Switch（*vlan*）♯ **end**

　　　　Switch♯

第 4 步：校验 VLAN 配置。

　　　　Switch♯ **show vlan**［**id** ｜ **name**］*vlan ＿ name*

（2）配置管理 VLAN 或逻辑第三层接口 IP 地址和子网掩码

　　对于第二层交换机而言，要实现通过 Telnet 访问，就必须为交换机配置管理 IP 地址，而二层交换机只支持一个 IP 地址，并且是以 VLAN 的接口 IP 地址出现，这个 VLAN 又叫做管理 VLAN。该 VLAN 一般默认是 VLAN 1，当然，用户可以根据需要指定管理 VLAN。

　　另外，对于第三层交换机而言，要实现 VLAN 之间的通信，必须通过第三层接口才能实现。第三层接口有两种：一种是逻辑第三层接口，也就是为 VLAN 接口配置 IP 地址；一种是物理第三层接口，必须配置支持第三层的接口模块才行。

　　在配置逻辑第 3 层接口之前，必须先在交换机上创建和配置 VLAN，并将 VLAN 成员指定到第 2 层接口。此外，还应启用 IP 路由，并指定 IP 路由协议。

第 1 步：创建 VLAN。

　　　　switch♯ **vlan database**

　　　　Switch（*vlan*）♯ **vlan** *vlan ＿ ID* **name** *vlan ＿ name*

　　　　Switch（*vlan*）♯ **end**

　　　　Switch♯

第 2 步：进入全局配置模式。

　　　　Switch♯ **configure terminal**

第 3 步：选择欲配置的接口。

　　　　Switch（*config*）♯ **interface vlan** *vlan ＿ ID*

　　　　Switch（*config-if*）♯

第 4 步：配置 IP 地址和子网掩码。

　　　　Switch（*config-if*）♯ **ip address** *ip ＿ address subnet ＿ mask*

第 5 步：启用接口。

　　　　Switch（*config-if*）♯ **no shutdown**

第 6 步：退出配置模式。

　　　　Switch（*config-if*）♯ **end**

第 7 步：将配置保存至 NVRAM。

　　Switch ♯ **copy running-config startup-config**

第 8 步：校验配置。

　　Switch ♯ **show interfaces** $[type\ slot\ /\ interface]$

　　Switch ♯ **show ip interfaces** $[type\ slot\ /\ interface]$

　　Switch ♯ **show running-config interfaces** $[type\ slot\ /\ interface]$

　　Switch ♯ **show running-config interfaces vlan** *vlan _ ID*

（3）添加端口到指定 VLAN 中并指定端口类型

第 1 步：创建 VLAN。

　　switch ♯ **vlan database**

　　Switch（*vlan*）♯ **vlan** *vlan _ ID* **name** *vlan _ name*

　　Switch（*vlan*）♯ **end**

　　Switch ♯

第 2 步：进入全局配置模式。

　　Switch ♯ **configure terminal**

第 3 步：选择欲配置的接口。

　　Switch（*config*）♯ **interface vlan** *vlan _ ID*

第 4 步：将接口变为永久非中继模式，即 access 端口。

　　Switch（*config-if*）♯ **switchport mode access**

　　Switch（*config-if*）♯ **exit**

第 5 步：添加端口到指定 VLAN 中。

　　Switch（*config*）♯ **interface** *mod _ num/port _ num*

　　Switch（*config-if*）♯ **switchport access vlan** *vlan-id*

第 6 步：激活端口。

　　Switch（*config-if*）♯ **no shutdown** //与关闭端口配合使用有效。

　　Switch（*config-if*）♯ **end**

　　Switch ♯

2. 配置 trunk

（1）第 2 层接口模式

Trunk 是一个或多个以太网交换机接口与其他网络设备（如交换机或交换机）之间的点对点的连接。使用 Trunk 可以有效地通过一条链路解决多 VLAN 之间的传输，并可组建覆盖整个网络的 VLAN。

在所有以太网接口中，经常使用的中继封装方式有 2 种，即 ISL 和 802.1Q。其中，ISL 是 Cisco 私有中继封装，802.1Q 是业界标准中继封装。

可以在某个以太网接口或 Ether Channel 上配置中继。以太网中继接口支持不同中继模式，当封装类型不是自适应模式时，可以由用户指定使用 ISL 封装或是 802.1Q 封装。对自适应中继而言，接口必须位于同一 VTP 域。使用"trunk"或"nonegotiate"关键字强制将不同域中的接口加入至中继。

中继协商使用 Dynamic Trunking Protocol（DTP）控制，DTP 支持 ISL 和 802.1Q 自适应。第 2 层接口模式及功能如表 5-7 所示。

表 5-7　2 层接口模式

模　式	功　能
Switchport mode access	将接口改变为永久非中继模式，并且协商转换链路为非中继连接。即使相邻接口没有改变，该接口也将改变为非中继接口
switch port mode dynamic desirable	尝试将链路转换为中继连接。如果相邻接口被设置为"trunk""desirable"或"auto"模式，接口将变为中继端口。该模式为所有以太网接口的默认模式
Switchport mode dynamic auto	如果相邻接口被设置为"trunk"或"desirable"模式，将链路转换为中继连接。该模式为所有以太网接口的默认模式
Switchport mode trunk	将接口改变为永久中继模式，将协商转换链路为中继连接。即使相邻接口没有改变，接口将改变为中继接口
Switchport nonegotiate	将接口改变为永久中继模式，但阻止 DTP 帧。必须手工将相邻端口配置为中继端口，从而创建中继连接

（2）配置第 2 层中继

第 2 层接口的默认模式为"swith port mode dynamic auto"。如果相邻接口支持中继，并且被配置为中继模式或动态适应模式，该链路将变成第 2 层中继。默认状态下，中继自适应封装。如果相邻接口支持 ISL 和 802.1Q 封装，并且 2 个接口均设置为自适应封装，则中继将使用 ISL 封装。

第 1 步：进入全局配置模式。

　　　*Switch # **configure terminal***

第 2 步：选择欲配置的接口。

　　　*Switch（config）# **interface**｛**fastethernet** ｜ **gigabitethernet**｝*
　　　Slot / port

第 3 步：（可选）关闭接口直到配置完成。

　　　*Switch（config-if）# **shutdown***

第 4 步：（可选）指定封装类型。

　　　*Switch（config-if）# **switchport trunk encapsulation**｛**isl** ｜*
　　　***dotlq** ｜ **negotiate**｝*

第 5 步：将接口配置为第 2 层中继。该步骤只有当接口是第 2 层访问端口或指定中继模式时才是必须的。

  *SwitCh（config-if）# **switchport mode { dynemic { auto | desirable } | trunk }***

第 6 步：（可选）指定接口阻塞中继时使用的访问 VLAN。// 指定缺省 VLAN

  *Switch（config-if）# **switchport access vlan** vlan _ num*

第 7 步：为 802.1Q 中继指定本地 VLAN。

  *Switch（config-if）# **switchport trunk native vlan** vlan _ num*

第 8 步：（可选）在中继中配置允许的 VLAN 列表。默认状态下，所有 VALN 都被允许通过。

  *Switch（config-if）# **switchport trunk allowed vlan { add | except | all | remove }** vlan _ num1 [，vlan _ num2 [，vlan _ num3 [，....]]*

第 9 步：配置该中继中允许被修剪的 VLAN。默认状态下，除 VLAN1 之外的所有 VLAN 都允许被修剪。

  *Switch（config-if）# **switchport trunk pruning vlan { add | except | none | remove }** vlan _ num1 [，Vlan _ num2 [，vlan _ num3 [，....]]*

第 10 步：激活接口。该步骤只有前面关闭接口时才有必要。

  *Switch（config-if）# **no shutdown***

第 11 步：退出配置模式。

  *Switch（config-if）# **end***

第 12 步：显示接口的运行配置。

  *Switch # **show running-config interface { fastethernet | gigabitethernet }** slot / port*

第 13 步：显示接口的交换机端口配置。

  *Switch # **show interfaces { fastethernet | gigabitethernet }** Slot / port **switchport***

第 14 步：显示接口的中继配置。

  *Switch # **show interfaces** [**{ fastethernet | gigabitethernet }** slot / port] **trunk***

5.4　路由器互连方式

路由器（Router）是互联网的主要节点设备，它用于连接多个逻辑上分开的网络。所谓逻辑网络是代表一个单独的网络或者一个子网。当数据从一个子网传输到另一个子网时，可通过路由器转发来完成，转发策略称为路由选择。

路由器工作在网络层，它可以实现网络层及其以下各层协议不同的多个网络之间的互连，如图 5-16 所示。

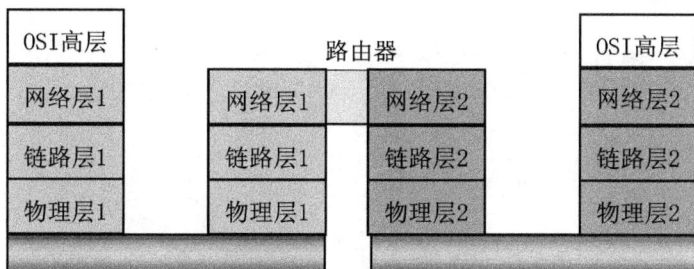

图 5-16　路由器实现网络层互连

路由器负责接收来自各个网络入口的分组，并把分组从其相应的出口转发出去，它涉及到两个方面问题：首先要为分组找到相应的出口，这可以通过查找路由表来实现；其次将分组从入口送到出口转发出去。

使用路由器连接网络，实现多个网络互连的连接方式如图 5-17 所示。

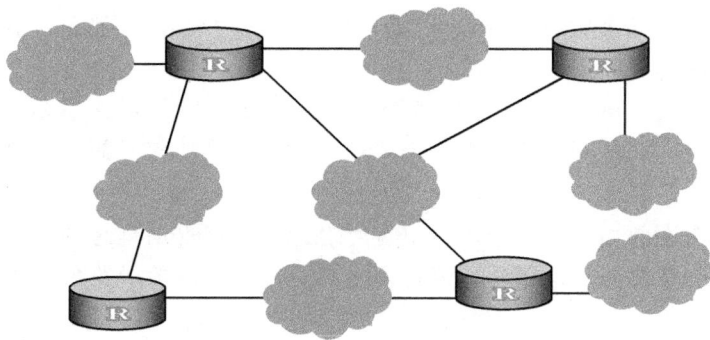

图 5-17　路由器网络连接示意图

5.4.1　路由器的相关概念

1. IP 路由和路由段

所谓路由就是指通过相互连接的网络把信息从源地点移动到目标地点的活动。一般来说，在路由过程中，信息至少会经过一个或多个中间节点。

　　路由器将分组报文从进入网络算起到离开网络为止的一个网络，在逻辑上看成是一个路由单位，称为一跳（Hop）。而相邻的路由器是指这两个路由器都连接在同一个网络上。

　　例如，在图 5-18 中，主机 A 到主机 C 的最短路径共经过了 3 个网络和 2 个路由器，跳数为 3。

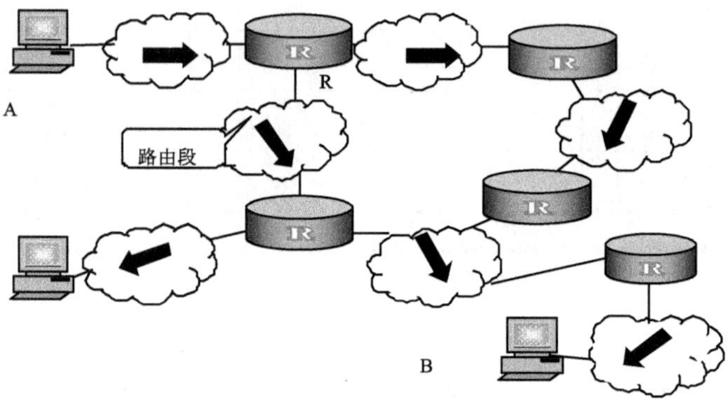

图 5-18　网络通过路由器的连接

　　若一节点通过一个网络与另一节点相连接，则此二节点相隔一个路由段，因而在网络中是相邻的。在图 5-18 中的粗箭头表示的就是路由段。一个路由器到其直连网络中的某个主机的路由段数为零。IP 路由就是使用路由器从一个网络向另一个网络传送数据包的过程。

　　由于网络大小可能相差很大，而每个路由段的实际长度并不相同。因此对不同的网络，可以采取路由段乘以一个加权系数，再用加权后的路由段数来衡量通路的长短。

　　注意，采用路由段数最小的路由有时也并不一定是最理想的。比如，经过三个局域网路由段的路由就可能比经过两个广域网络路由段的路由要快得多。

　　2．路由表

　　路由表用于为每个 IP 包选择输出端口和下一跳地址，路由器转发数据包时选择路径的关键是查找路由表。

　　每台路由器中都保存着一张路由表，用来记录相关网络的地址。路由表中每条路由项都指明数据包到某网络或主机时应通过路由器的哪个物理端口发送。路由器根据路由表决定将数据包转发到下一个路由器，或者传送到与其直接相连网络中的目的主机。

　　（1）路由表的组成

　　路由表是由目的地址、子网掩码、输出端口和下一跳 IP 地址组成的，如图

5-19 所示。

①目的地址：用来标识 IP 包的目的地址。

②子网掩码：与目的地址一起来标识目的主机所在的网络地址。

③输出端口：说明 IP 数据包将从该路由器的哪个端口转发出去。

④下一跳 IP 地址：说明 IP 包所经过的下一个路由器的端口 IP 地址。

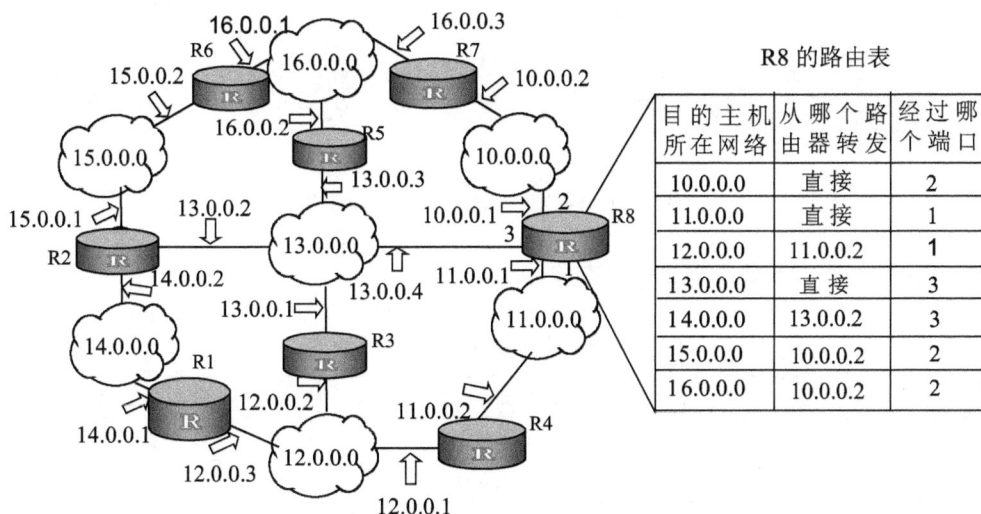

图 5-19　路由器 R8 的路由表

在图 5-19 所示互连网络中，各网络中的数字是该网络的网络地址。路由器 R8 分别与 3 个网络 11.0.0.0、10.0.0.0 和 13.0.0.0 相连，因此有 3 个 IP 地址与 R8 的物理端口 1、端口 2、端口 3 相对应，这三个 IP 地址分别是 11.0.0.1、10.0.0.1 和 13.0.0.4。因此，10.0.0.2、13.0.0.3、13.0.0.2、13.0.0.1 和 11.0.0.2 都是路由器 R8 的下一跳 IP 地址。而路由器 R8 的路由表已在图 5-19 的右侧表中列出。

（2）路由表的优先级

针对同一目的地，可能存在不同下一跳的若干条路由，这些不同的路由可能是由不同的路由协议发现的，当然也可能是由手工配置的静态路由。优先级高（数值小）将成为当前的最优路由。用户可以配置多条到同一目的地但优先级不同的路由，路由器将按优先级顺序选取惟一的一条供 IP 转发数据包时使用。

3. 路由的类型

一般而言，路由分为直连路由、缺省路由、静态路由和动态路由。

（1）直连路由

直连路由是指那些与路由器端口直接相连的网段，路由器在运行过程中根据接口状态和用户配置，自动获得这些直接路由。

例如，在图 5-20 中，网络 1.0.0.0、2.0.0.0 和网络 3.0.0.0 通过路由器 R1 和 R2 连接起来，其中 1.0.0.1 和 2.0.0.1 是路由器 R1 的端口，2.0.0.2 和 3.0.0.1 是 R2 的端口。

图 5-20　网络通过路由器连接示意图

表 5-8 给出了路由器 R1 的直接路由。

表 5-8　路由器 R1 的直接路由

目的主机的网络号	从哪个路由器转发	经过哪个端口
1.0.0.0	直接传递	1.0.0.1
2.0.0.0	直接传递	2.0.0.1

（2）静态路由

静态路由是手工管理的路由，由系统管理员事先设置好固定的路由表。一般是在系统安装时就根据网络的配置情况预先设定的，它不会随未来网络结构的改变而改变。

在组网结构简单或到给定目标主机只有一条路径的网络中，只需配置静态路由就能使路由器正常工作。

由于不发送路由选择更新信息，静态路由选择减少了额外开支。同时正确地设置和使用静态路由能有效地保障网络安全，并能够为重要的应用保证带宽。

使用静态路由的缺陷是：当网络出现问题或因其他原因引起拓扑变化时，静态路由不会自动发生改变，必需要有网络管理员的介入。

在图 5-20 中，可以为路由器 R1 配置静态路由。其路由表如表 5-9 所示。

表 5-9　路由器 R1 的静态路由

目的主机的网络号	从哪个路由器转发	经过哪个端口
3.0.0.0	2.0.0.2	2.0.0.1

（3）缺省路由

缺省路由也是一种静态路由。缺省路由就是在没有找到任何匹配路由项的情况下才使用的路由。在路由表中，缺省路由的目的网络号是 0.0.0.0（子网掩码为 0.0.0.0）。路由器在转发报文时，若报文的目的地址不在路由表中，也无缺省路由存在时，该报文将被丢弃，同时路由器将返回源端一个 ICMP 报文，指出该目的地址或网络不可达信息。

缺省路由在网络中是非常有用的。在一个包含上百个路由器的典型网络中，运行动态路由选择协议可能会耗费大量的带宽资源，而使用缺省路由就可节约因路由选择所占用的时间与包转发所占用的带宽资源，这样就能在一定程度上满足大量用户同时进行通信的需求。

（4）动态路由

动态路由表是路由器根据网络系统的运行情况而自动调整的路由表。路由器根据路由选择协议（Routing Protocol）提供的功能，自动学习和记忆网络运行情况，在需要时自动计算数据传输的最佳路径。

在实际网络中，网络拓扑结构经常发生变化，对使用静态路由而言，维护是非常困难的。动态路由能够实现路由的发现和自动更新，动态路由必须依赖路由协议（OSPF 协议、RIP 协议等）来实现。在实际应用中动态路由和静态路由是共同起作用的。

5.4.2　路由器的工作原理

路由器是通过不同的网络 ID 号来识别不同网络的，因此，通过路由器互连的每个网络都必须有一个惟一的网络编号。在使用 TCP/IP 协议的网络中，这个网络编号就是 IP 地址中的网络 ID 部分。

路由器收到一个 IP 数据报后，首先要对该 IP 数据报头进行检测，判断其目的网络地址，然后查询路由表，执行如下操作：

（1）若是直连路由，即目的网络地址与路由器端口直接相连，则路由器将直接投递给目的主机。

（2）若不是直连路由，路由器将根据路由表的优先级，选择最佳路由。原始帧头将被剥去并丢弃，IP 数据报被再次封装进所选端口的数据链路帧中，转发到下一路由器。

（3）若在路由表中，不存在该 IP 数据报的目的网络地址，路由器将把该 IP 数据报封装在帧中，转发到缺省路由器。

为了更清楚地说明路由器的工作原理，这里使用图 5-21 所示的一个互连网络说明之。其中网段 10.0.0.0 中主机 A 的 IP 地址是 10.0.0.3，网段 20.0.0.0 中主机 B 的 IP 地址是 20.0.0.3，网段 30.0.0.0 中主机 C 的 IP 地址是 30.0.0.3。

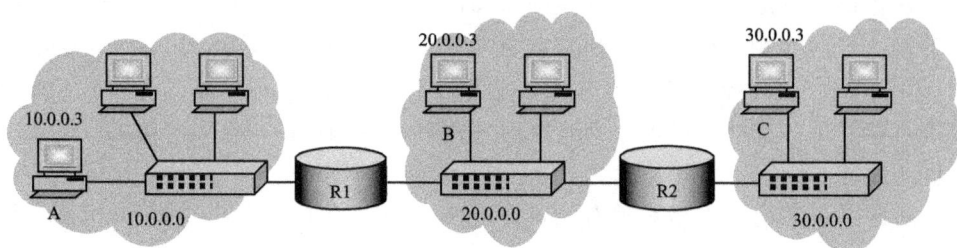

图 5-21　路由器的工作原理示例

如果网段 10.0.0.0 中的主机 A（10.0.0.3）要发送数据给网段 30.0.0.0 的主机 C（30.0.0.3），则经过如下步骤：

（1）主机 A 首先把所发送的数据报在网段 10.0.0.0 中封装成数据帧广播给同一网段的所有节点，这些节点当然也包括 R1。

（2）路由器 R1 收到 A1 发送的数据帧后解封，得知目的网络 ID 为 30.0.0.0，然后查询路由表，并根据路径表计算出发往工作站 B 的最佳路径 R1→R2，然后路由器 R1 把解封得到的数据报再封装成网络 20.0.0.0 中的帧，并将该帧发往路由器 R2。

（3）R2 收到数据帧后解封，分析目的节点的 IP 地址信息，得知目的网络 ID 为 30.0.0.0，然后查询路由表，得知目的网络 30.0.0.0 是直连路由，于是路由器 R2 把解封得到的数据报封装成网络 30.0.0.0 中的帧后，直接投递给主机 C。

（4）主机 C 收到 R2 封装的帧，解封后将得到主机 A 发送的数据报，本次通信过程宣告结束。

这样主机 A 的数据就被正确、顺利地传输到目的主机 B。

提示：通常源主机在发出数据包时只需指明第一个路由器。

5.4.3　路由器的主要功能

路由器最基本的功能是转发数据包和路由选择。路由器的功能主要体现在以下几个方面。

（1）在网际间转发数据包。路由器根据数据包中的源地址和目的地址，对照自己的路由表，把数据包转发到下一路由器。这是路由器最主要，也是最基本的功能。

（2）为网际间通信选择最合理的路由。路由器的主要功能是有目的的转发数据包，但如果有几个网络通过各自的路由器连在一起，一个网络中的用户要向另一个网络的用户发出访问请求，路由器就会分析发出请求的源节点和接收请求的目的节点地址中的网络 ID 号，找出一条最佳通信路径。

> 提示：源主机再次发往同一目的主机的数据可能会因为中途路由器路由选择的不同而沿着不同的路径到达目的主机。

（3）拆分和组装数据包。这个功能也是第一个功能的附属功能，因为有时在数据包转发过程中所经过的网络对数据包大小的要求不同，这时路由器就要把大的数据包根据所经过网络状况拆分成小的数据包。到达最终的目的网络路由器后，该路由器就会再把拆分的数据包重组成拆分前的数据包，再根据目的节点的 MAC 地址，发给目的节点。

（4）不同协议之间的转换。目前有一些中、高档的路由器往往具有多通信协议支持的功能，这样就可以起到连接两个不同通信协议网络的作用。例如，常用 Windows NT 操作平台所使用的通信协议主要是 TCP/IP，但 NetWare 系统采用的通信协议是 IPX/SPX，这些就需要靠支持这些协议的路由器来连接。

（5）防火墙功能。目前许多路由器都具有防火墙功能，能够屏蔽内部网络的 IP 地址、自由设定 IP 地址和通信端口过滤，这使得网络更加安全。

5.4.4　路由选择协议

路由选择协议的消息在路由器间传递，它允许通过路由器间的通信来建立、更新和维护路由表。TCP/IP 中路由选择协议主要有：路由选择信息协议 RIP、内部网关路由选择协议 IGRP 和开放最短路径优先协议 OSPF 等。

1. RIP 协议

路由选择信息协议 RIP 是一种距离向量路由协议，RIP 协议是推出时间最长的路由协议，也是最简单、最常用的路由协议，它适用于小型网络。

（1）RIP 协议的特性

RIP 协议主要包括如下特性：

①RIP 是一种距离向量路由协议。

②RIP 使用跳数作为路由选择的度量值，允许的最大跳数是 15。

③路由选择更新缺省是每隔 30 秒广播一次。

（2）RIP 协议的工作过程

RIP 协议主要是通过传递路由表的拷贝来广播路由，维护相邻路由器的关系，同时根据收到的路由表计算自己的路由表。该路由表包括已知网络和到达每个网络的距离。

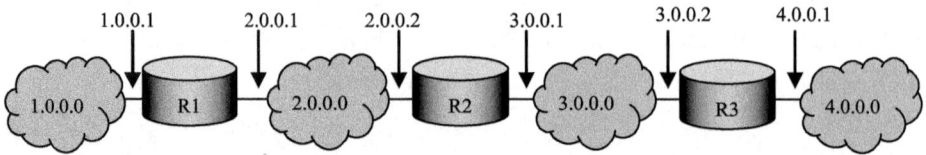

图 5-22 RIP 协议的工作过程示例

例如，在图 5-22 所示的网络连接图中，路由器刚开始工作时的路由表见表 5-10、表 5-11 和表 5-12。

表 5-10 R1 的路由表

目的网络	下一站路由器	距离
1.0.0.0	直接	0
2.0.0.0	直接	0

表 5-11 R2 的路由表

目的网络	下一站路由器	距离
2.0.0.0	直接	0
3.0.0.0	直接	0

表 5-12 R3 的路由表

目的网络	下一站路由器	距离
3.0.0.0	直接	0
4.0.0.0	直接	0

R1、R3 分别将自己的路由信息广播给相邻路由器 R2。当 R2 收到 R1 的路由信息后，得知通过网络 2.0.0.0 与自己相连的邻居 R1 的路由条目 1.0.0.0 的跳数为 0，从而计算出网络 1.0.0.0 与自己的跳数为 1，进而更新自己的路由表；当 R2 收到 R3 的路由信息后，得知通过网络 3.0.0.0 与自己相连的邻居 R3 的路由条目 4.0.0.0 的跳数为 0，从而计算出网络 4.0.0.0 与自己的跳数为 1。进而更新自己的路由表。R2 的路由信息更新后见表 5-13。

表 5-13　R2 的路由表

目的网络	下一站路由器	距离
2. 0. 0. 0	直接	0
3. 0. 0. 0	直接	0
1. 0. 0. 0	2. 0. 0. 1	1
4. 0. 0. 0	3. 0. 0. 2	1

此时，R2 将自己的路由信息分别广播给相邻路由器 R1 和 R3。当 R1 收到 R2 的路由信息后，得知通过网络 2.0.0.0 与自己相连的邻居 R1 的路由条目 3.0.0.0 的跳数为 0、4.0.0.0 的跳数为 1，从而计算出网络 3.0.0.0 与自己的跳数为 1、网络 3.0.0.0 与自己的跳数为 2，进而更新自己的路由表，见表 5-14；当 R3 收到 R2 的路由信息后，得知通过网络 30.0.0 与自己相连的邻居 R2 的路由条目 2.0.0.0 的跳数为 0、1.0.0.0 的跳数为 1，从而计算出网络 2.0.0.0 与自己的跳数为 1、网络 1.0.0.0 与自己的跳数为 2，进而更新自己的路由表，见表 5-15。

表 5-14　R1 的路由表

目的网络	下一站路由器	距离
1. 0. 0. 0	直接	0
2. 0. 0. 0	直接	0
3. 0. 0. 0	2. 0. 0. 2	1
4. 0. 0. 0	2. 0. 0. 2	2

表 5-15　R3 的路由表

目的网络	下一站路由器	距离
3. 0. 0. 0	直接	0
4. 0. 0. 0	直接	0
2. 0. 0. 0	3. 0. 0. 1	1
1. 0. 0. 0	3. 0. 0. 1	2

路由器经过很短时间的运行，RIP 协议收集了到各个网络的距离，能够维护一个关于网络拓扑信息的数据库，从而达到实现动态路由的选择和维护。

提示： RIP 协议广播的路由更新信息一次可以是整个路由表，也可以每次仅传输更新信息。

（3）RIP 协议的缺陷

网络出现故障时需要较长的时间才能使邻近的路由器知道。

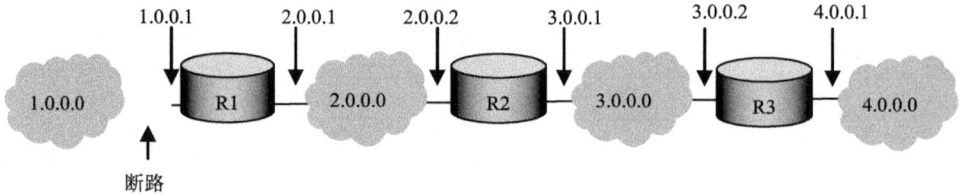

图 5-23　RIP 协议的缺陷示例

例如，在图 5-23 中，路由器 R1、R2 和 R3 都采用 RIP 协议，且已经建立了各自的路由表。如果网络 1.0.0.0 和路由器 R1 之间出现了断路。R1 发现之后，将到网络 1.0.0.0 的距离更改为 16（不可达），并将此信息发送给路由器 R2；然而路由器 R3 发送给 R2 的路由表信息是"到达网络 1.0.0.0 经过路由器 R2，距离为 2"，根据 RIP 协议选择最优路由的依据是距离最短的原则，路由器 R2 必然将此项目更改为"到达网络 1.0.0.0 经过路由器 R3，距离为 3"，再发送给路由器 R3。R3 再发送给 R2……，这样的循环发送直到各自路由表中到达网络 1.0.0.0 的距离增大到 16 时，路由器 R2 和 R3 才知道网络 1.0.0.0 是不可达的。

对于 RIP 协议缺陷的改进方法是采用水平分割技术，即路由器只发送通过其他端口可达的路由信息。利用水平分割技术，路由器不再将本地获得的更好的路由信息发送给其他路由器。

RIP 协议是一种传统的路由协议，适合较小型的网络，但是当前 Internet 网络的迅速发展和急剧膨胀使 RIP 协议无法适应今天的网络。

2. OSPF 协议

OSPF 协议是链路状态协议，OSPF 是"开放式最短路优先"的缩写，它是为克服 RIP 的缺点开发出来的。OSPF 协议不受网络规模的限制，主要用于大规模企业网或运营商网络。

（1）OSPF 协议的特性

OSPF 协议主要包括如下特性：

①OSPF 是一种分布式的链路状态协议，OSPF 要求本区域内所有的路由器都维持一个链路状态数据库，即本区域内整个互联网的拓扑结构图。

②OSPF 协议通过传递链路状态来得到网络信息，每个路由器不断地测试所有相邻路由器的状态，并周期性地向所有其他路由器广播链路的状态。以确保链路状态数据库与区域中网络的状态保持一致。

（2）网络拓扑数据库

OSPF 协议的核心就是网络拓扑数据库。拓扑数据库是区域中路由器对网络的描述，它包括区域中所有的 OSPF 路由器和所有连接的网络。通过这个数据库，路由器计算产生路由表。拓扑数据库通过链路状态公告更新。区域中的每一个路由器都有相同的拓扑数据库，这是因为区域中的路由器必须对网络有相同的描述，否则，将会产生混乱、路由环回、连接丢失等不良后果。

每个路由器利用数据库的信息，以自己为根，用最短路径算法计算最短路径树，产生路由表。OSPF 选择在一条路径上传输成本之和最低的路径作为最佳路径。OSPF 度量成本的权值有：网络的带宽、传输时延、吞吐量和可靠性等。

（3）OSPF 协议报文

OSPF 的报文直接放在 IP 包的数据部分。一般而言，OSPF 的报文有以下 5 种。

① HELLO 报文：用来发现和维持邻站的可达性。

② 数据库描述报文：向邻站给出自己的链路状态数据库中的所有链路状态项目的摘要信息。

③ 数据库请求报文：向对方请求发送某些链路状态项目的详细信息。

④ 数据库更新报文：用洪泛法向全网报告更新的链路状态信息。

⑤ 数据库更新确认报文：对链路更新分组的确认。

（4）OSPF 的运行步骤

OSPF 路由器的运行包括以下 5 个步骤：

① 建立路由毗邻关系。每台路由器都通过发送 Hello 报文与处于相同 IP 网络上的另一台路由器建立毗邻关系。

② 选举一个指定路由器 DR 和备份指定路由器 BDR，作为所有链路状态更新路由信息交换的集中点。

③ 发现路由。通过在 DR 或 BDR 交换路由信息，各个路由器都获取相同的网络拓扑数据库。

④ 选择适当的路由。各个路由器根据获取的网络拓扑数据库建立各自的路由表。

⑤ 维护路由选择信息。当链路状态发生变化时，OSPF 路由器通过泛洪过程将这一变化通知给网络中的其他路由器。

（5）OSPF 与 RIP 协议的比较

OSPF 协议则是在 Internet 网络急剧膨胀的时候制定出来的，更适合用于大型网络。它克服了 RIP 协议的许多缺陷：

① RIP 协议一条路由有 15 跳（网关或路由器）的限制，如果一个 RIP 网络

路由跨越超过 15 跳（路由器），则它认为网络不可到达，而 OSPF 对跨越路由器的个数没有限制。

② OSPF 协议支持可变长度子网掩码（VLSM），RIP 则不支持，这使得 RIP 协议对当前 IP 地址的缺乏和可变长度子网掩码的灵活性缺少支持。

③ RIP 协议不是针对网络的实际情况而是定期地广播路由表，这对网络的带宽资源是个极大的浪费，特别对大型的广域网。OSPF 协议的路由广播更新只发生在路由状态变化的时候，采用 IP 多路广播来发送链路状态更新信息，本身就节约了带宽。

④ RIP 网络是一个平面网络，对网络没有分层。OSPF 在网络中建立起层次概念，在自治域中可以划分网络域，使路由的广播限制在一定的范围内，避免链路中继资源的浪费。

⑤ OSPF 在路由广播时采用了授权机制，保证了网络安全。

3. 路由协议的优先级

到达同一目的网络，不同的路由协议（包括静态路由）可能会发现不同的路由，但并非这些路由都是最优的。事实上，在某一时刻，到某一目的网络的当前路由仅能由惟一的路由协议来决定。各路由协议都被赋予了一个优先级，当存在多个路由信息源时，具有较高优先级的路由协议所发现的路由将成为当前路由。各种路由协议及其发现路由的缺省优先级如表 5-16 所示。其中，优先级缺省值的数值越小表明优先级越高，0 表示是直接连接的路由，255 表示的是任何来自未知源端的路由。

表 5-16 静态路由及动态路由协议的缺省优先级

路由协议或路由种类	优先级缺省值
Connected	0
OSPF	10
STATIC	60
RIP	100
IBGP	130
OSPF ASE	150
EBGP	170
UNKNOWN	255

除了直连路由（Connected）外，各动态路由协议的优先级都可根据用户需求手工配置。另外，多条静态路由的优先级也可以互不相同。

> 提示：路由器端口、协议等参数只有经过配置之后才能够正常工作。

5.4.5　路由器的选型

1. 按使用级别分类

在互联网中随处都可见到各种级别网络的路由器。按路由器的使用级别可分为：接入路由器、企业级路由器、骨干级路由器、太比特路由器和多 WAN 路由器等。

（1）接入路由器

接入路由器连接家庭或 ISP 内的小型企业客户。接入路由器不只提供 SLIP 或 PPP 连接，还支持诸如 PPTP 和 IPSec 等虚拟私有网络协议。诸如 ADSL 等技术提高了各家庭的可用带宽，这将进一步增加接入路由器的负担。由于这些趋势，接入路由器将来会支持许多异构和高速端口，并在各个端口能够运行多种协议，同时还要避开电话交换网。

（2）企业级路由器

企业或校园级路由器连接许多终端系统，其主要目标是以尽量便宜的方法实现尽可能多的端点互连，并且进一步要求支持不同的服务质量。因此，企业路由器的成败就在于是否提供大量端口且每端口的造价很低，是否容易配置，是否支持 QoS 等。

（3）骨干级路由器

骨干级路由器实现企业级网络的互联。对它的要求是速度和可靠性，而代价则处于次要地位。硬件可靠性通常采用热备份、双电源、双数据路等来获得，这些技术对所有骨干路由器而言差不多是标准的。骨干 IP 路由器的主要性能瓶颈是在转发表中查找某个路由所耗的时间。骨干网上的路由器终端系统通常是不能直接访问的，它们连接长距离骨干网上的 ISP 和企业网络。

（4）太比特路由器

在未来核心互联网使用的三种主要技术中，光纤和 DWDM 都已经是很成熟的并且是现成的。如果没有与现有的光纤技术和 DWDM 技术提供的原始带宽对应的路由器，新的网络基础设施将无法从根本上得到性能的改善，因此开发高性能的骨干交换/路由器（太比特路由器）已经成为一项迫切的要求。

（5）多 WAN 路由器

双 WAN 路由器具有物理上的 2 个 WAN 口作为外网接入，这样内网电脑就可以经过双 WAN 路由器的负载均衡功能同时使用 2 条外网接入线路，大幅提高了网络带宽。当前双 WAN 路由器主要有"带宽汇聚"和"一网双线"的应用优势，这是传统单 WAN 路由器做不到的。

2. 按功能级别分类

按路由器的功能级别可分为：宽带路由器、模块化路由器、非模块化路由器、核心路由器、无线路由器、独臂路由器、智能流控路由器和动态限速路由器等。

（1）宽带路由器

宽带路由器伴随着宽带的普及应运而生。宽带路由器在一个紧凑的箱子中集成了路由器、防火墙、带宽控制和管理等功能，具备快速转发能力，灵活的网络管理和丰富的网络状态等特点。多数宽带路由器采用高度集成设计，集成 10/100Mb/s 宽带以太网 WAN 接口、并内置多口 10/100Mb/s 自适应交换机，方便多台机器连接内部网络与 Internet，可以广泛应用于家庭、学校、办公室、网吧、小区接入、政府、企业等场合。

（2）模块化路由器

模块化路由器主要是指该路由器的接口类型及部分扩展功能是可以根据用户的实际需求来配置的路由器，这些路由器在出厂时一般只提供最基本的路由功能，用户可以根据所要连接的网络类型来选择相应的模块，不同的模块可以提供不同的连接和管理功能。例如，绝大多数模块化路由器可以允许用户选择网络接口类型，有些模块化路由器可以提供 VPN 等功能模块，有些模块化路由器还提供防火墙的功能等。目前的多数路由器都是模块化路由器。

（3）非模块化路由器

非模块化路由器都是低端路由器，平时家用的即为这类非模块化路由器。该类路由器主要用于连接家庭或 ISP 内的小型企业客户。

（4）核心路由器

核心路由器又称"骨干路由器"，是位于网络中心的路由器。位于网络边缘的路由器叫接入路由器。核心路由器和边缘路由器是相对概念。它们都属于路由器，但是有不同的大小和容量，某一层的核心路由器有可能是另一层核心路由器的边缘路由器。

（5）独臂路由器

独臂路由器的概念是出现在三层交换机之前，网内各个 VLAN 之间的通信可以用 ISL 关联来实现，那样的话，路由器就成为一个"独臂路由器"，VLAN 之间的数据传输要先进入路由器处理，然后再输出，以使得网络中的同一个 VLAN 内的报文将用不着通过路由器而直接在交换设备间进行高速传输。独臂路由器现在基本被第 3 层交换机取代。

（6）无线网络路由器

无线网络路由器是一种用来连接有线和无线网络的通信设备，它可以通过Wi-Fi技术收发无线信号来与个人数码助理和笔记本等设备通信。无线网络路由器可以在不设电缆的情况下，方便地建立一个计算机网络。

（7）智能流控路由器

智能流控路由器能够在自动地调整每个节点的带宽，这样每个节点的网速均能达到最快，不用限制每个节点的速度，这是其最大的特点，智能流控路由器经常用在电信的主干道上。

（8）动态限速路由器

动态限速路由器是一种能实时地计算每位用户所需要的带宽，精确分析用户上网类型，并合理分配带宽，达到按需分配，合理利用，还具有优先通道的智能调配功能，这种功能主要应用于网吧、酒店、小区、学校等。

3. 选购路由器

路由器的价格昂贵，且配置复杂，路由器的选择主要从以下几个方面加以考虑：

（1）路由器的管理方式

路由器最基本的管理方式是利用终端（如 Windows 系统所提供的超级终端）通过专用配置线连接到路由器的"Console"端口（配置端口）直接进行配置。因为新购买的路由器配置文件是空的，所以用户购买路由器以后一般都是先使用此方式对路由器进行基本的配置。但仅仅通过这种配置方法还不能对路由器进行全面的配置，实现路由器的管理功能，我们只有在基本的配置完成后再进行有针对性的项目配置（如通信协议、路由协议配置等），这样我们才可以更加全面地实现路由器的网络管理功能。还有一种情况，就是有时我们可能需要改变路由器的许多设置，而自己并不在路由器旁边，无法连接专用配置线，这时就需要路由器提供 Telnet 程序进行远程访问配置，或通过 Web 的方式来实现路由器的远程配置。现在一般的路由器都可能具有一种或几种这种远程配置管理方式。

（2）路由器所支持的路由协议

因为路由器所连接的网络可能存在不同类型的网络，这些网络所支持的网络通信、路由协议也就有可能不一样，这时对于在网络之间起到连接桥梁作用的路由器来说，如果不支持一方的协议，那就无法实现它所在网络之间的路由功能，为此在选择路由器时也就要注意所选路由器能支持哪些路由协议。尤其是广域网路由器。这是因为广域网路由协议繁多，网络也相当复杂，如目前电信局提供的广域网线路主要有 X.25、帧中继、DDN 等多种。因此选购的路由器时要考虑企业的实际需求和扩容，所选路由器要支持何种协议。

（3）路由器的安全性保障

现在网络安全也是越来越受到用户的高度重视了，无论是个人还是单位用户。而路由器作为企事业单位内网和外网的连接设备，能否提供高要求的安全保障就极其重要了。目前许多厂家的路由器可以设置访问权限列表，达到控制哪些数据才可以进出路由器，实现防火墙功能，防止非法用户的入侵。另外一个就是路由器的 NAT（网络地址转换）功能，它能够屏蔽单位内部局域网的网络地址，利用地址转换功统一转换成广域网地址，这样网络上的外部用户就无法了解到单位内网的网址，进一步降低了非法用户入侵的可能性。

（4）丢包率

路由器作为数据转发的网络设备就存在一个丢包率的概念。丢包率就是在一定的数据流量下路由器不能正确进行数据转发的数据包在总的数据包中所占的比例。丢包率的大小会影响到路由器线路的实际工作速度，严重时甚至会使线路中断。

（5）背板能力

背板能力通常是指路由器背板容量或者总线带宽能力，这个性能对于保证整个网络之间的连接速度是非常重要的。如果所连接的两个网络速率都较快，而路由器的带宽限制将直接影响到整个网络的通信速度。

（6）吞吐量

路由器的吞吐量是指路由器对数据包的转发能力，如较高档的路由器可以对较大的数据包进行正确快速转发；而较低档的路由器则只能转发小的数据包，对于较大的数据包需要拆分成许多小的数据包来分开转发，这种路由器的数据包转发能力就差了，其实这与上面所讲的背板容量是有非常紧密的关系的。

（7）转发时延

指需转发的数据包最后一比特进入路由器端口到该数据包第一比特出现在端口链路上的时间间隔，这与上面的背板容量、吞吐量参数也是紧密相关的。

（8）路由表容量

路由表容量是指路由器运行中可以容纳的路由数量。这一参数与路由器自身所带的缓存大小有关。一般来说越是高档的路由器路由表容量越大，因为它可能要面对非常庞大的网络。

（9）可靠性

可靠性是指路由器的可用性、无故障工作时间和故障恢复时间等指标，当然这一指标新买的路由器暂时无法验证。不过这可以从选购信誉较好、技术先进的品牌作保障。

5.4.6　路由器配置基础

路由器具有非常强大的网络连接和路由功能，它可以与各种各样的不同网络进行物理连接，一般可以分为局域网接口和广域网接口两种。路由器都带有一个控制端口 Console，用来与计算机或终端设备进行连接，通过特定的软件来进行路由器的配置。下面我们先就来看看路由器的局域网和广域网连接端口。

1. 路由器的硬件连接

（1）与局域网设备之间的连接

局域网设备主要指集线器与交换机，交换机通常使用的端口是 RJ-45 和 SC，集线器使用的端口则通常为 AUI、BNC 和 RJ-45。最常用的是 RJ-45 端口。

（2）与 Internet 接入设备的连接

① 异步串行口

异步串行口主要提供与 Modem 的连接，用于实现远程计算机通过公用电话网拨入网络。除此之外，也可用于连接其他终端。当路由器通过线缆与 Modem 连接时，必须使用 RJ-45-to-DB-25 或 RJ-45-to-DB-9 适配器。

② 同步串行口

根据连接 Internet 接入设备的不同，需要采用不同的电缆将路由器的同步串行口与 Internet 设备连接在一起。通常有 6 种类型的接口，即 EIA/TIA-232 接口、EIA/TIA-449 接口、V.35 接口、X.21 串行电缆总成和 EIA-530 接口。

③ ISDN BRI 端口

路由器的 ISDN BRI 模块一般分为两类：ISDN BRIS/T 模块和 ISDN BRIU 模块。前者需借助于连接至 ISDN NT1 才能实现与 Internet 的连接，而后者由于内置有 NT1 模块，因此，无需再外接 ISDN NT1，可以直接连接至墙板插座。

④ 其他接入端口

随着网络技术的快速发展，宽带接入在 Internet 接入中占的比例越来越多，比如光线接入、ADSL 接入等。

（3）配置端口

① Console 端口

当使用计算机配置路由器时，必须使用翻转线将路由器的 Console 口与计算机的串行口连接在一起，并根据串口的类型提供 RJ-45-to-DB-9 或 RJ-45-to-DB-25 适配器。

② AUX 端口

当欲通过远程实现对路由器的配置时，可采用 AUX 端口。通过 AUX 端口与 Modem 连接。

2. 路由器的基本配置

路由器从硬件上看就是一台专用计算机，它内置了专用的操作系统软件——

IOS。IOS 能听懂并翻译各种网络协议，像一个精通多国语言的翻译，通过它可以实现路由的配置与管理。

与交换机不同，路由器只有进行最基本的配置后，才能用于连接不同的网络。原因很简单，交换机工作在第二层，可以通过广播的方式获取网络设备的 MAC 地址，而路由器工作在第三层，只有指定以后才能拥有自己的 IP 地址。

（1）外部配置源

和交换机一样，对路由器进行配置时都是通过一台计算机连接到路由器的各种接口上进行配置的，这些配置的方法被称为"外部配置源"。可以采用多种方式对路由器进行配置，如图 5-24 所示。

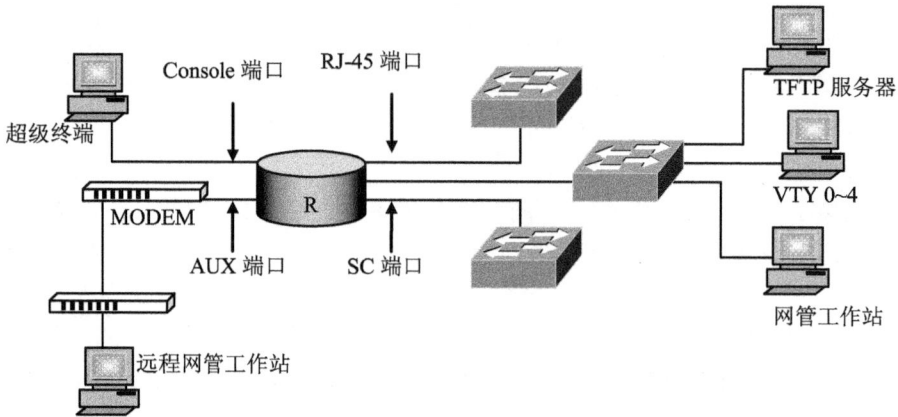

图 5-24　路由器配置的几种连接方式

（2）命令模式

与交换机的配置类似，路由器也有许多命令模式。

①用户命令状态——router＞

该提示符说明路由器处于用户命令状态，这时可以查看路由器的连接状态，访问其他网络和主机，但不能看到和更改路由器的设置内容。

②特权命令状态——router＃

在 router＞提示符下键入 enable，路由器进入特权命令状态 router＃。

此时可以执行所有的用户命令，还能够看到和更改路由器的设置内容。

在特权模式键入 exit，则退回用户模式。

在特权模式下仍然不能进行配置，必须键入 config terminal 命令进入全局配置模式才能实现对路由器的配置。

③全局设置状态——router（Config）＃

在 router＃提示符下键入 configure terminal，出现提示符 router

（config）♯。

此时路由器处于全局设置状态，这时可以设置路由器的全局参数。

④ 局部设置状态—— router（config-if）♯、router（config-line）♯、router（config-router）♯……

路由器处于局部设置状态，这时可以设置路由器某个局部的参数。

路由器上有许多接口，例如有多个串行口，多个以太网端口，具体到每一接口又有许多参数要配置，这些配置不是一条命令能解决的，所以必须进入某一接口或部件的局部配制模式。一旦进入某一接口或部件的局部配制模式，这时键入的命令只对该接口有效，也只能键入该接口能接收的命令。

例如进入串行接口 1（简写 S1），要对如下内容进行配制：是同步还是异步；波特率；DCE 还是 DTE；IP 地址是什么；关闭还是打开；使用什么协议。局部模式有许多种提示符，类似于"Router（config-if）♯"。

⑤ 设置对话状态

这是一台新路由器开机时自动进入的状态，在特权命令状态使用 SETUP 命令也可进入此状态，这时可通过对话方式对路由器进行设置。

（3）常用命令

路由器的配置命令与交换机相类似，可以只键入前几个字母，只要能区别即可，当不知道命令时可键入"？"取得帮助。由于 IOS 的命令太多了，根本不可能全部弄通，切记不要在未知命令功能的情况下每条命令都试一试，如要试一条命令，应尽量先弄清它们功能和后果。最好的办法是先设计好方案并查清资料后，再测试。

　　提示：当键入一条命令后欲取消该命令，可键入"no"格式命令，即前面是"no"，然后在空格后面加刚才键入的命令。

① 帮助

在 IOS 操作中，无论任何状态和位置，都可以键入"？"得到系统的帮助。

例如：Router（config-if）♯？回车后 IOS 系统会给出此模式下的所有命令。而 Router♯ en？回车后 IOS 系统会给出此模式下的所有以 en 开头的命令。

② 改变命令状态

改变任务对应的命令如表 5-17 所示。

表 5-17　改变任务命令列表

任　务	命　令
进入特权命令状态	enable
退出特权命令状态	disable
进入设置对话状态	setup
进入全局设置状态	Config terminal
退出全局设置状态	end
进入端口设置状态	Interface type slot / number
进入子端口设置状态	Interface type number，subinterface［point-to-point 1 multpoint］
进入线路设置状态	Line type slot / number
进入路由设置状态	Router protocol
退出局部设置状态	exit

③ 显示命令

显示任务对应的命令如表 5-18 所示。

表 5-18　显示命令列表

任　务	命　令
查看版本及引导信息	show version
查看运行设置	show running-config
查看开机设置	Show startup-config
显示端口信息	show interface type slot / number
显示路由信息	show ip route

④ 网络命令

网络任务对应的命令如表 5-19 所示。

表 5-19　网络任务命令列表

任　务	命　令
登录远程主机	telnet hostname ｜ IP address
网络侦测	Ping hosname ｜ IP address
路由跟踪	trace hostname ｜ IP addess

⑤ 基本设置命令

设置任务对应的命令如表 5-20 所示。

表 5-20　基本设置命令表

任　务	命　令
全局设置	config terminal
设置访问用户及密码	username password
设置特权密码	enabl secret password
设置路由器名	hostname name
设置静态路由	ip route destination subnet-mask next-hop
端口设置	interface type slot / number
设置 IP 地址	ip address address subnet-mask
激活端口	no Shutdown
物理线路设置	line type number
启动登录进程	login［local ｜ tacacs server］
设置登录密码	password

3. 路由器常见配置

路由器必须进行配置，目的是可以在网络内使用。由于路由器的配置和调试是一个比较复杂的过程，在配置和调试过程中，会遇到很多的问题。路由器的常见配置主要包括如下内容。

（1）配置主机名、特权密码、路由所属域

（2）配置以太网端口、同步端口和异步端口

（3）专线的配置

（4）帧中继的配置

（5）静态路由的配置

（6）动态路由的配置

5.4.7　广域网与 Internet 接入实例

本节通过实例说明路由器是如何实现广域网互连和 Internet 接入的。

1. 通过 Cisco2611 连接 A 局域网与 B 局域网（采用静态路由）

A 局域网与 B 局域网通过 256kb/s DDN 专线连接在一起，网络结构如图 5-25 所示，其他相关参数如表 5-21 所示。

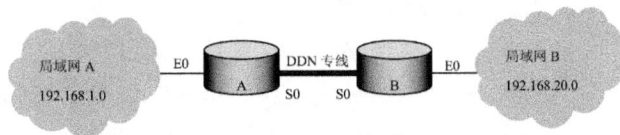

图 5-25　通过 Cisco2611 连接的 2 个局域网

表 5-21　网络参数分配表

项　目	A 网	B 网
网络号	192.168.1.0	192.168.20.0
子网掩码	255.255.255.0	255.255.255.0
所属域	xxx.com	yyy.com
以太网端口 E0	192.168.1.1	192.168.20.1
S0 端口	192.168.10.1/30	192.168.10.2/30
专线速率	256kb/s	256kb/s
主域名服务器	192.168.1.2	192.168.1.2
备份域名服务器	192.168.1.3	192.168.1.3

首先进入路由器，将计算机串行口连接到路由器的 Console 口，使用超级终端登录。

（1）A 网路由器配置如下：

Router＞**en**

passwd：＊＊＊＊＊＊＊＊// 键入超级口令

①全局配置：

Router ♯ **conf t** // 切换到全局配置状态

Router（*config*）♯ **enable secret** *my-password* // 定义超级口令

Router（*config*）♯ **hostname** *Router-A* // 定义路由器名，B 为 *Router-B*

Router-A（*config*）♯ **ip domain-name XXX.com** // 定义所属域名称，B 为 *YYY.com*

Router-A（*config*）♯ **nameserver** *192.168.1.2* // 定义主域名服务器

Router-A（*config*）♯ **nameserver** *192.168.1.3* // 定义备份域名服务器

Router-A（*config*）♯ **line vty** 0 4

　　// 定义 5 个 *telnet* 虚终端，即可以同时有 5 个人登录本路由器

Router-A（*config-line*）♯ **password** *telnet-password* // 定义 *telnet* 口令

Router-A（*config-line*）♯ **exit**

Router-A（*config*）♯ **exit**

②IP 地址和路由配置：

Router-A ♯ **conf t** // 切换到配置状态。

Router-A（*config*）♯ **int e**0 // 配置 *Ethernet* 0 口

Router-A（*config-if*）♯ **description** *the LAN port link to my local network* //端口说明

Router-A（*config-if*）♯ ***ip add*** *192. 168. 1. 1 255. 255. 255. 0*

　　// 定义路由器 A 端口 e0 的以太网 IP 地址，子网掩码表示为 C 类网络

Router-A（*config-if*）♯ ***no shutdown*** // 激活端口

Router-A（*config-if*）♯ ***exit***

Router-A（*config*）♯ ***int s*** 0 // 配置 *Serial* 0 口

Router -A（*config-if*）♯ ***description*** *the WAN port link t0 Router-B*

　　// 端口说明

Router -A（*config-if*）♯ ***ip add*** *192. 168. 10. 1 255. 255. 255. 252* //定

　　义端口 s0 的 IP 地址

Router -A（*config-if*）♯ ***bandwidth*** *256* // 定义端口速率，单位：*kb/s*

Router-A（*config-if*）♯ ***no shutdown*** // 激活端口

Router-A（*config-if*）♯ ***exit***

Router-A（*config*）♯ ***ip route*** *192. 168. 20. 0 255. 255. 255. 0 192. 168. 10. 2*

　　// 定义静态路由，通过路由到达对端网络 B，地址为对端路由器的

　　s0 端口的 IP 地址

Router-A（*config*）♯ ***exit***

Router-A ♯ ***write m*** // 保存配置。

（2）B 网路由器配置如下：

①全局配置：

　　Router ♯ ***conf t*** // 切换到全局配置状态

　　Router（*config*）♯ ***enable secret*** *my-password* // 定义超级口令

　　Router（*config*）♯ ***hostname*** *Router-B* // 定义路由器名

　　Router-B（*config*）♯ ***ip domain-name*** *YYY. com* // 定义所属域名称

　　Router-B（*config*）♯ ***nameserver*** *192. 168. 1. 2* // 定义主域名服务器

　　Router-B（*config*）♯ ***nameserver*** *192. 168. 1. 3* // 定义备份域名服务器

　　Router-B（*config*）♯ ***line vty*** 0 4

　　// 定义 5 个 *telnet* 虚终端，即可以同时有 5 个人登录本路由器

　　Router -B（*config-line*）♯ ***password*** *telnet-password* // 定义 *telnet*

　　　　口令

　　Router-B（*config-line*）♯ ***exit***

　　Router-B（*config*）♯ ***exit***

②地址和路由配置：

　　Router-B ♯ ***conf t*** // 切换到配置状态。

　　Router-B（*config*）♯ ***int e*** 0 // 配置 *Ethernet* 0 口

　　Router -B（*config-if*）♯ ***description*** *the LAN port link to my local*

　　　　network //端口说明

Router-B（*config-if*）♯ ***ip add*** *192. 168. 20. 1 255. 255. 255. 0*
　　// 定义定义路由器 B 端口的以太网 IP 地址，子网掩码表示为 C 类网络

Router-B（*config-if*）♯ ***no shutdown*** // 激活端口

Router-B（*config-if*）♯ ***exit***

Router-B（*config*）♯ ***int s***0 // 配置 *Serial* 0 口

Router -B（*config-if*）♯ ***description*** *the WAN port link t0 Router-B*
　　// 端口说明

Router -B（*config-if*）♯ ***ip add*** *192. 168. 10. 2 255. 255. 255. 252* //定
　　义端口 s0 的 IP 地址

Router -B（*config-if*）♯ ***bandwidth*** *256* // 定义端口速率，单位：
　　kbit / s

Router-B（*config-if*）♯ ***no shutdown*** // 激活端口

Router-B（*config-if*）♯ ***exit***

　　提示：在 A 网段使用 ping 命令测试 A、B 网络连接情况，我们会发现虽然路由器 A 已经配置了到 B 网的静态路由，但由于路由器 B 没有到 A 网段的路由，B 网络在收到数据包后，其数据响应包无法到达 A 网络。因此，A、B 两个网络之间仍无法通信。

　　（3）配置 B 路由器的静态路由：

Router-B（*config*）♯ ***ip route*** *192. 168. 1. 0 255. 255. 255. 0 192. 168. 10. 1*
　　//定义静态路由，通过路由到达对端网络，IP 为对端路由器端口 s0
　　　　的 IP 地址

Router-B ♯ ***wr m*** // 保存配置。

　　至此配置完成，通过 ping 来检查连通情况，是否需要配置 B 路由器的静态路由？

　　提示：使用 ping 命令测试 A、B 网络连接情况，会发现路由是否连接成功。

　　2. 通过 CiSC02611 将局域网接入 Internet

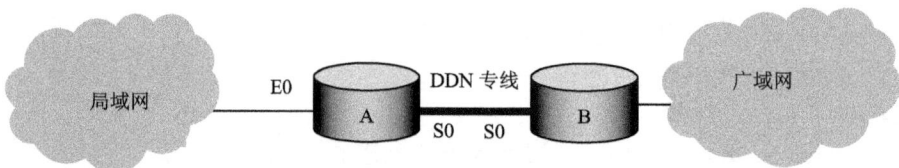

图 5-26　通过 Cisco2611 连接广域网

网络过程如图 5-26 所示，其他相关参数如表 5-22 所示。其中，ISP 分配的广域

网互联 IP 地址：202.98.0.2，其对端广域网路由器 S0 端口的 IP 地址 202.98.0.1。

表 5-22　网络参数分配表

项　目	本地网	广域网路由器 B
网络号	202.9.6.0	
子网掩码	255.255.255.0	
所属域	xxx.com	
以太网端口 E0	202.9.6.1	
S0 端口	202.98.0.2/30	202.98.0.1/30
专线 DDN 速率	128kb/s	128kb/s
主域名服务器	202.96.202.96	
备份域名服务器	202.96.96.202	

根据与上例相同的原理可以很容易地配置路由器 A。

（1）首先进入路由器 A：

*Router＞**en***

passwd：＊ ＊ ＊ ＊ ＊ ＊ ＊ ＊

（2）然后进入全局配置：

*Router ♯ **conf t***

*Router（config）♯ **hostname** Router*

*Router（config）♯ **nameserver** 202.96.202.96*

*Router（config）♯ **nameserver** 202.96.96.202*

*Router（config）♯ **exit***

其他项目同以上例题。

（3）地址配置：

*Router ♯ **conf t***

*Router（config）♯ **int e**0*

*Router（config-if）♯ **ip add** 202.9.6.1 255.255.255.0*

*Router（config-if）♯ **no shutdown** //*激活端口。

*Router（config-if）♯ **exit***

*Router（config）♯ **int s**0*

*Router（config-if）♯ **ip add** 202.98.0.2 255.255.255.252*

*Router（config-if）♯ **no shutdown** //*激活端口。

*Router（config-if）♯ **exit***

（4）默认静态路由配置：

*Router（config）♯ **ip route** 0.0.0.0 0.0.0.0 202.98.0.1 //*定义默

认静态路由，所有的远程访问通过网关，*202.98.0.1* 为对端广域网路由器 IP 地址。

> *Router（config）♯ **exit***

> *Router♯ **wr m***

至此，配置完成。

本 章 小 结

网络传输设备是用来连接独立网络上的设备、创建并连接多个网络或子网、建立企业网等。在网络中的传输设备可作为单一的节点或多个节点互连。这些节点包括中继器、网桥、交换机、路由器和网关等。

网桥具有"过滤和转发"功能，它能够接收它所连接的每个局域网中的所有帧，通过检查帧的目的地址和协议或类型进行过滤。网桥在运行过程中，站名地址表将会不断地被补充和更新，以适应工作站在运行过程中的不断变化，如打开、关闭或新增计算机。

交换机是一种基于 MAC 地址识别，能完成封装转发数据包功能的网络设备。以太网交换机传送数据包的方式通常采用直通式交换、存储转发式和碎片隔离方式三种数据包交换方式。

路由器是一种连接多个网络或网段的网络设备，它能将不同网络或网段之间的数据信息进行"翻译"，以便它们能够相互"读"懂对方的数据，从而构成一个更大的网络。

熟悉网桥、交换机、路由器和网关的用途，熟练掌握交换机的配置，理解 VLAN 的基本作用和工作机制，重点掌握 VLAN 的配置方法和路由器的基本配置方法是实现实现网络的互连、构建网络的关键。

习　　题

1. 从通信协议的角度来看，网络互连可以分为哪几个层次？简述用于这些层次的网络互连设备的名称及功能特点。

2. 各种网络设备的工作层次、工作原理？

3. 简述路由器的作用及使用场合。

4. 网关主要解决什么情况下的网络互连？

5. 简述路由器和网桥的区别。

6. 简述 RIP 、OSPF 协议的主要特点。

第 6 章　Windows Server 2008 实用配置

Windows Server 2008 是微软最新一款服务器操作系统，它继承了 Windows Server 2003 的功能，是当前非常流行的网络操作系统，通过集成先进的网络、应用程序及 WEB 技术，为中小型企事业单位构建 Intranet 提供了一个具有较高可靠性、安全性、易操作和易管理的操作平台。

Windows Server 2008 版本较多，本书使用的是中文 Windows Server 2008 标准版。

学习目标：

■ 掌握用户账户和组的创建和使用
■ 掌握资源共享及权限设置
■ 掌握磁盘的管理和应用
■ 了解常用管理工具的使用方法
■ 理解 Windows Server 2008 网络服务的工作原理
■ 熟练掌握 Windows Server 2008 网络服务的安装与配置

6.1　Windows Server 2008 简介

2008 年 3 月，微软公司发布了其最新的服务器操作系统 Windows Server 2008。它代表了下一代 Windows Server。使用 Windows Server 2008，IT 专业人员对服务器和网络基础结构的控制能力更强，从而可重点关注关键业务的需求。Windows Server 2008 通过加强操作系统和保护网络环境提高了安全性。通过加快 IT 系统的部署与维护、使服务器和应用程序的合并与虚拟化更加简单，并提供了直观的管理工具。Windows Server 2008 为各种组织的服务器和网络基础结构奠定了最好的基础。

Windows Server 2008 完全基于 64 位技术，在性能和管理等方面相当明显。在此之前，企业对信息化的重视越来越强，服务器整合的压力也就越来越大，因此应用虚拟化技术已经成为大势所趋。Windows Server 2008 完全基于 64 位的虚拟化技术，为未来服务器整合提供了良好的参考技术手段。Windows 服务器虚拟化（Hyper-V）能够使组织最大限度实现硬件的利用率，合并工作量，节约管理成本，从而对服务器进行合并，并由此减少服务器所有权的成本。Windows

Server 2008 在虚拟化应用的性能方面完全可以和其他主流虚拟化系统相媲美，而在成本和性价比方面，Windows Server 2008 更是具有压倒性的优势。

Windows Server 2008 分为标准版、企业版、Datacenter 版、Web 版、基于安腾系统版。

标准版是迄今最稳固的 Windows Server 操作系统，其内置的强化 Web 和虚拟化功能，是专为增加服务器基础架构的可靠性和弹性而设计的，最大支持 32GB RAM 和 4 个处理器，该版本是小型企业和部门应用的理想选择。

企业版可提供企业级的平台，能为高度动态、可扩充的 IT 基础架构提供良好的支持，最大支持 2TB RAM 和 8 个处理器，该版本主要针对大型企业应用。

Web 版是特别为单一用途的 Web 服务器而设计的系统，最大支持 32GB RAM 和 4 个处理器，它整合了重新设计架构的 IIS7.0、ASP.NET 和 Microsoft NET Framework，以便提供任何企业快速部署网页、网站、Web 应用程序和 Web 服务，是专为 Web 应用服务器而设计的。

6.1.1　Windows Server 2008 的新特点

Windows Server 2008 具有如下特点：

（1）自修复 NTFS 文件系统

在 Windows Server 2008 中，一个新的系统服务会在后台默默工作，它能够检测文件系统错误，并且可以在无需关闭服务器的状态下自动将其修复。

有了这一新服务，CHKDSK 基本就可以退休了。

（2）并行 Session 创建

一个终端服务器系统，或者多个用户同时登录了家庭系统，这些就是 Session。在 Windows Server 2008 之前，Session 的创建都是逐一操作的，对于大型系统而言就是个瓶颈，比如周一清晨数百人返回工作的时候，不少人就必须等待 Session 初始化。

Windows Server 2008 加入了新的 Session 模型，可以同时发起至少 4 个，而如果服务器有四颗以上的处理器，还可以同时发起更多。例如，如果你家里有一个媒体中心，那各个家庭成员就可以同时在各自的房间里打开媒体终端、同时从 Windows Server 2008 服务器上得到视频流，而且速度不会受到影响。

（3）快速关机服务

Windows 的一大历史问题就是关机过程缓慢。在 Windows XP 里，一旦关机开始，系统就会开始一个 20 秒钟的计时，之后提醒用户是否需要手动关闭程序，而在 Windows Server 2003 里，这一问题的影响会更加明显。

到了 Windows Server 2008，20 秒钟的倒计时被一种新服务取代，可以在应用程序需要被关闭的时候随时发出信号。

（4）核心事务管理器（KTM）

这项功能对开发人员来说尤其重要，因为它可以大大减少甚至消除经常导致系统注册表或者文件系统崩溃的原因——多个线程试图访问同一资源。

（5）SMB2 网络文件系统

SMB（Server Message Block）通信协议是微软和英特尔在 1987 年制定的协议，主要是作为 Microsoft 网络的通信协议。Windows Server 2008 采用了 SMB2，以便更好地管理体积越来越大的媒体文件。

在微软的内部测试中，SMB2 媒体服务器的速度可以达到 Windows Server 2003 的四倍到五倍，相当于 400％的效率提升。

（6）随机地址空间分布（ASLR）

ASLR 可以确保操作系统的任何两个并发实例每次都会载入到不同的内存地址上。

恶意软件不会按照操作系统要求的正常程序执行，但如果它想在用户磁盘上写入文件，就必须知道系统服务身在何处。在 32 位 Windows XP SP2 上，如果恶意软件需要调用 KERNEL32. DLL，该文件每次都会被载入同一个内存空间地址，因此非常容易被恶意利用。但有了 ASLR，每一个系统服务的地址空间都是随机的，因此恶意软件很难找到它们。

（7）Windows 硬件错误架构（WHEA）

在 Windows Server 2008 里，所有的硬件相关错误都使用同样的界面汇报给系统，第三方软件就能轻松管理、消除错误，管理工具的发展也会更轻松。

（8）虚拟化

虚拟化技术可以定义为将一个计算机资源从另一个计算机资源中剥离的一种技术。在没有虚拟化技术的单一情况下，一台计算机只能同时运行一个操作系统，而通过虚拟化我们可以在同一台计算机上同时启动多个操作系统，每个操作系统上可以有许多不同的应用，多个应用之间互不干扰。

通过虚拟化我们可以有效提高资源的利用率。

（9）Power Shell 命令行

Power Shell 是微软公司为 Windows 环境所开发的壳程式（shell）及脚本语言技术，采用的是命令行界面。这项全新的技术提供了丰富的控制与自动化的系统管理能力，这个新的命令行工具可以作为图形界面管理的补充，也可以彻底取代它。

（10）Server Core 命令行

Server Core 是 Server 2008 的最小版本，不包含 GUI，提高了稳定性但只提供 DHCP、DNS 等基础网络服务，相比完整版本的系统，这一版本明显减少了维护和管理的时间，实现最大程度的稳定性。

6.1.2 Windows Server 2008 的网络服务

Windows Server 2008 是一个多任务操作系统，它能以集中或分布的方式处理各种服务器角色。其中的一些服务器角色包括：

（1）文件和打印服务器。

（2）Web 服务器和 Web 应用程序服务器（IIS）。

（3）邮件服务器。

（4）终端服务器。

（5）远程访问/虚拟专用网络（VPN）服务器。

（6）目录服务器、域名系统（DNS）、动态主机配置协议（DHCP）服务器和 Windows Internet 命名服务（WINS）。

6.1.3 管理工具

（1）MMC 简介

MMC（Microsoft Management Console）即微软管理控制台，它可让系统管理员创建更灵活的用户界面和自定义管理工具，将日常系统管理任务集中并加以简化。它将许多工具集成在一起并以控制台的形式显示，这些工具由一个或多个应用程序组成。

MMC 是 Microsoft 管理策略的核心部分，包含在 Windows server 2008 操作系统中。MMC 不仅可让系统管理员的日常管理工作更加得心应手，而且能够通过 MMC 创建特殊工具，给用户或组委派具体的管理任务（这种管理就是我们现在常说的分布式管理）。

在一个典型的 MMC 窗口中，我们不但可以进行系统管理、进行磁盘的分区/格式化，甚至还可以启动或者中止服务。

（2）事件查看器

使用"事件查看器"，可以查看和设置事件日志选项，以便收集有关硬件、软件和系统问题的信息。

系统日志中存放了 Windows 操作系统产生的信息、警告或错误。通过查看这些信息、警告或错误，我们不但可以了解到某项功能配置或运行成功的信息，还可了解到系统的某些功能运行失败，或变得不稳定的原因。

安全日志中存放了审核事件是否成功的信息。通过查看这些信息，我们可以了解到这些安全审核结果为成功还是失败。

应用程序日志中存放应用程序产生的信息、警告或错误。通过查看这些信息、警告或错误，我们可以了解到哪些应用程序成功运行、产生了哪些错误或者潜在错误。程序开发人员可以利用这些资源来改善应用程序。

查到导致系统问题的事件后，我们需要找到解决它们的办法。

6.2　用户账户的管理

任何一个用户想要登录到 Windows Server 2008 服务器上，就必须要拥有一个属于自己的账户。用户账户保存了用户的信息，包括姓名、密码以及该用户能使用网络资源的权限等。

用户账户是操作系统中的对象，包含有多种属性（如用户名，密码），不同用户账户的 SID（安全标识符）不同，其配置环境也不同。

6.2.1　用户账户的类型

Windows Server 2008 提供了内置用户账户、域用户账户和本地用户账户 3 种不同的用户账户。

1. 内置用户账户

安装 Windows Server 2008 时，由系统自动创建的账户称为内置账户。内置账户有 3 个：系统管理员（Administrator）、来宾（Guest）和 Internet Guest（IUR-Computer Name）。

（1）系统管理员。Administrator 作为系统管理员，拥有最高的权限，用户可以用它来管理 Windows Server 2008 资源和域账户数据库。Administrator 账户名称可以更改，但不能删除。

> **提示：**Administator 用户对系统具有最高的权限，可以建立、修改、删除用户账户及与之相关的信息，所以该账户的密码一定要保密。

（2）来宾。Guest 是为没有专门设置账户的计算机访问域控制器时使用的一个临时账户，该账户可以访问网络中的部分资源。Guest 账户的名称可以修改，但不能删除。

（3）Internet Guest。IUR-Computer Name 用来供 Internet 服务器的匿名访问者使用，在局域网中没有意义。

2. 域用户账户

域用户账户允许用户登录到域上，并访问网络上的任意位置的资源。域用户账户一般用于存在多个域的网络中，在只有一个域的小型网络中一般没有太大意义，所以用户也不必关心它。

3. 本地用户账户

本地用户账户允许用户登录服务器上的相关资源。在创建本地用户账户时 Windows Server 2008 会将账户名称及相关信息自动存放在本地的安全数据库中，而不会复制到其他域中。当本地账户登录网络时，服务器便在本地安全数据库中查询该账户名，并鉴别其对应的密码，当正确后才能允许该账户登录服务器。

本章如不特殊说明，都以本地用户账户为例。

提示： 在局域网中给用户创建的账户一般是本地用户账户。

6.2.2　创建新账户

1. 账户的命名规划

在 Windows Server 2008 中，系统对用户账户的命名规则有严格的要求。一个完整的账户应包括账户名称、密码和账户选项三部分。

（1）账户名称的命名规则

①每个用户的账户名称是惟一的，不同的用户应使用不同的账户名称。

②每个账户名称最大可以容纳 20 个字符。

③当一个局域网中的用户较多时，账户名称应该便于记忆和区分。

（2）账户的密码要求

为了控制对服务器的安全访问，拒绝非法用户登录，这时可以对每个用户账户设置一个密码，在使用某一账户登录服务时，只有输入的密码正确后才允许登录，否则将被拒绝。在 Windows Server 2008 中，对密码的设置要求如下：

①常用于密码的字符主要有字母 A-Z（大小写不等效）和数字 0-9。

②密码最长可以达到 128 个字符，最短不限。但为了安全起见，建议密码在七个字符以上。

③一般为 Administrator 系统管理员账户设置永久密码。

2. 创建用户账户

创建用户账户的操作如下：

第 1 步：选择"开始→程序→管理工具→计算机管理"，打开如图 6-1 所示的窗口。

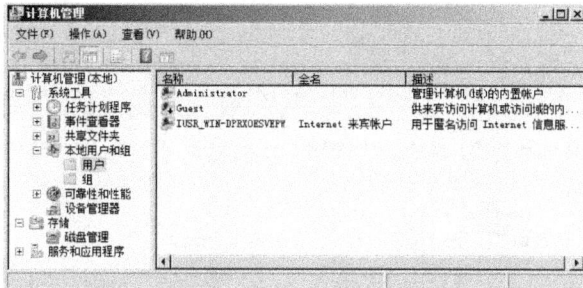

图 6-1　计算机管理窗口

第 2 步：在窗口的"树"列表中，指向"本地用户和组"的"用户"文件夹，单击鼠标右键，在出现的快捷菜单中选择"新用户"，打开图 6-2 所示的"新用户"对话框，此时可按照要求进行填写。

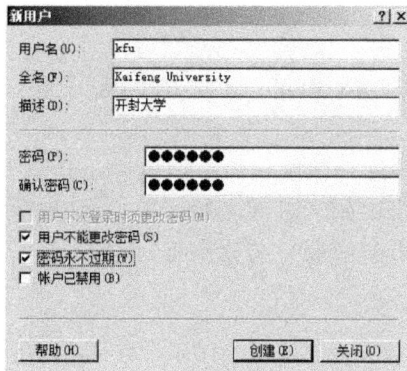

图 6-2　"新用户"对话框

第 3 步：系统提供了 4 种对该密码的限制方式。如果选择了"用户下次登录时需更改密码"一项，当用户下次使用该账户登录服务器时，系统要求先更改密码后再登录；当选择了"用户不能更改密码"一项后，用户将无权更改自己的密码；当需要该密码长期有效时，可选择"密码永不过期"一项；如果某用户在某一段时间因出差在外或其他原因不需要登录服务器时，可以选择"账户已停用"一项。具体选择哪一项，用户可根据实际需要来选定。当用户的有关信息填入结束后，可单击"创建"，该用户账户已经创建成功。

提示：对于学校，网吧等公用网络，建议同时选择"用户不能更改密码"和"密码永不过期"两项。

新创建的用户将显示在"用户"文件夹中，如图 6-3 所示。

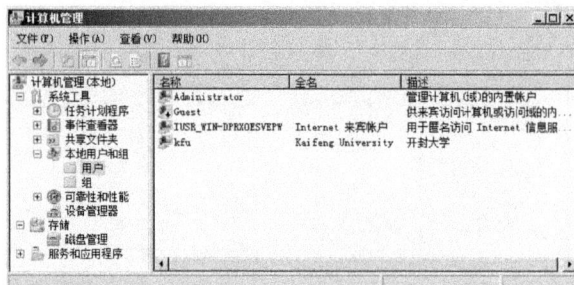

图 6-3　计算机管理窗口

通过以上方法，可以继续建立其他用户账户。

6.2.3　账户管理

1. 更改账户名称

在 Windows Server 2008 中可以对已有的账户进行更名，账户更名的方法如下：

在图 6-3 所示的计算机管理窗口的右窗格中，选取要更名的账户名称，单击鼠标右键，选择快捷菜单中的"重命名"一项，此时光标在用户账户的名称上闪烁，只需要通过键盘输入新的账户名称即可。

2. 更改密码

更改某一用户账户密码的操作步骤如下：

第 1 步：在图 6-3 所示的计算机管理窗口的右窗格中，选择要更改密码的用户名，单击鼠标右键，打开如图 6-4 所示的右键菜单。

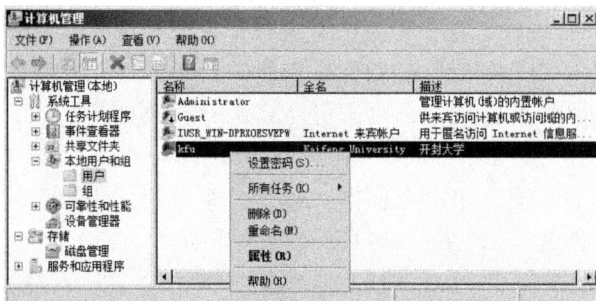

图 6-4　计算机管理窗口

第 2 步：选择"设置密码"一项，打开如图 6-5 所示的对话框。

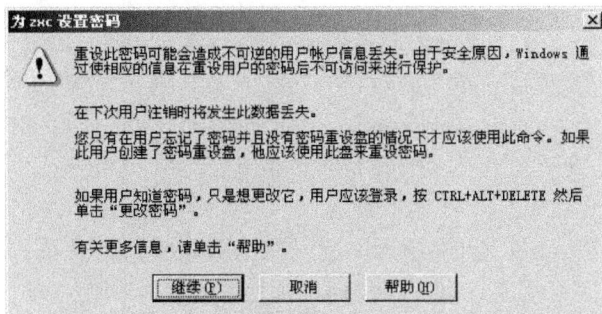

图 6-5　"为用户设置密码"对话框

第 3 步：单击"继续"按钮。打开如图 6-6 所示的"设置密码"对话框。在对话框的"新密码"处输入该账户的新密码，并在"确认密码"后面重新输入一次以进行确认。

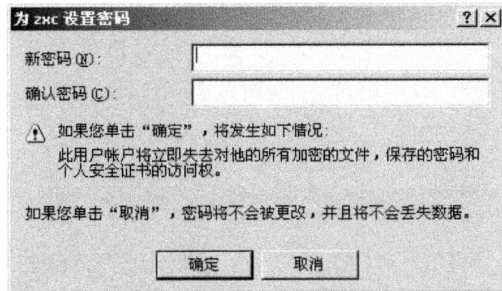

图 6-6　"设置密码"对话框

第 4 步：单击"确定"按钮，更改密码成功。

3. 更改账户属性

当建立了用户账户后，根据不同的应用需要，可以设置它们的属性，操作如下：

在图 6-3 所示的计算机管理窗口右窗格中，选取账户名称，单击鼠标右键，选择快捷菜单中的"属性"一项，打开图 6-7 所示的"用户属性"对话框，可根据实际需要修改相关的项目。

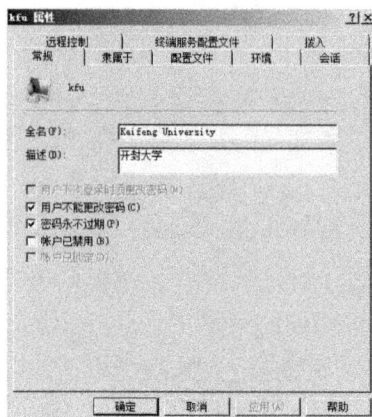

图 6-7　"用户属性"对话框

4. 删除账户

由于网络中用户的更新，当某一个用户账户不再使用时，为了简化网络管理，可它从服务器中删除，具体操作如下：

第 1 步：在图 6-3 所示的计算机管理窗口右窗格中，选取账户名称，单击鼠标右键，选择快捷菜单中的"删除"一项，打开如图 6-8 所示的"删除用户"对话框。

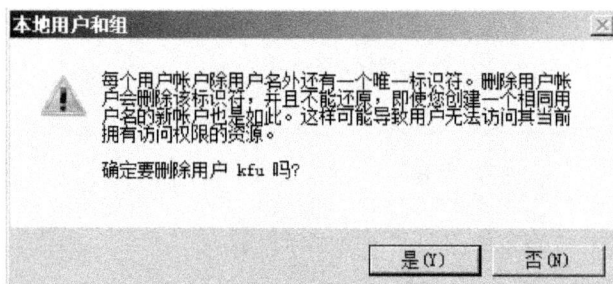

图 6-8　"删除用户"确认框

第 2 步：如果已确定要删除该账户，可单击"是"。而单击"否"将取消该删除操作。

　　提示：与账户的创建、更名和删除操作类似，可以进行组的创建、更名和删除操作。

6.3　文件管理

在 Windows Server 2008 中，对文件管理的工具是"资源管理器"，利用它可以控制用户对每个文件及目录的访问，并进行文件共享管理。

Windows Server 2008 能够支持的文件系统有 FAT、FAT32、NTFS。FAT和 FAT32 是较老的文件系统，NTFS 比 FAT 或 FAT32 的功能更强大，同时它还包括提供活动目录所需的功能以及其他重要安全性功能。NTFS 具有很强的安全性，要维护文件和文件夹访问控制，必须使用 NTFS。如果使用 FAT32，所有用户都将具有访问权。

在 Windows Server 2008 中，推荐使用 NTFS 文件系统。

6.3.1　文件与目录的存取权限

NTFS 提高了在服务器上加强安全的能力，可以在文件及目录上设置权限，只有那些需要访问该文件的用户才能够实际地访问这些文件。

使用 NTFS 格式，可以把权限分配给目录或文件，每个文件都可能设置有基本权限和高级权限。

1. 文件夹具有的基本权限

（1）完全控制。用户可能执行下列全部（（2）～（6））职责，包括一个特殊权限。

（2）修改。用户可以写入新的文件，新建子目录和删除文件及文件夹。用户也可以查看哪些用户在该文件夹上有权限。

（3）读取和运行。用户可以阅读和执行文件。

（4）列出文件夹目录。用户可以查看在目录中的文件名。

（5）读取。用户可以查看目录中的文件和查看哪些用户有权限。

（6）写入。用户可以写入新文件并查看哪些用户在这里有权限。

2. 文件具有的基本权限

（1）完全控制。用户可能执行下列全部职责，包括一个特殊权限。

（2）修改。用户可以修改、重写入或删除任何现有文件，也可以查看哪些用户在该文件上有权限。

（3）读取及运行。用户可以阅读文件，查看哪些用户有访问权并运行可执行文件。

（4）读取。用户可以阅读文件和查看哪些用户具有访问权限。

（5）写入。用户可以重写入文件并查看还有哪些用户在这里有权限。

3．设置文件或文件夹的权限

设置文件或文件夹权限的操作步骤：

第1步：选中要设置权限的文件或者文件夹。右击选择"属性"命令，单击"安全标签"，打开如图 6-9 所示的"对象属性"对话框。

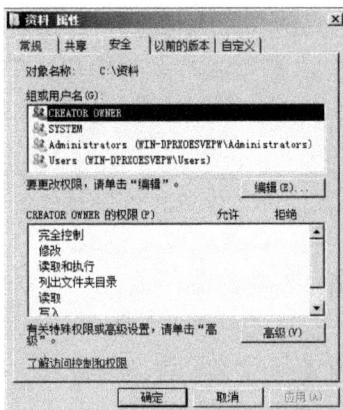

图 6-9　"对象属性"对话框

第2步：单击"编辑"按钮。打开"资料的权限"对话框，以便设置用户或者组的权限，如图 6-10 所示。

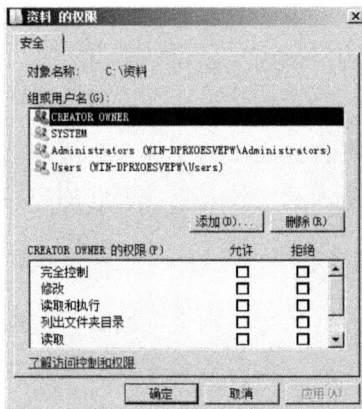

图 6-10　"资料的权限"对话框

第3步：如果想给其他的组或者用户设置权限，单击"添加"按钮，打开

"选择用户或组"对话框，如图 6-11 所示。

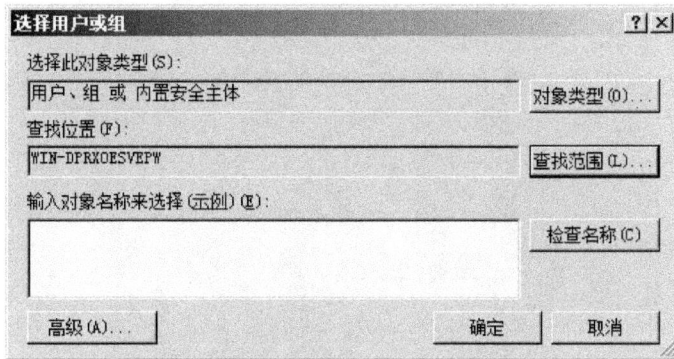

图 6-11　"选择用户或组"对话框

第 4 步：可以通过单击"高级"按钮选择用户或组，单击"确定"按钮，给指定的组或用户设置权限。

6.3.2　资源共享

在网络环境中，管理员和用户除了使用本地资源外，还可以使用其他计算机上的资源。在资源使用的过程中，对于用户来说，不需要知道资源的位置；而对于共享资源来说，也不需要用户的位置，双方都是透明的，用户只要了解到网络中有自己所需要的资源，并且有资源的使用权限，就可以使用该资源。从这个意义上来说，同一资源可以被多个用户使用，因此称为"资源共享"。

资源共享极大地方便了用户，也有效地利用了资源。通过计算机网络，不仅可以使用近距离的网络资源，还可以访问远程网络上的资源。用户可以使用远程的打印机、远程的 CD-ROM 及远程的硬盘等硬件资源，还可以使用远程计算机上的应用程序、数据等软件资源。

网络中的客户机都有可能需要使用服务器的硬盘空间。而 Windows Server 2008 的磁盘配额管理，可在服务器上为网络用户分配磁盘配额，使网络用户在指定的空间内使用服务器上的硬盘。设置硬盘共享的步骤如下：

第 1 步：在"计算机"窗口中，右击格式为 NTFS 卷的磁盘驱动器，从弹出的快捷菜单中选择"共享"命令，打开属性对话框，如图 6-12 所示。

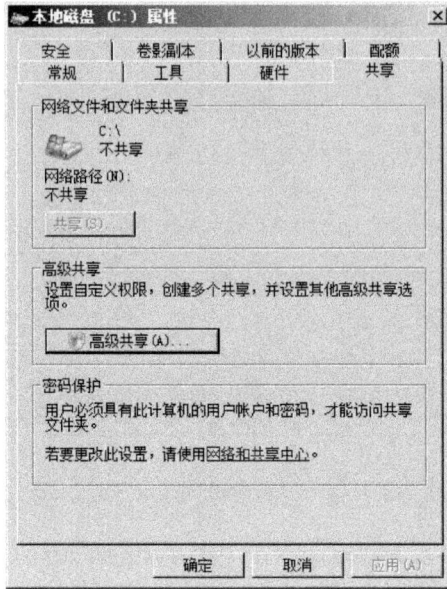

图 6-12　"共享属性"对话框

第 2 步：单击"高级共享"按钮，弹出"高级共享"对话框，如图 6-13 所示。

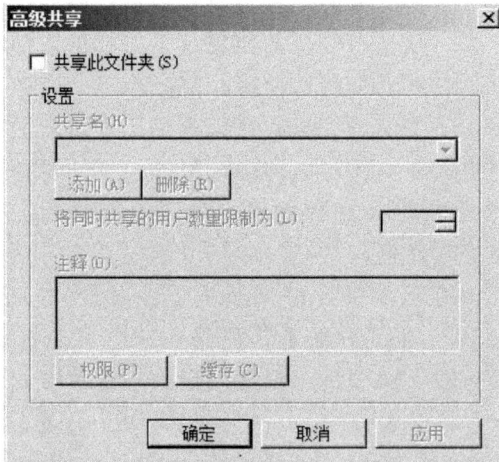

图 6-13　"高级共享"对话框

第 3 步：选择"共享此文件夹"复选框，然后根据需要进行设置。其中"共享名"为此磁盘被共享以后其他用户在网络上所看到的名字。

如果需要限制同时使用共享用户的数量，可以在"将同时共享的用户数量限制为"后设置一个限制量。

第 4 步：要设置权限，单击"权限"按钮，打开"服务器磁盘的权限"对话框，如图 6-14 所示。

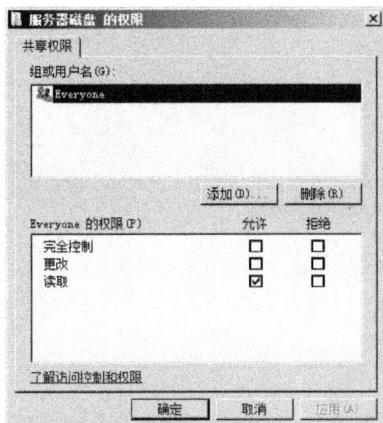

图 6-14　"服务器磁盘的权限"对话框

第 5 步：在"组或用户名"列表框中的 Everyone 是指所有的本机和网络用户，一般不宜设置太高的权限。选择 Everyone，取消"允许"下面的"完全控制"和"更改"两个复选框的选择，只选择"读取"复选框。

第 6 步：如果用户要对某个网络用户单独设置权限，可将他添加到列表框中，再进行共享权限设置。要添加用户，可单击"添加"按钮，打开"选择用户或组"对话框，如图 6-15 所示。

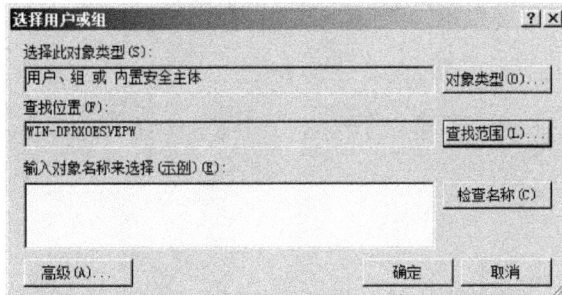

图 6-15　"选择用户或组"对话框

第 7 步：在"选择用户或组"对话框中，单击"高级"按钮，打开如图 6-16 所示的对话框，单击"立即查找"，在搜索结果中选择合适的对象，单击"确定"。如果想继续添加，可重做上面的操作，单击"确定"按钮退出。

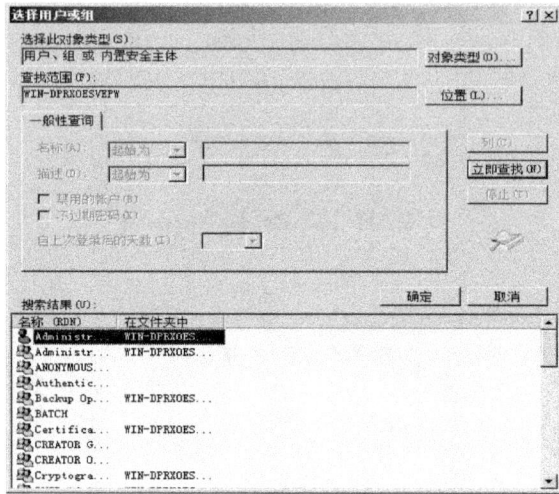

图 6-16　　"选择对象类型"对话框

第 8 步：可访问该共享资源的用户被添加后，可根据情况设置它们的权限。注意取消选择"允许"下面的复选框与选择"拒绝"下面的复选框作用相同。

注意："拒绝"下面的复选框的级别比"允许"下面的复选框要高。例如用户选择了"拒绝"下面的"读取"复选框后再选择"允许"下面的"更改"复选框。那么相应的本机用户对该共享资源没有任何权限。因为没有"读取"权限，就不可能有"更改"权限。

第 9 步：如果用户不希望某一用户访问该共享资源，可选择该用户，单击"删除"按钮，将其删除，拒绝他对该共享资源的访问。

第 10 步：权限设置完成后，单击"确定"按钮将退到共享属性对话框，再单击"确定"按钮即完成硬盘的共享设置。

提示：共享软驱、光驱和文件夹的设置方法与共享硬盘的设置方法相类似。

6.3.3　磁盘管理

磁盘管理是一项使用计算机时的常规任务，Windows Server 2008 在磁盘管理方面提供了强大的功能。Windows Server 2008 的磁盘管理任务是以一组磁盘管理实用程序的形式提供给用户的，它们位于"计算机管理"控制台中，包括查错程序、磁盘碎片整理程序、磁盘整理程序等。

1. 更改驱动器名和路径

在 Windows Server 2008 的安装之后，用户可以利用"磁盘管理器"工具在硬盘上更改或创建新的分区。下面我们便以具体的操作实例来介绍"磁盘管理器"中的更改驱动器名和路径功能。操作步骤如下：

第 1 步：打开"开始"菜单，选择"管理工具→计算机管理"命令，打开"计算机管理"窗口。

第 2 步：在控制台目录树中双击"存储"节点，展开该节点。

第 3 步：单击"磁盘管理"子节点，在窗口右边的详细资料窗格中将显示本地计算机所拥有的驱动器的名称、类型、采用的文件系统格式、状态以及分区的基本信息，如图 6-17 所示。

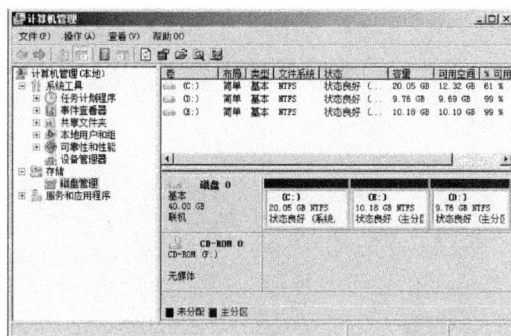

图 6-17　计算机管理

第 4 步：在详细资料窗口中单击需要更改名称或路径的驱动器，这里我们选择 E 盘，单击右键，选择"更改驱动器号和路径"命令，打开"更改 E：（）驱动器号和路径"对话框，如图 6-18 所示。

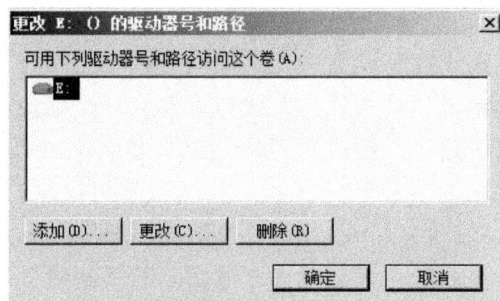

图 6-18　"更改驱动器号和路径"对话框

第5步：如果用户需要将这个卷装入一个支持驱动器路径的空文件夹中，可单击"添加"按钮，打开"添加驱动器号或路径"对话框，如图6-19所示。

图 6-19　"添加驱动器号或路径"对话框

第6步：用户可在"装入以下空白 NTFS 文件夹"文本框中输入合适的路径，然后单击"确定"按钮完成操作。也可单击"浏览"按钮，打开"浏览驱动器路径"对话框，如图6-20所示。

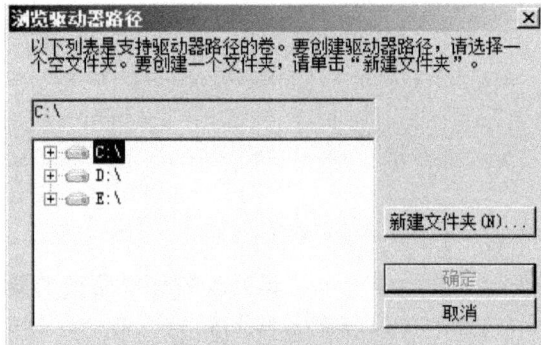

图 6-20　"浏览驱动器路径"对话框

第7步：用户可在支持驱动器路径的卷列表框中直接选择一个空文件夹以便装入该卷，也可通过单击"新文件夹"按钮来建立一个新的支持驱动器路径的文件夹作为选定卷的默认路径，这里我们先选择 D 盘，然后创建了一个名为"kfu"的文件夹。

第8步：选定"kfu"文件夹，单击"确定"按钮返回到前面的"添加驱动器号或路径"对话框界面中。最后单击"确定"按钮完成更改驱动器名称的所有操作。

第9步：如果用户希望更改驱动器的名称，则需要在图6-18"更改驱动器号和路径"对话框中单击"更改"按钮，打开"更改驱动器号和路径"对话框，如

图 6-21 所示。

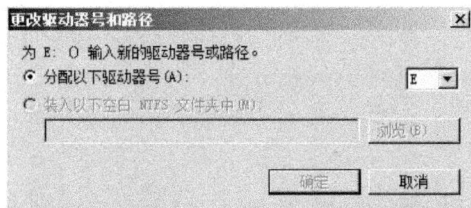

图 6-21　"更改驱动器号和路径"对话框

第 10 步：在"分配以下驱动器号"下拉列表框中，用户可以选择合适的驱动器名称。

第 11 步：单击"确定"按钮，完成更改驱动器名称的所有操作。

注意：用户还可通过单击图 6-18 对话框中的"删除"按钮来删除选定的驱动器的名称，不过该操作可能导致相关程序无法正常运行。

2．转换磁盘分区的类型或重新格式化

如果用户需要转换一个磁盘分区的文件系统类型或重新格式化，可按以下步骤进行：

第 1 步：在图 6-17 所示的详细资料窗格中单击需要格式化的驱动器，这里我们选择 E 盘，单击右键，选择"格式化"命令，打开"格式化 E:"对话框，如图 6-22 所示。

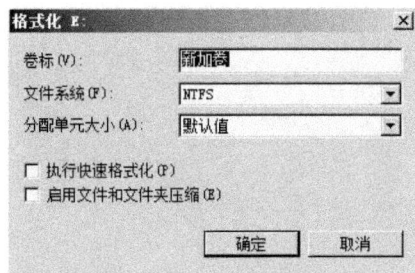

图 6-22　"格式化"对话框

第 2 步：在"文件系统"下拉列表框中包含两个不同类型的文件系统，分别为：FAT32 和 NTFS。用户可以根据需要选择一种合适的文件系统。

第 3 步：在"分配单元大小"下拉列表框中，用户可以选择一种合适的存储文件的单位尺寸，通常系统默认选定"默认的指派大小"。

第 4 步：在"卷标"文本框中用户可以输入自己喜欢的驱动器卷标名。

第 5 步：另外用户还可选定"执行快速格式化"复选框和"启动文件和文件夹压缩"复选框来启用快速格式化和磁盘压缩功能。

第 6 步：单击"确定"按钮，完成修改磁盘驱动器文件系统类型和格式化磁盘的所有操作。

> **提示**：在更改一个分区的文件系统之前，用户应该备份分区上的信息，因为对该分区的重新格式化将删除该分区中所有的数据。

3. 扫描与修复文件系统

使用 Windows Server 2008 内置的系统工具对磁盘进行错误检查，操作步骤如下：

第 1 步：打开"计算机"窗口，选定需要进行磁盘检查的驱动器盘符图标，这里我们选定了 D 盘。

第 2 步：单击鼠标右键，打开其快捷菜单。

第 3 步：在快捷菜单中选择"属性"命令，打开"D 盘属性"对话框。

第 4 步：单击"工具"选项卡，如图 6-23 所示。

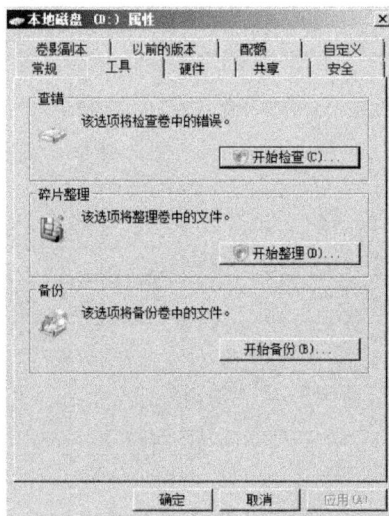

图 6-23　"磁盘属性"对话框

第 5 步：在"查错"选项区域中单击"开始检查"按钮，打开"磁盘检查"对话框，如图 6-24 所示。

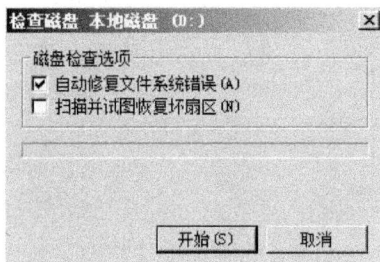

图 6-24　"磁盘检查"对话框

第 6 步：在"磁盘检查选项"选项区中包含两个复选框选项："自动修复文件系统错误"和"扫描并试图恢复坏扇区"。如果用户需要修复选定磁盘中的文件系统错误，可选择第一个选项复选框。如果用户希望扫描磁盘并修复磁盘上的坏扇区，可选择第二个选项复选框。

第 7 步：关闭已打开的文件或程序后，单击"开始"按钮，系统将自动进行磁盘检查。

第 8 步：系统完成磁盘检查工作后，将自动打开"正在检查磁盘 D:"窗口。

第 9 步：单击"确定"按钮，完成磁盘检查操作。

4. 磁盘碎片整理

经过一段时间的操作后，计算机系统的整体性能有所下降。这是因为用户对磁盘进行多次读写操作后，磁盘上碎片文件或文件夹过多。由于这些碎片文件和文件夹被分割放置在一个卷上的许多分离的部分，Windows 系统需要花费额外的时间来读取和搜集文件和文件夹的不同部分。因此，用户应定期对磁盘碎片进行整理。

下面以具体的实例来介绍磁盘碎片整理操作：

第 1 步：打开"计算机"窗口，选定需要进行磁盘碎片整理的驱动器盘符图标，这里我们选定了 C 盘。

第 2 步：单击鼠标右键，打开其快捷菜单，选择"属性"命令，打开"本地磁盘（C:）属性"对话框，单击"工具"选项卡。

第 3 步：单击"开始整理"按钮，打开"磁盘碎片整理程序"窗口。

第 4 步：系统首先自动对所有磁盘进行分析，分析完成后可根据提示对磁盘进行整理，如图 6-25 所示。

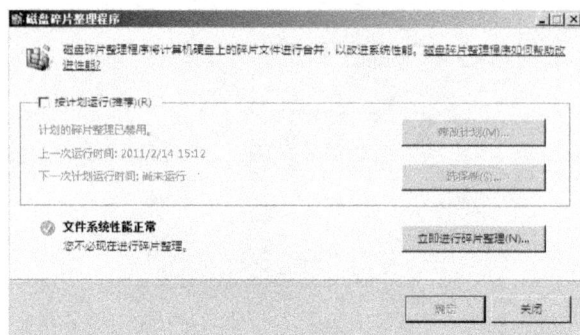

图 6-25　"磁盘碎片整理程序"对话框

第 5 步：如果需要对磁盘进行碎片整理，单击图 6-25 中"立即进行碎片整理"按钮，打开"磁盘碎片整理程序：立即进行碎片整理"对话框，如图 6-26。

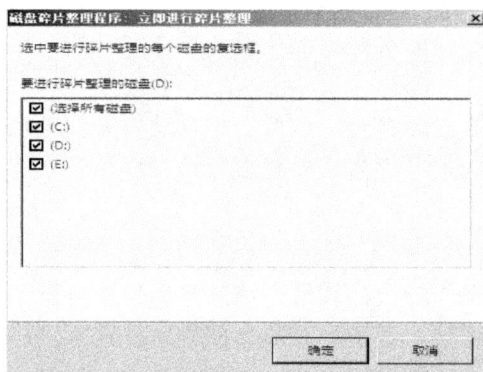

图 6-26　"磁盘碎片整理程序：立即进行碎片整理"对话框

第 6 步：选中需要进行碎片整理的磁盘，单击"确定"进行整理。

5. 设置磁盘配额

为访问服务器资源的客户机设置磁盘配额，也就是限制他们一次性访问服务器资源的卷空间数量。这样做的目的在于防止某个客户机过量地占用服务器和网络资源，导致其他客户机无法访问服务器。

下面通过实例介绍 Windows Server 2008 系统下如何对 NTFS 文件系统的卷进行磁盘配额设置，这里选择 D：盘。具体操作步骤如下：

第 1 步：打开"计算机"窗口。

第 2 步：右击"D："驱动器图标（该驱动器的使用的文件系统为 NTFS）打开其快捷菜单，选择"属性"命令，打开"本地磁盘（D：）属性"对话框。

第 3 步：单击"配额"选项卡，选定"启用配额管理"复选框，激活"配额"选项卡中的所有配额设置选项。如图 6-27 所示。

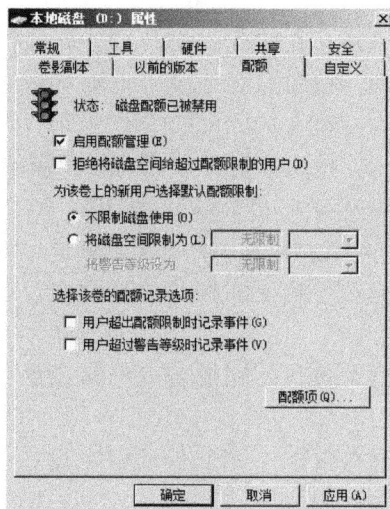

图 6-27　"磁盘属性"对话框

第 4 步：如果网络中的某个客户机过量的占用了服务器的磁盘空间和资源，管理员可选定"拒绝将磁盘空间给超过配额限制的用户"复选框来限制这些用户对磁盘空间的占用。

第 5 步：如果网络管理员希望不限制客户机使用服务器磁盘空间大小的话，可选定"不限制磁盘使用"单选按钮，以使所有用户随意使用服务器的磁盘空间。

第 6 步：选定"将磁盘空间限制为"单选按钮，同时在后面的磁盘容量单位下拉列表框中选择需要的磁盘容量单位，默认情况下系统设定为 KB，之后即可在容量大小文本框中输入合适的数值以便将用户使用服务器的磁盘空间限制在该数值。

第 7 步：如果管理员希望在客户机使用服务器磁盘空间过程中超过了为它分配的磁盘配额时，系统能及时的给出警告，可在"将警告等级设置为"文本框中输入合适的磁盘容量数值并在后面的下拉列表框中选择一种磁盘容量单位。这样一来，当用户超过了设定的磁盘配额限制时，系统将自动给出警告。

第 8 步：管理员可以分别选定"用户超出配额限制时记录事件"复选框和"用户超过警告等级时记录事件"复选框以启用这两项配额记录选项。

第 9 步：单击"配额项"按钮，打开"（D：）的配额项目"窗口。通过该窗口，管理员可以新建配额项、删除已建立的配额项，或将已建立的配额项信息导出并存储为文件，以后需要时管理员可直接导入该信息文件而获得配额项信息。

第 10 步：如果管理员需要创建一个新的配额项，可打开"配额"菜单，选择"新建配额项"命令，将打开"选择用户"对话框。

第 11 步：选择一个用户，在此我们选择 Guest 用户。

第 12 步：单击"添加"按钮后，系统将自动把选定的用户添加到"选择了下列对象"列表框。

第 13 步：单击"确定"按钮，打开"添加新配额项"对话框。

第 14 步：在该对话框中，可以对选定的用户"Guest"的配额限制进行设置。同上面"配额"选项卡中的设置一样，可以选定"不限制磁盘使用"单选按钮，以便"Guest"可以任意使用服务器的磁盘空间，也可以选定"将磁盘空间限制为"。

第 15 步：单击"确定"按钮，完成新建配额项的所有操作，返回到"本地磁盘（D:）的配额项目"。

第 16 步：在"本地磁盘（D:）的配额项目"窗口中，可以看到新创建的用户"Guest"配额项显示在列表框中，关闭该窗口完成磁盘配额设置的所有设置，返回到"配额"选项卡。

6. 磁盘的备份与还原

Windows Server 2008 系统自带的备份功能在默认状态下会自动选择对系统安装分区进行备份，并且不允许网络管理员修改对系统安装分区备份的选择，也就是说无论网络管理员选用什么备份方式，备份哪些内容，都要先备份系统安装分区。

在 Windows server 2008 中进行备份，需要使用系统的 Windows Server Backup 功能，如果该功能没有安装，那么在备份之前必需先安装该功能。与 Windows Server 2003 不同，Windows Server 2008 只能对磁盘分区进行备份，而不能对单个文件或者文件夹进行备份。

（1）备份

管理员可以将分区中的数据备份到各种各样的存储媒体上，如磁带机、外接硬盘驱动器、移动硬盘以及刻录机。下面就介绍如何在 Windows server 2008 中备份文件。操作步骤如下：

第 1 步：打开"开始"菜单，选择"管理工具→Windows Server Backup"命令，打开"Windows Server Backup"窗口，如图 6-28 所示。

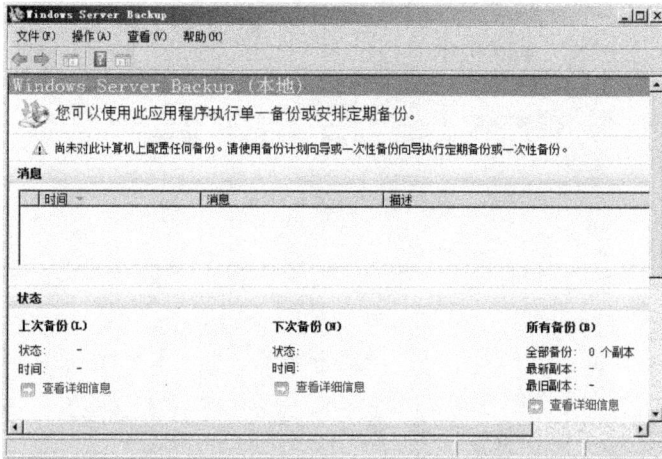

图 6-28　Windows Server Backup

第 2 步：在"操作"菜单中，单击"一次性备份"命令，打开"一次性备份向导"对话框，如图 6-29 所示。

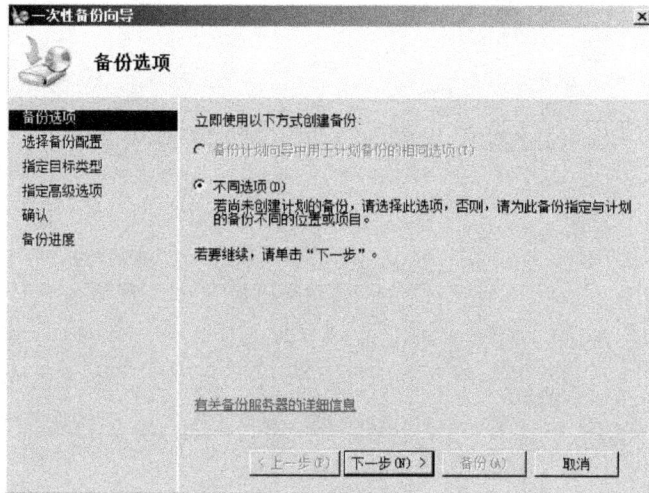

图 6-29　"一次性备份向导"对话框

第 3 步：单击"下一步"按钮，进入"选择备份配置"对话框，如图 6-30 所示，如果要备份整个服务器的所有分区数据，选择"整个服务器（推荐）"，如果不需要备份服务器的所有分区（注意：系统分区为必须，无法取消），可以选择"自定义"，在此我们只对系统分区和 D 盘分区进行备份，选择"自定义"。

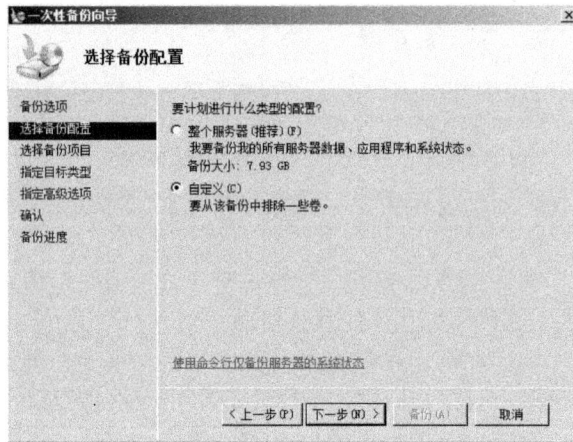

图 6-30　"选择备份配置"对话框

　　第 4 步：单击"下一步"按钮，进入"选择备份项目"对话框，即选择所要备份的分区，如图 6-31 所示，在此我们只选择 C 分区和 D 分区。

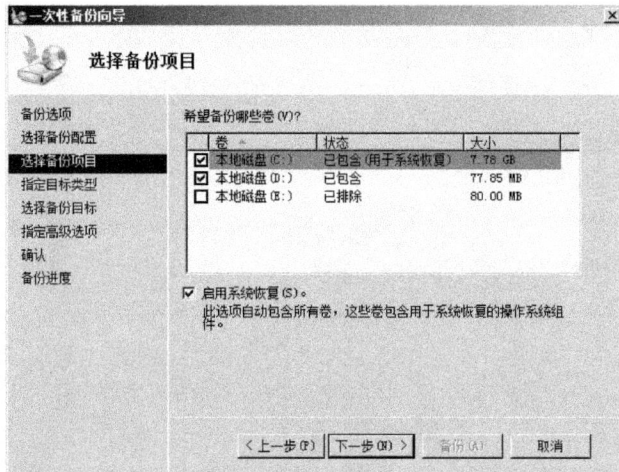

图 6-31　"选择备份项目"对话框

　　第 5 步：单击"下一步"按钮，进入为备份"指定目标类型"对话框，如图 6-32 所示，有"本地驱动器"和"远程共享文件夹"两个选择。在此我们也选择"本地驱动器"。

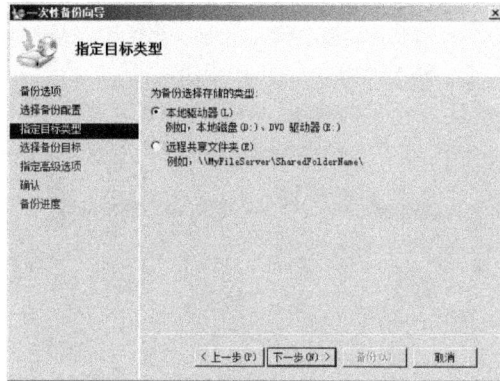

图 6-32　"指定目标类型"对话框

第 6 步：单击"下一步"按钮，进入"选择备份目标"，如图 6-33 所示，指定备份数据的存储目标。在"备份目标"下拉列表中选取备份数据的存储目标，可以是其他分区，也可以是光驱。一般情况下，如果备份的数据量超过其他分区可用空间大小，那么可以将该次备份存储到光盘中（如 DVD 中），在此我们选择 E 盘分区。

注意：此处不能选择 D 盘分区为备份目标，因为 D 盘分区本身已经做为备份源被使用了。

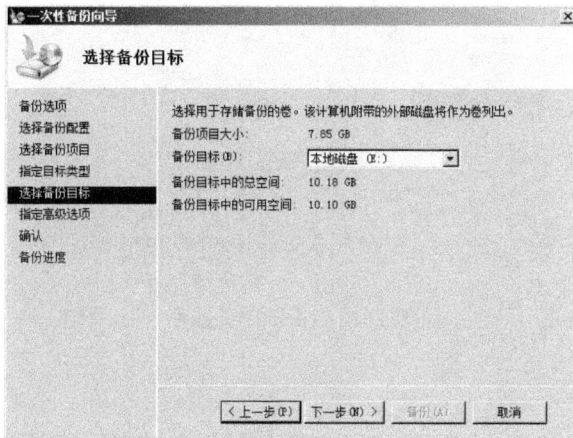

图 6-33　"选择备份目标"对话框

第 7 步：单击"下一步"按钮，进入"指定高级选项"对话框，如图 6-34 所示，指定是要创建一个副本还是要创建完整的卷影复制服务（VSS）备份。

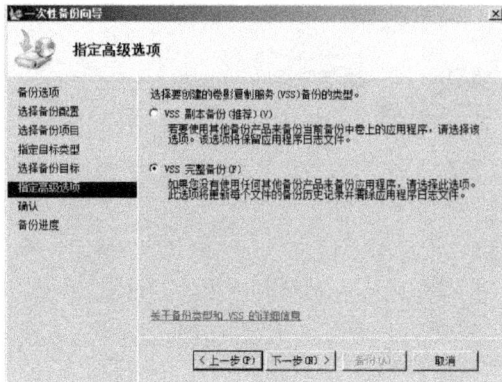

图 6-34　指定高级选项

如果确定不再使用其他产品来创建备份，请单击"VSS 完整备份"。否则，请单击"VSS 副本备份"，此处选择"VSS 完整备份"。

第 8 步：单击"下一步"按钮，然后单击"备份"，则开始执行备份操作并显示备份进度，如图 6-35 所示。备份完成后单击"关闭"即完成此次备份。

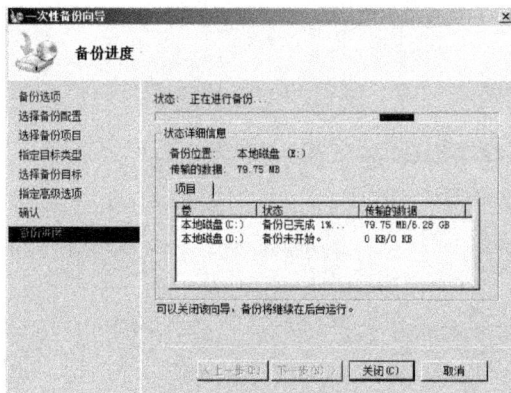

图 6-35　备份进度过程

（2）恢复

当用户的计算机出现硬件故障、意外删除或者其他的数据丢失或损害时，可以使用 Windows Server 2008 的故障恢复工具恢复以前备份的数据。下面以具体的实例介绍如何还原备份的文件，操作步骤如下：

第 1 步：从"开始"菜单中，单击"管理工具"，然后单击 Windows Server Backup。

第 2 步：单击"操作"菜单中的"恢复"，此时将打开"恢复向导"对话框，如图 6-36 所示。

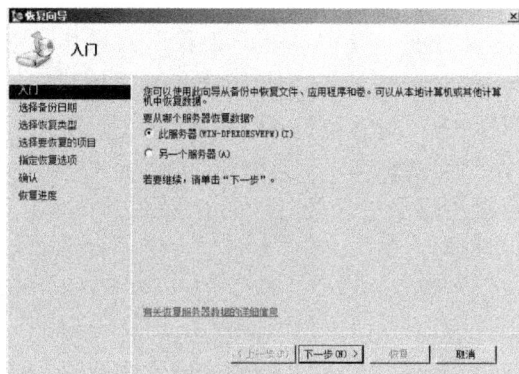

图 6-36　"恢复向导"对话框

第 3 步：在"入门"页中，指定是从此计算机还是另一台计算机上的备份文件恢复，然后单击"下一步"，在这我们选择"此服务器"。

第 4 步：单击"下一步"按钮进入"选择备份日期"页，从日历中选择日期，并从要用来还原的备份下拉列表中选择时间。如果将从此计算机恢复，并且您选择的备份存储在 DVD 或可移动介质驱动器中，则系统会提示您插入介质。

第 5 步：单击"下一步"按钮，进入"选择恢复类型"页，单击"文件和文件夹"，然后单击"下一步"。

第 6 步：在"选择要恢复的项目"页的"可用项目"下，展开列表，直到显示所需文件夹。单击文件夹以在相邻窗格中显示其内容，单击要还原的每个项目，然后单击"下一步"。

第 7 步：在"指定恢复选项"页的"恢复目标"下，执行以下步骤之一，然后单击"下一步"：

（1）单击"原始位置"。

（2）单击"另一个位置"。然后，键入指向此位置的路径，或单击"浏览"选择该位置。

在此我们选择"原始位置"，将数据恢复到原来的位置。

第 8 步：在"当备份查找现有文件和文件夹时"下，单击以下选项之一，然后单击"下一步"：

（1）创建副本，使我具有两个版本的文件或文件夹。

（2）用恢复的文件覆盖现有文件。

（3）不恢复这些现有文件和文件夹。

在此我们选择"用恢复的文件覆盖现有文件",将数据完全恢复。

第9步:在"确认"页中查看详细信息,然后单击"恢复"还原指定的项目。

第10步:在"恢复进度"页中,可以查看恢复操作的状态以及恢复是否成功完成。

6.4　DHCP 服务

6.4.1　DHCP 概述

DHCP(Dynamic Host Configuration Protocol,动态主机配置协议)是一种简化主机 IP 地址分配管理的 TCP/IP 标准协议,是通过服务器集中管理网络上使用的 IP 地址及其他相关配置信息,以减少管理 IP 地址配置的复杂性。Windows Server 2008 提供了 DHCP 服务。它允许服务器履行 DHCP 的职责并且在网络上配置启用 DHCP 的客户机。

使用 DHCP 服务大大缩短了配置或重新配置网络中客户机所花费的时间,同时通过对 DHCP 服务器的设置可灵活地设置地址的租期,无需网络管理员干涉。

在使用 DHCP 时,网络中至少有一台服务器上安装了 DHCP 服务,客户机需要设置成自动获得 IP 地址。客户机在向服务器请求一个 IP 地址时,如果还有 IP 地址没有被使用,则在 IP 地址池中登记该 IP 地址已使用,然后回应这个 IP 地址,以及相关的选项配置客户机。图 6-37 是一个支持 DHCP 服务的示意图。

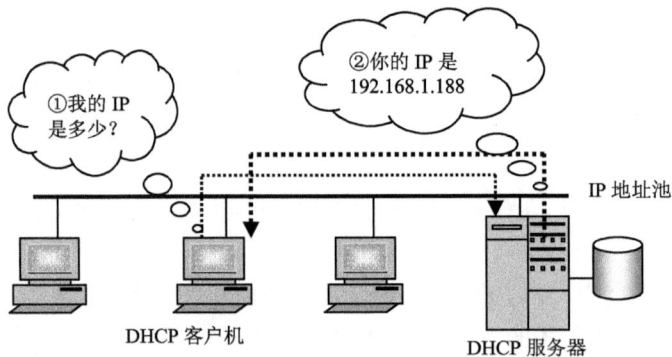

图 6-37　DHCP 客户机获取 IP 地址示意图

6.4.2　DHCP 的工作过程

当 DHCP 客户机第一次启动时，它通过一系列的步骤以获得其 TCP/IP 配置信息，并得到 IP 地址的租期。租期是指 DHCP 客户机从 DHCP 服务器获得完整的 TCP/IP 配置后对该 TCP/IP 配置的保留使用时间。DHCP 客户机从 DHCP 服务器上获得完整的 TCP/IP 配置的工作过程如图 6-38 所示。

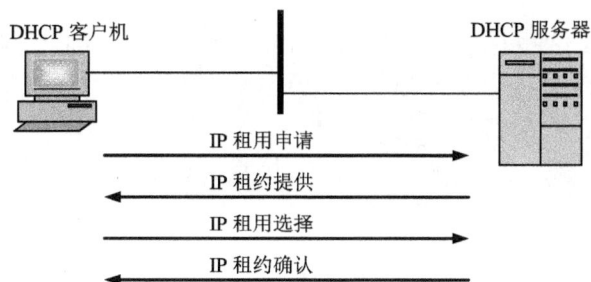

图 6-38　DHCP 工作过程

1. IP 地址租用申请

DHCP 客户机的 TCP/IP 首次启动时，就要执行 DHCP 客户程序，以进行 TCP/IP 的设置。由于此时客户机的 TCP/IP 还没有设置完毕，就只能使用广播的方式发送 DHCP 请求信息包，广播包使用 UDP 端口 67 和 68 进行发送，该广播信息含有 DHCP 客户端的网卡 MAC 地址和计算机名称。

当第一个 DHCP 广播信息发送出去后，DHCP 客户端将等待 1 秒钟的时间。在此期间，如果没有 DHCP 服务器做出响应，DHCP 客户端将分别在第 9 秒，第 13 秒和第 16 秒时重复发送一次 DHCP 广播信息。如果还没有得到 DHCP 服务器的应答，DHCP 客户端将每隔 5 分钟广播一次广播信息，直到得到一个应答为止。

> **提示：** 如果一直没有应答，DHCP 客户端如果是 Windows 客户，就自动选一个自认为没有被使用的 IP 地址（从 169.254.x.x 地址段中选取）使用。

2. IP 地址租用提供

当接收到 DHCP 客户机的广播信息之后，所有的 DHCP 服务器均为这个客户机分配一个合适的 IP 地址，将这些 IP 地址、网络掩码、租用期（以小时为单位）等信息，按照 DHCP 客户提供的硬件地址发送回 DHCP 客户机。这个过程中 DHCP 服务器没有对客户计算机进行限制，因此客户机能收到多个 IP 地址提供信息。同时，在还没有将该 IP 地址正式租用给 DHCP 客户端之前，这个 IP 地址会暂时保留起来，以免再分配给其他的 DHCP 客户端。

3. IP 地址租用选择

由于 DHCP 客户机接收到多个服务器发送的多个 IP 地址提供信息，客户端将从收到应答信息的第一台 DHCP 服务器中获得 IP 地址及其配置。然后以广播的方式发送一个 IP 地址租用请求信息给网络中所有的 DHCP 服务器。在请求信息中包含有客户机所选择 DHCP 服务器的 IP 地址。

提示：为什么 DHCP 客户端也要使用广播方式发送 DHCP 请求信息呢？这是因为 DHCP 客户端不但通知它已选择的 DHCP 服务器，还必须通知其他的没有被选中的 DHCP 服务器，以便这些 DHCP 服务器能够将其原本要分配给该DHCP 客户端的已保留的 IP 地址进行释放，供其他 DHCP 客户端使用。

4. IP 地址租用确认

一旦被选择的 DHCP 服务器接收到 DHCP 客户端的 IP 地址租用请求后，就将已保留的这个 IP 地址标识为已租用，然后将回应一个确认信息，将这个 IP 地址真正分配给这个客户机。客户机就能使用这个 IP 地址及相关的 TCP/IP 数据，来设置自己的 TCP/IP 堆栈。便开始利用这个已租到的 IP 地址与网络中的其他计算机进行通信。

5. 更新租用

DHCP 中，每个 IP 地址是有一定租期的，若租期已到，DHCP 服务器就能够将这个 IP 地址重新分配给其他计算机。因此每个客户计算机应该提前不断续租它已经租用的 IP 地址，服务器将回应客户机的请求并更新该客户机的租期设置。一旦服务器返回不能续租的信息，那么 DHCP 客户机只能在租期到达时放弃原有的 IP 地址，重新申请一个新 IP 地址。为了避免发生问题，续租在租期达到 50% 时就将启动，如果没有成功将不断启动续租请求过程。

6. 释放 IP 地址租用

客户机可以主动释放自己的 IP 地址请求，也可以不释放，但也不续租，等待租期过期而释放占用的 IP 地址资源。

6.4.3　DHCP 服务器的安装与配置

1. 安装前的准备

（1）为 DHCP 服务器分配固定的 IP 地址。

（2）规划 DHCP 服务器的可用 IP 地址。

提示： 由于 DHCP 要求服务器的 IP 地址为静态的，因此安装 DHCP 服务器之前应该将主机的 IP 地址设为静态 IP。

2. 安装 DHCP 服务器

首先 DHCP 服务器必须是一台安装有 Windows Server 2008 的计算机；其次是给要担任 DHCP 服务器功能的计算机安装 TCP/IP 协议，并设置 IP 地址、子网掩码、默认网关等内容。

安装 DHCP 服务器的步骤如下：

第 1 步：单击"开始→管理工具→服务器管理器"，打开"服务器管理器"窗口。

第 2 步：在"服务器管理器"窗口的左窗格中，单击"角色"，如图 6-39 所示，单击右窗格中"添加角色"按钮。

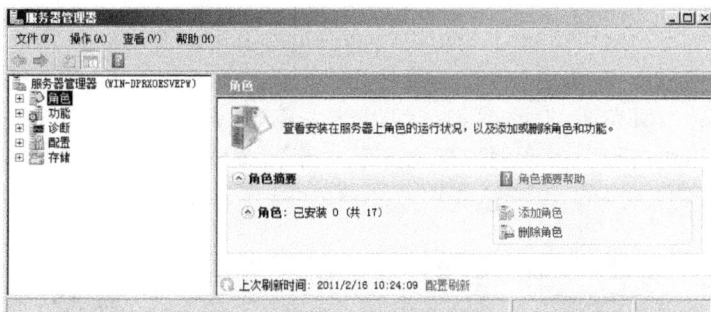

图 6-39　服务器管理器

第 3 步：在弹出的添加角色向导中选择"DHCP 服务器"，如果添加的是第一台 DHCP 服务器，一直按"下一步"按钮，最后确认安装，单击"安装"即可；如果添加的不是第一台 DHCP 服务器，那么在向导中可以根据需要进行设置。这里配置的是第一台 DHCP 服务器。

提示： DHCP 服务器可以在安装向导中进行配置，也可以等安装完成后再进行配置，这里是在安装完成后再配置。

安装完毕后在管理工具中多了一个"DHCP"管理器。

3. 在 DHCP 服务器中添加作用域

当 DHCP 服务器安装后，还需要对它设置 IP 作用域（地址范围）。即可以出租（分配）给发出请求的 DHCP 客户端的地址范围。

在 DHCP 服务器中设置 IP 地址段的具体方法如下：

第 1 步：在 DHCP 控制台中单击要添加作用域的服务器，会发现支持 IPv4 和 IPv6 两种版本的配置，如图 6-40 所示。现在用的最多的还是配置 IPv4 版本 DHCP 服务器。

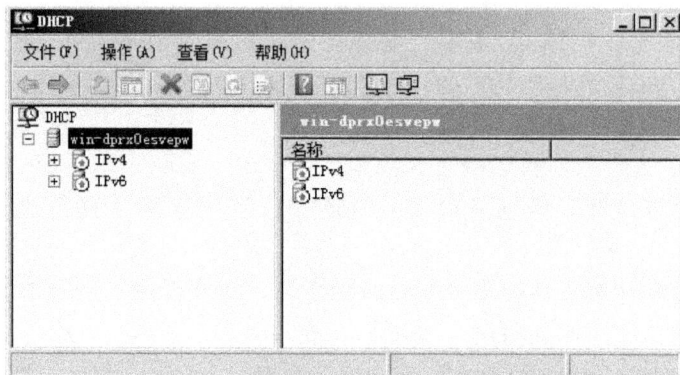

图 6-40　DHCP 控制台

第 2 步：右键单击"IPv4"，在弹出的菜单中选择"新建作用域"命令，打开"新建作用域向导"对话框。单击"下一步"按钮，打开输入"作用域名"对话框，如图 6-41 所示。在此输入本域的域名（kfu）和描述"开封大学"。

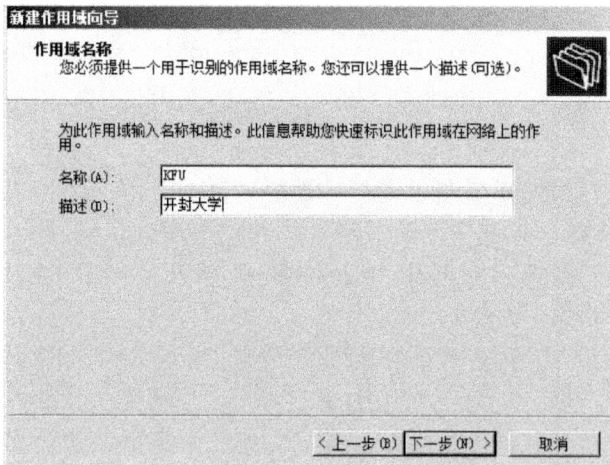

图 6-41　"作用域名称"对话框

第 3 步：单击"下一步"按钮，打开"IP 地址范围"对话框，如图 6-42 所示。

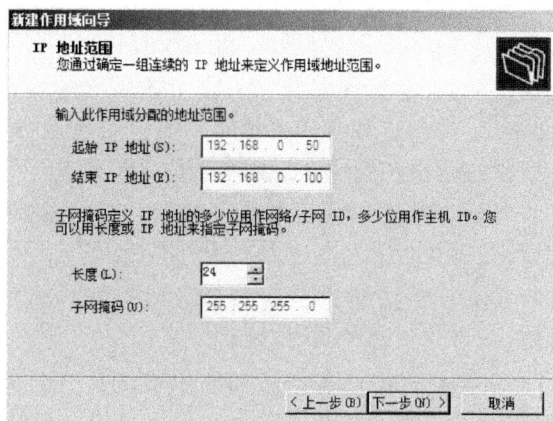

图 6-42　"IP 地址范围"对话框

其中：

（1）"起始 IP 地址"和"结束 IP 地址"设置项用来限制 DHCP 服务器的 IP 地址范围。

（2）"长度"（子网掩码的二进制位数）和"子网掩码"的功能是一致的，都是对 DHCP 服务器提供的 IP 地址的子网掩码进行设置。

第 4 步：单击"下一步"按钮，打开"添加排除"对话框，如图 6-43 所示。输入需要排除的 IP 地址（不分配）的范围。

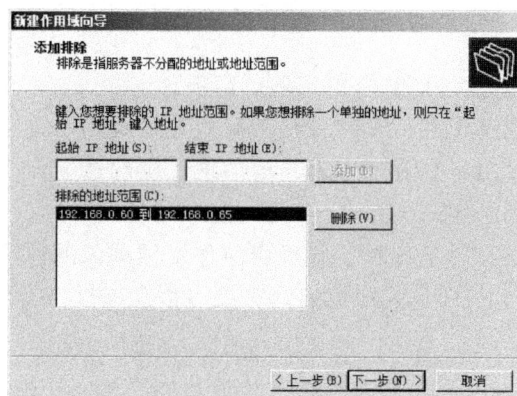

图 6-43　"添加排除"对话框

第 5 步：单击"下一步"按钮，选择租约期限（默认为 8 天）。

一般情况下，当网络中的 IP 地址比较紧张时，可将租约设得短一些；而 IP 地址不紧张时，租约可以设得长一些。

第 6 步：单击"下一步"按钮，打开"配置 DHCP 选项"对话框。

如果选择"是，我想现在配置这些选项"，继续 DNS 服务器、默认网关、WINS 服务器等内容的配置；如果网络中暂时不需要这些服务时，可选择对话框中"否，我想稍后配置这些选项"，当需要时再进行配置。

第 7 步：单击"下一步"按钮输入默认网关 IP 地址。输入域名和 DNS 服务器的 IP 地址。

第 8 步：单击"下一步"按钮，添加 WINS 服务器的地址，单击"下一步"按钮选择激活作用域。

第 9 步：在 DHCP 控制台中出现新添加的作用域并已启用，如图 6-44 所示。

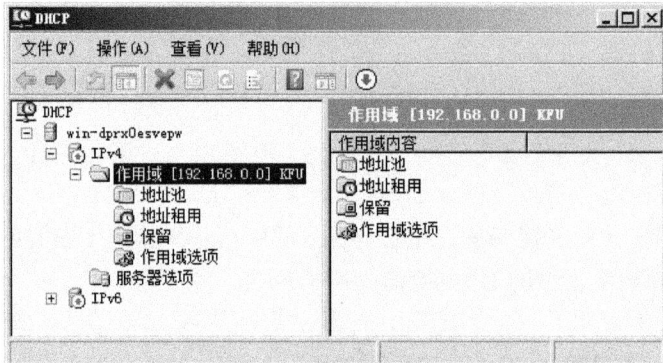

图 6-44　新添加的作用域

此时，在 DHCP 控制台中作用域多了四项。

（1）地址池：用于查看、管理现在的有效地址范围和排除地址范围。

（2）地址租约：用于查看、管理当前的地址租约情况。

（3）保留：用于添加、删除特定保留的 IP 地址。

（4）作用域选项：用于查看、管理当前作用域提供的选项类型及其设置值。

设置完成后，当 DHCP 客户机启动时便可以从 DHCP 服务器获得 IP 地址租约及选项设置。

4. 保留特定的 IP 地址

如果用户想保留特定的 IP 地址给指定的客户机（如：WINS Server、IIS Server 等），以便客户机在每次启动时都获得相同的 IP 地址，设置步骤如下：

第 1 步：启动"DHCP 控制台"，打开"DHCP 控制台"窗口。

第 2 步：在 "DHCP 控制台" 的左窗格中，右键单击作用域中的保留选项，从弹出快捷菜单中选择 "新建保留" 命令，打开 "新建保留" 对话框，如图 6-45 所示。

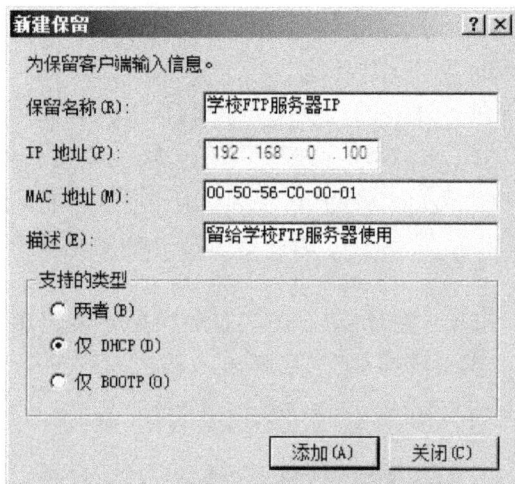

图 6-45　"新建保留" 对话框

第 3 步：在 "IP 地址" 文本框中输入保留给 DHCP 客户端的 IP 地址，如 192.168.0.100。

第 4 步：在 "MAC 地址" 文本框中输入上述 IP 地址要保留给哪一个网卡，如果网卡 MAC 地址未满 12 个字符，则在输入时前面补 0。

> 提示：可利用 ipconfig.exe /all 命令查看网卡的 MAC 地址。在 Windows95/98 计算机中则利用 winipcfg.exe 命令查看。

第 5 步：在 "保留名称" 文本框中输入客户名称，如 "学校 FTP 服务器 IP"。注意此名称只是一般的说明文字，并不是用户账号的名称，但此处不能空白。

第 6 步：选择 "支持的类型"，单击 "添加" 按钮，如果需要添加其他保留特定 IP 地址，则重复上述的 "第 4 步" 到 "第 6 步"。单击 "关闭" 按钮。

添加完成后，用户可利用 "作用域→地址租约" 项进行查看，如果客户机使用的仍然是以前的地址，可以进行更新。

> 提示：在重新配置 IP 地址信息后，快速更新的方法是先把网卡禁用，再启用。

5. DHCP 选项设置

DHCP 服务器除了可以为 DHCP 客户机提供 IP 地址外，还可以设置 DHCP 客户机启动时的工作环境，如可以设置客户机登录的域名称、DNS 服务器、WINS 服务器、默认网关等。在客户机启动或更新租约时，DHCP 服务器可以自动设置客户机启动后的 TCP/IP 环境。

DHCP 服务器提供了许多的选项类型，但其中只有几项用户非常关心，如：默认网关、域名、DNS、WINS；这些选项在上面添加作用域时用户已经设置过了，在 DHCP 控制台中的作用域中有一项"作用域选项"中显示了用户所做的设置。为了进一步了解选项设置，下面以在作用域中添加 DNS 选项为例，说明 DHCP 的选项设置：

第 1 步：启动"DHCP 控制台"，在其左侧窗格中展开服务器，展开"IPv4→作用域"，右键单击"作用域选项"，在弹出来的快捷菜单中选择"配置选项"命令。打开"作用域选项"对话框，如图 6-46 所示。

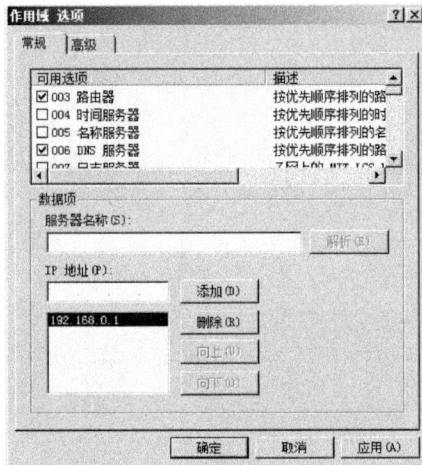

图 6-46 "作用域选项"对话框

第 2 步：在"常规"选项标签中选择"006DNS 服务器"，在"新 IP 地址"文本框中输入"DNS 服务器的地址"，再单击"添加"按钮。

第 3 步：单击"确定"按钮，完成 DHCP 选项配置。

提示：DHCP 客户机端只需设置其网卡的 TCP/IP 的 IP 地址为"自动获取 IP 地址"。

6.5　DNS 服务

6.5.1　DNS 概述

DNS（Domain Name Service，域名服务）是 Internet/Intranet 中最基础也是非常重要的一项服务，它提供了域名到 IP 地址的自动转换。

在 TCP/IP 网络中，主机通信是通过 IP 地址实现的。但是用户更习惯使用主机名（host name），因此只有在主机名和 IP 地址之间建立了映射关系后，才可以通过主机名间接地通过 IP 地址建立网络连接。

主机名与 IP 地址之间的映射关系是通过域名系统 DNS 的分层名字解析方案来实现的。当 DNS 用户提出 IP 地址查询请求时，可以由 DNS 服务器中的数据库提供所需的数据。DNS 技术目前已广泛应用于 Internet 中。

组成 DNS 系统的核心是 DNS 服务器，它是回答域名服务查询的计算机。DNS 服务器保存了包含主机名和相应 IP 地址的数据库。例如，如果客户端提供了域名 www.kfu.edu.cn，则 DNS 服务器将返回开封大学网站的 IP 地址 211.84.240.9。

目前由 INTERNIC 管理全世界的 IP 地址，在 INTERNIC 下的 DNS 结构分为多个 domain（域），如图 6-47 所示，root domain（根域）下的 top－level domain（顶级域）都归 INTERNIC 管理，图中还显示了由 INTERNIC 分配给微软的域名空间。top-level domain 可以再细分为 second-level domain（次阶域），如 "microsoft"，而 second-level domain 又可以分成多级的 sub domain（子阶域），如 "products"，在最下面一层称为 hostname（主机名称），如 "sis"，一般用户使用完整的名称来表示，如 "sis.products.micrsoft.com"，其排列顺序为 "主机→子阶域→次阶域→顶级域"。

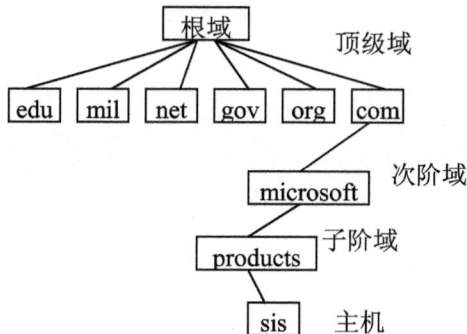

图 6-47　DNS 域名结构图

6.5.2 DNS 解析过程

如图 6-48 所示，DNS 解析过程如下：

（1）客户机提出域名解析请求，并将该请求发送给本地的域名服务器。

（2）本地的域名服务器收到请求后，先查询本地的缓存，如果有该记录项，则本地的域名服务器就直接把查询的结果返回给客户机。

（3）如果本地的缓存中没有该记录，则本地域名服务器就直接把请求发给根域名服务器，然后根域名服务器再返回给本地域名服务器一个所查询域（根的子域）的主域名服务器的地址。

（4）本地服务器再向上一步返回的根的子域的域名服务器发送请求，该服务器查询自己的缓存，如果没有该记录，则返回相关的下级的域名服务器的地址。

（5）重复(4)，直到找到正确的记录。

（6）本地域名服务器把返回的结果保存到缓存，以备下一次使用，同时还将结果返回给客户机。

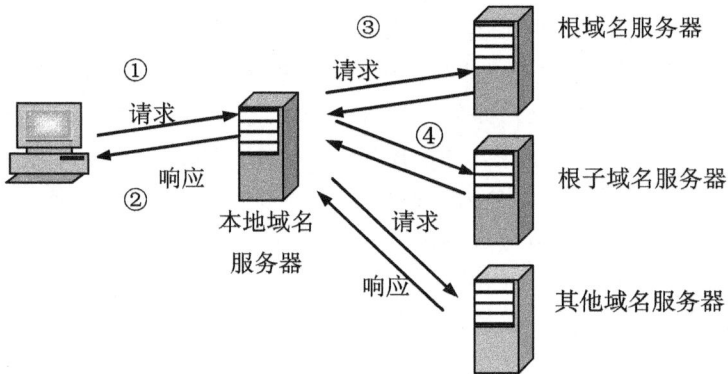

图 6-48 域名解析过程

提示： 域名服务器实际上是一个服务器软件，它运行在指定的计算机上，完成域名到 IP 地址的映射工作，通常把运行域名服务软件的计算机叫做域名服务器。

6.5.3 DNS 服务器的安装与设置

1. 安装 DNS 服务器

在新安装 Windows Server 2008 时，DNS 服务不会自动安装，需要自行安装 DNS 服务器，安装步骤如同 DHCP 服务器的安装。

提示：如果服务器是用来作为网络上的域控制器，则只须安装 DNS 服务，如果服务器不是作为域控制器，则安装后必须经过活动目录授权，而后才能在网络中使用 DNS 服务。

2. DNS 服务器的设置

（1）建立正向标准主要区域

第 1 步：单击"开始→管理工具→DNS"，打开"DNS 控制台"窗口。

第 2 步：在"DNS 控制台"左窗格中选择"服务器"图标，在"操作"菜单中选择"建新区域"选项，启动"新建区域向导"。

第 3 步：单击"下一步"按钮，在"选择区域类型"对话框中选择"主要区域"选项。

第 4 步：单击"下一步"按钮，选择"正向查找区域"选项。

第 5 步：单击"下一步"按钮，进入输入"区域名称"对话框，如图 6-49 所示。

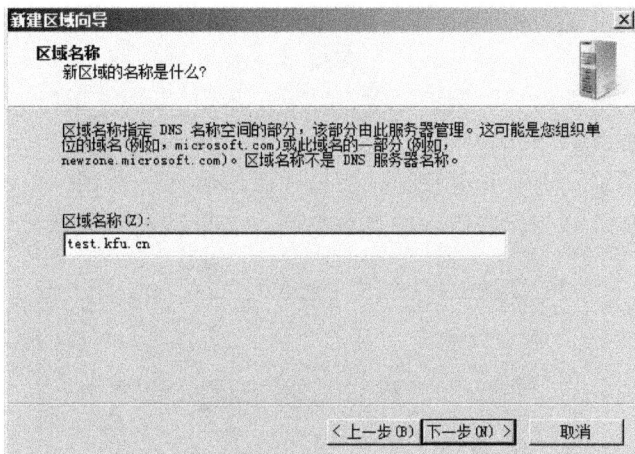

图 6-49　"区域名称"对话框

第 6 步：在"区域名"对话框中输入新区域的域名，注意只输入到次阶域，而不是连同子域和主机名称都一起输入。

第 7 步：单击"下一步"按钮，在"文件名"对话框中的"新文件"文本框中已自动输入了以域名为文件名的 DNS 文件，该文件的默认文件名为 test. kfu. cn. dns（区域名称 . dns），它被保存在文件夹 \ windows \ system32 \ dns 中。

如果要使用区域内已有的区域文件，可先选择"使用此现存文件"一项，然后将该现存的文件复制到 \ windows \ system32 \ dns 文件夹中。

第 8 步：单击"下一步"按钮，进入"动态更新"对话框中，要求指定这个 DNS 区域接受安全，不安全或非动态的更新，由于允许非安全和安全动态更新会使安全性大大降低，所以一般不建议选择该项。单击"不允许动态更新"按钮。

第 9 步：单击"完成"按钮。

（2）建立辅助区域

辅助区域从其主要区域利用区域转送的方式复制数据，然后将复制过来的所有主机的副本数据保存在辅助区域内部。辅助区域文件是只读的。辅助区域和主要区域不能在同一台服务器上面，也就是说必须有两台 DNS 服务器才可以，一台是主 DNS 服务器，在另一台 DNS 服务器上建立主 DNS 服务器中某个区域的辅助区域，一般情况下，只有在主活动目录环境下才能够配置成功。

注意：有关活动目录内容在本教材中不做介绍。

下面我们只是简单介绍怎么建立，但是否成功还要看是否在活动目录环境下：

第 1 步：建立辅助区域与建立正向标准主要区域的前几步相同，出现"区域类型"时选择"辅助区域"选项，单击"下一步"，出现"正向或反向查找区域"时选择"正向查找区域"。

第 2 步：单击"下一步"按钮，打开"区域名称"对话框，如图 6-50 所示。此处命名的名称最好与主要区域的名称相同，这里输入 test. Kfu. edu。

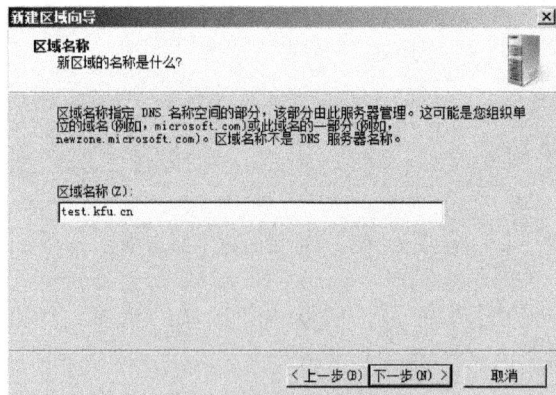

图 6-50　"区域名"对话框

第 3 步：单击"下一步"按钮，指定要复制的 DNS 数据来源的服务器 IP 地址，在此一次可以复制多个服务器的数据，但不能是本服务器的 IP 地址。如图 6-51 所示。

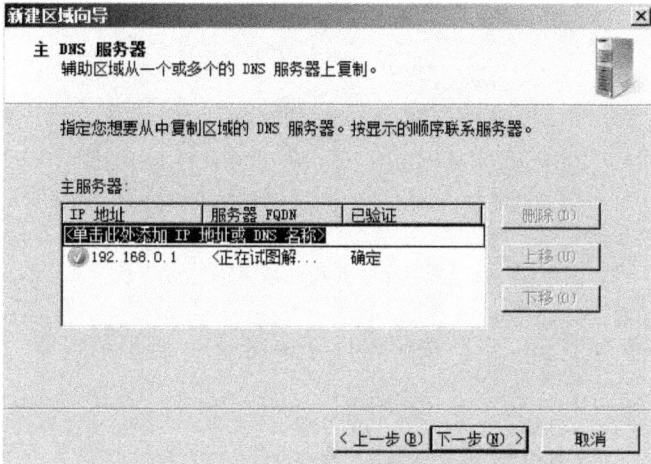

图 6-51　"主 DNS 服务器"对话框

第 4 步：单击"下一步"按钮，单击"不允许动态更新"按钮。单击"下一步"按钮，再单击"完成"按钮，结束设置。

（3）删除区域

用鼠标右键单击欲删除的区域名称，在打开的快捷菜单中选择"删除"选项，按"确定"按钮会将该区域从 DNS 服务器中删除。

（4）建立反向搜索区域

建立反向搜索区域后可以让 DNS 客户端使用 IP 地址来查询主机名称。在 Windows Server 2008 中 DNS 分布式数据库是以名称为索引而不是以 IP 地址为索引的。

第 1 步：建立一个反向搜索区域与建立正向搜索区域一样，用鼠标右键单击"反向查找区域"选项，在打开的快捷菜单中选择"新建区域"选项，打开"新建区域向导"对话框，单击"下一步"按钮，然后单击"主要区域"选项，再单击"下一步"按钮，选择"IPv4 反向查找区域"。

第 2 步：单击"下一步"，打开如图 6-52 所示的"反向查找区域名称"对话框。在"网络 ID"文本框中以 DNS 服务器所使用的 IP 地址前三段的顺序来设置反向搜索区域。

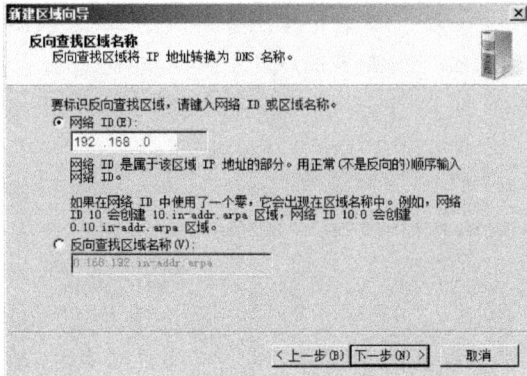

图 6-52   "反向查找区域名称"对话框

第 3 步：单击"下一步"按钮，打开如图 6-53 所示的设置"区域文件"对话框。

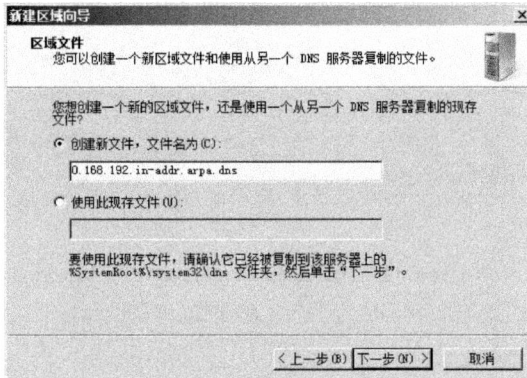

图 6-53   "区域文件"对话框

第 4 步：单击"下一步"按钮，选择"不允许动态更新"，再单击"下一步"，完成建立反向搜索区域设置。

（5）新建主机记录

如果将主机相关数据新增到 DNS 服务器的区域后，DNS 客户端就可以通过该服务器的服务来查询 IP 地址了。

第 1 步：用鼠标右键单击欲新增记录的域名，在打开的快捷菜单中选择"新建主机"选项，打开如图 6-54 所示的"新建主机"对话框。

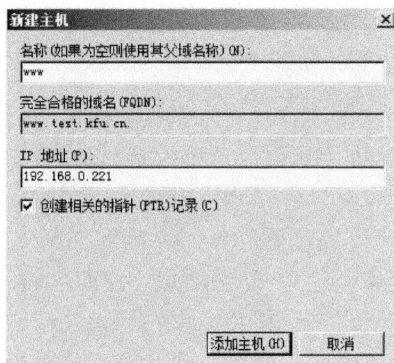

图 6-54　"新建主机"对话框

　　第 2 步：在"名称"栏上填写新增主机记录的名称，但不需要填上整个域名，如要新增 www，只要填上 www，而不是填上 www.test.kfu.cn。在"IP 地址"栏中填入欲新建名称的实际 IP 地址。如果 IP 地址与 DNS 服务器在同一个子网掩码下，并且有反向搜索区域，则可以选择"创建相关的指针（PTR）记录"，这样会在反向搜索区域自动添加一笔搜索记录。

　　第 3 步：单击"添加主机"按钮来完成新建主机。完成后的窗口如图 6-55所示。

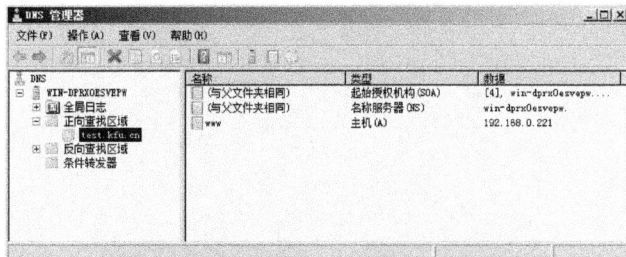

图 6-55　新建主机记录后的 DNS 管理器窗口

　　(6) 添加主机别名

　　如果想要让一台主机拥有多个主机名称时，可以为该主机设置别名，例如，一台主机当做 WEB 服务器时为 www.test.kfu.cn，而当做 FTP 服务器时为ftp.test.kfu.cn，但这都是同一 IP 地址的主机。

　　用鼠标右键单击欲新建别名主机的 DNS 区域，在打开的快捷菜单中选择"新建别名"选项，打开如图 6-56 所示的对话框，设置好别名和目标主机后，按"确定"按钮。

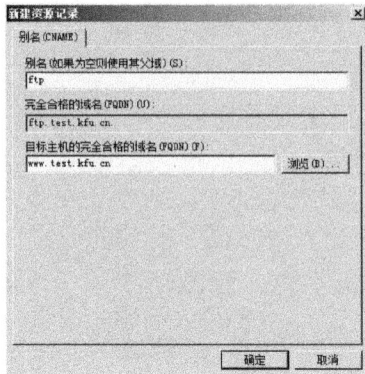

图 6-56　"新建资源记录"对话框

（7）新增指针

在反向搜索区域内也需要建立数据以提供反向查询，有两种方式建立指针。

第 1 步：在建立正向的主机数据时，勾选"创建相关的指针（PTR）记录"选项。

第 2 步：用鼠标右键单击"反向搜索区域"中欲新增指针的区域，在打开的快捷菜单中选择"新增指针"选项，打开"新增指针"对话框，如图 6-57 所示。

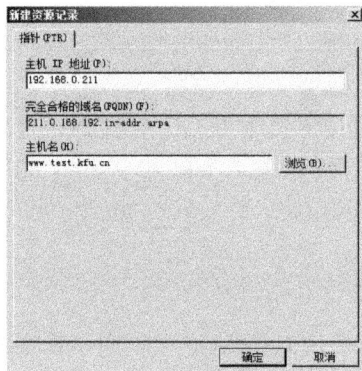

图 6-57　"新增指针"对话框

第 3 步：单击"确定"按钮。

6.5.4　DNS 服务器的服务维护

1. 设置 DNS 服务器的动态更新

在 Windows Server 2008 可以利用动态更新的方式，当 DHCP 主机 IP 地址发生变化时，会在 DNS 服务器中自动更新，这样减轻了管理员的负荷。具体设置如下：

第 1 步：首先用户需要对 DHCP 服务器的属性进行设置，用鼠标右键单击"IPv4"，在打开的快捷菜单中选择"属性"选项，单击"DNS"标签，如图 6-58 所示。

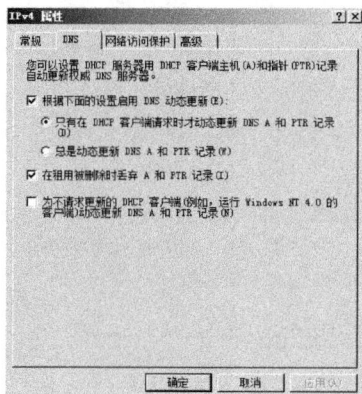

图 6-58　"DNS 动态更新"对话框

第 2 步：选择"根据下面的设置启动 DNS 动态更新"，进行合适的选择后，单击"确定"按钮。

第 3 步：在 DNS 控制台中展开正向查找区域，选择"区域"，单击"操作→属性"，如图 6-59 所示，在"常规"标签中的"动态更新"下拉列表中选择"安全"选项，再单击"确定"按钮。

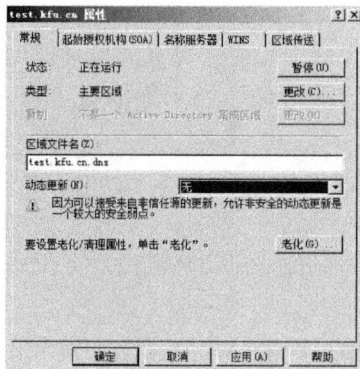

图 6-59　"test. kfu. cn 属性"对话框

　　第4步：在 DNS 控制台中，展开反向搜索区域，选择"反向区域"选项，单击"操作"→属性"选项，并在"常规"标签中选择"允许更新"选项。

　　这样在客户信息改变时，它在 DNS 服务器中信息也会自动更新。

　　2. 启动授权 SOA 的设置

　　SOA（Start Of Authority）是用来识别域名中由哪一个命名服务器负责信息授权，在区域数据库文件中，第一条记录必须是 SOA 的设置数据。SOA 的设置数据影响名称服务器的数据保留与更新策略。

　　单击图 6-59 中的"起始授权机构（SOA）"标签，打开如图 6-60 所示的域属性对话框。

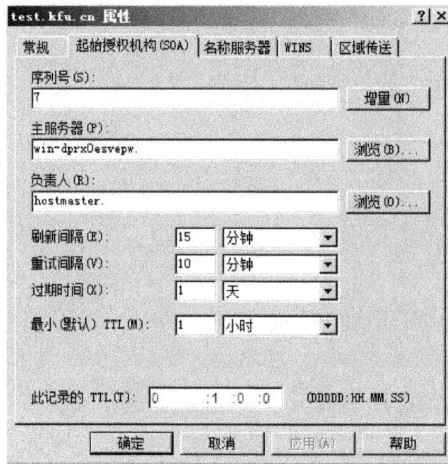

图 6-60　"起始授权机构（SOA）"对话框

　　（1）序列号：当执行区域传输时，首先检查序列号，只有当主服务器的序列号比辅助服务器的序列号大的时候（表示辅助服务器中的数据已过时），复制操作才会执行。

　　（2）刷新间隔：设置辅助服务器隔多长时间需要检查其数据，执行区域传输。

　　（3）重试间隔：当在刷新间隔到期时辅助服务器无法与主服务器通信，需等多长时间再重试。

　　（4）过期间隔：如果辅助服务器一直无法与主服务器建立通信，在此时间间隔后辅助服务器不再执行查询服务，因为其包含的数据可能是错误的。

　　（5）最小 TTL：服务器查询到的数据在缓存中保存时间。

3. 指定根域服务器的设置方法

当 DNS 服务器要向外界的 DNS 服务器查询所需的数据时，在没有指定转发器的情况下，它首先向位于根域的服务器进行查询。DNS 服务器是通过缓存文件夹来知道根域服务器的。缓存文件在安装 DNS 服务器时就已经存放在 \ winnt \ system32 \ dns 文件夹内，其文件名为 cache.dns。它是一个文本文件，可以用文本编辑器进行编辑。

如果一个局域网没有接入 Internet，其 DNS 服务器就不需要向外界查询主机的数据，这时需要修改局域网根域的 DNS 服务器数据，将其改为局域网内部最上层的 DNS 服务器的数据。如果在根域内新建或删除 DNS 服务器，则缓存文件的数据就需要进行修改。

修改缓存文件的数据时建议不要直接用编辑器进行修改，而采用如下的方法进行修改：

第 1 步：选择"开始→程序→管理工具→DNS"选项，打开 DNS 窗口。

第 2 步：在 DNS 窗口的"根"目录中选取 DNS 服务器名，单击鼠标右键，在打开的快捷菜单中选择"属性"选项，然后在打开的对话框中选择"根提示"标签，打开"DNS 根提示"对话框，如图 6-61 所示的对话框。

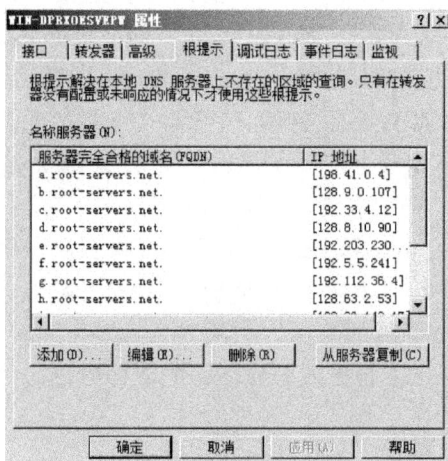

图 6-61　"DNS 根提示"对话框

在该对话框的列表中列出了根域中已有的 DNS 服务器及其 IP 地址，用户可以单击"添加"按钮添加新的 DNS 服务器。

第 3 步：单击"确定"按钮，完成设置。

客户机的 DNS 设置是在"Internet 协议（TCP/IP）"属性进行的，设置界面如图 6-62 所示。

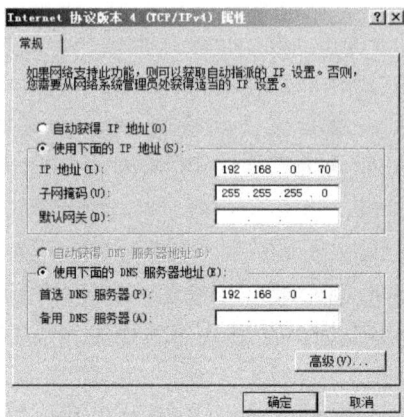

图 6-62　　"Internet 协议（TCP/IP）"属性对话框

6.6　IIS 简介

IIS 是 Internet Information Service 的缩写，是微软内置在 Windows Server 2008、Windows Server 2003 与 Windows NT 网络操作系统中的文件和应用服务器，其中 IIS 7.0 是微软最新版本的 Web 服务器，它是启用了 Web 应用程序和 XML Web 服务的全功能 Web 服务器。IIS 7.0 支持标准的信息协议，提供了 Internet 服务器应用程序编程接口（ISAPI）和公共网关接口（CGI），完全支持 Microsoft Visual Basic 编程系统、VBScript、Microsoft Jscript 开发软件和 Java 组件，为 Internet、Intranet 和 Extranet 网站提供服务器解决方案。IIS 7.0 集成了安装向导、集成的安全性和身份验证应用程序、Web 发布工具和对其他基于 Web 的应用程序的支持等附加特性，利用 Windows 中 NTFS 文件系统内置的安全性来保证 IIS 的安全，从而提高 Internet 的整体性能。

6.6.1　IIS 7.0 核心组件

IIS 7.0 提供了许多组件，其中一些组件是和相关的服务及工具绑在一起的。IIS 7.0 主要有以下核心组件：

（1）Internet 信息服务器（Internet Information Service）

Internet 信息服务器是一个操作平台，是 IIS 7.0 的管理工具。它提供了许多组件来完成它的核心功能，这些组件可应用与 Internet/Intranet 上的信息的发布服务。

（2）Web 服务（WWW Service）

Web 服务的英文全称是 World Wide Web，简写"WWW"，它的功能就是管理和维护网站、网页，并回复基于浏览器的请求。通过对 Internet 信息服务器 ISAPI 应用程序接口、ASP、工业标准的 CGI 脚本及内置的数据库连接的支持，可以创建各种各样的 Internet 应用程序。

（3）FTP 服务（FTP Service）

FTP 服务的全称是 File Transport Protocol（文件传输协议），是 Internet 上出现最早，使用最为广泛的一种服务。它通过在文件服务器和客户端之间建立起双重连接（控制连接和数据连接），实现在服务器和客户端之间的文件传输，包括从服务器下载文件和上传文件到服务器。

（4）SMTP 服务（SMTP Service）

微软的 SMTP 服务是使用 Simple Mail Transport Protocol（简单邮件传输协议）来收发电子邮件的服务，它为 IIS 7.0 网站提供基本邮件功能。SMTP 服务不支持 POP3（个人信箱）和 ICMP 协议。

（5）NNTP 服务（NNTP Service）

使用微软的 NNTP 服务，用户可以通过 Network News Transport Protocol（网络新闻传输协议）来访问新闻组，它给 IIS 7.0 布局增添了新闻组功能。

（6）索引服务器（Index Server）

微软索引服务器可以通过读取 IIS 7.0 布局的内容索引的信息，使得用户可以查询 IIS 的内容，并返回到能找到所有信息查询结果的地方。

（7）认证服务器（Certificate Server）

有了微软的认证服务器，IIS 7.0 布局就可以发行和管理一种用于提高安全性的设备，称做数字证书。有了数字证书，Web 网站就可以得到安全保证，也就是说用户看到的网站和文档是可信的，同样用户的身份也是可信的，这就保证了安全性。

6.6.2　IIS 7.0 的安装

在 Windows Server 2008 中，IIS 7.0 已经完全成为操作系统的一个有机组成部分，如果在安装 Windows Server 2008 时没有选择安装 IIS，也可以单独添加。在 Windows Server 2008 中添加 IIS 的方法如下：

第 1 步：打开"服务器管理器"窗口，右击"角色"，从快捷菜单中选择"添加角色"命令。

第 2 步：在弹出的"添加角色向导"中，选中"Web 服务器（IIS）"，单击"下一步"。

第 3 步：如果没有特殊需求，一直"下一步"，直到安装完成。如果想要对

IIS 当中的角色进行选择，从第 2 步单击"下一步"以后再单击一次"下一步"，出现"选择角色服务"页，可以对 IIS 中角色进行选择，在这里我们选中"应用程序开发"中的"ASP. NET"和"ASP"以及"安全性"中的"IP 和域限制"。

　　第 4 步：重新启动计算机，完成 IIS7.0 的安装。

　　重新启动计算机以后，可以打开 IE 浏览器，在地址栏中输入 http：//localhost 并回车，如果打开如图 6-63 所示页面，说明 IIS7.0 安装成功。

图 6-63　验证 IIS 安装页面

6.6.3　Internet 信息服务管理器

　　在 Windows Server 2008 中，依次单击"开始→管理工具→Internet 信息服务（IIS）管理器"选项，打开如图 6-64 所示的"Internet 信息服务"窗口，称为 Internet 服务管理器，简写为 ISM。这是一个标准的 MMC（微软管理控制台）界面。

图 6-64　Internet 信息服务管理器

6.7　Web 服务器

Web 服务的实现采用客户/服务器模型，信息提供者为服务器，信息的需要者或获取者称为客户。作为服务器的计算机中安装有 Web 服务器端程序，并且保存大量的公用信息，随时等待用户的访问。作为客户的计算机中则安装 Web 客户端程序，即 Web 浏览器（如 IE），可通过局域网或 Internet 从 Web 服务器中浏览或获取信息。

Web 服务器响应 Web 请求大致分为 3 个步骤。

（1）Web 浏览器向一个特定的服务器发出 Web 页面请求。

（2）Web 服务器接收到 Web 页面请求后，寻找所请求的 Web 页面，并将所请求的 Web 页面传送给 Web 浏览器。

（3）Web 浏览器接收到所请求的 Web 页面，并将其显示出来。

6.7.1　Web 网站配置

在安装 IIS 7.0 时，系统默认已安装 Web 服务，因此，只需将欲发布的 Web 文件复制到 C：\ inetpub \ wwwroot 文件夹中，并将主页的文件名设置为 default. htm 或 default. asp 即可通过 Web 浏览器访问该 Web 服务器。

1. 配置主目录和权限

所谓主目录就是指保存 Web 网站的文件夹，当用户向该网站发送请求时，Web 服务器将自动从该文件夹中调取相应的文件显示给用户。

当网站中的文件较多时，特别是在网站中包含有大量的多媒体文件或程序文件时，由于受到磁盘容量的限制，不可能将网站文件都保存在默认 c：\ Inetpub \ wwwroot 文件夹中，而需要保存在其他位置，此时就必须修改主目录的默认值，将主目录定位到相应的磁盘或文件夹。

（1）配置主目录

不同网站的主目录是不相同的，可以分别进行设置，以 IIS7.0 的"默认网站"为例来看一下如何设置网站的主目录。

第 1 步：在图 6-64 所示窗口中展开"网站"，会看到已经有一个名为"Default Web Site"的网站。选中该网站，在右窗格中将显示可以进行的"操作"任务，如图 6-65 所示。

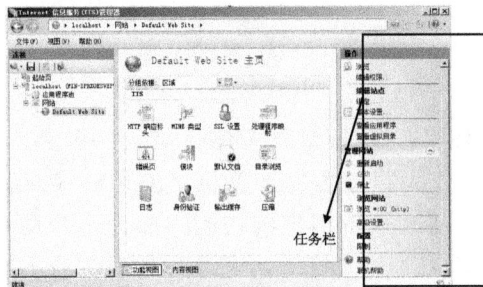

图 6-65　Default Web Site 任务栏

第 2 步：单击"基本设置"按钮，弹出"编辑网站"对话框，如图 6-66 所示。

其中的"物理路径"即为该网站的主目录，可以驻是本地计算机上的目录，也可以来自远程目录。

- 如果内容存储在本地计算机上，则键入物理路径，如 C：\ Content。
- 如果内容存储在远程共享上，则键入通用命名约定（UNC）路径，如 \ \ Server \ Share。

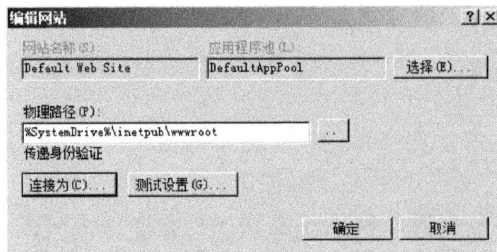

图 6-66　"编辑网站"对话框

第 3 步：键入或选择物理路径后，单击"确定"按钮，完成主目录配置。

（2）配置目录权限

在图 6-65 的右窗格"操作"任务中，单击"编辑权限"按钮，就可以针对该网站的主目录的访问权限进行设置了，其设置方式与前面所讲的设置一般文件夹权限类似。

（3）目录浏览

若允许用户查看网站目录中文件和子目录的超文本列表，这需要设置目录浏览选项：

第 1 步：在图 6-65 中，双击"目录浏览"图标，打开"目录浏览"窗口，如图 6-67 所示。

图 6-67　目录浏览

第 2 步：单击右窗格中的"启用"按钮，即打开目录浏览功能。

一般情况下，为了防止网站访问者看到网站目录结构，该功能不要打开。

需要注意的是，虚拟目录不会显示在目录列表中，因此，如果用户欲访问虚拟目录，必须知道虚拟目录的别名。如果不选择该选项，用户试图访问文件或目录并没有指定访问其中的某个文件时，将在用户 Web 浏览中显示"禁止访问"错误消息。如果选中该选项，那么，当用户直接访问该 Web 网站中的某一目录时，将显示该路径中的所有文件和目录结构。因此为了安全起见，建议不选择该选项。

（4）应用程序映射

IIS"应用程序"是在 Web 网站定义的一组目录中可执行的文件。Web 网站可以接受用户的不同请求，并且将这些请求发送给不同的应用程序去处理。例如：当用户要访问网站上的 ASP 页面的时候，服务器就会接到访问 ASP 页面的请求，如果在服务器上已经设置好应用程序映射，那么就会将该请求转发到相应的处理程序进行处理。

为了让服务器能够根据不同用户的请求使用相应的程序进行处理，就要设置应用程序映射：

第 1 步：在 Internet 信息服务管理窗口中，选中"Default Web Site"这个默认网站，双击"处理程序映射"图标，将打开"处理程序映射"窗口，如图 6-68 所示。

图 6-68 "处理程序映射"页面

在该页面中已经有一些映射了，可以进行修改或者增加新的映射。

第 2 步：双击打开映射列表中已存在的一个映射，如 ASPClassic，"编辑脚本映射"对话框，如图 6-69 所示。该映射是用来处理 ASP 请求的应用程序映射。

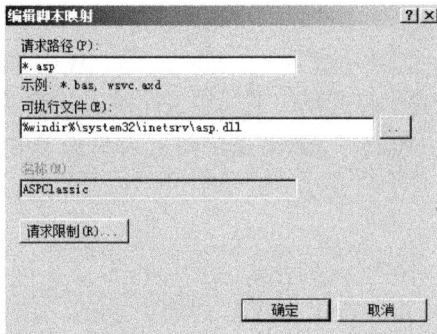

图 6-69 "编辑脚本映射"对话框

· "请求路径"用来指定用户请求的文件类型。

· "可执行文件"用来指定处理该文件类型的程序。

· "请求限制"指定对处理程序处理请求的可选限制，比如请求的资源类型是文件还是文件夹或处理程序所需的权限等。

第 3 步：进行相关选择后，单击"确定"按钮，完成应用程序映射。

2. 设置默认文档

所谓默认文档，是指在 Web 浏览器中键入 Web 网站的 IP 地址或域名即显示出来的 Web 页面，也就是通常所说的主页（Home Page）。IIS 7.0 默认的主页文档文件名为 default. htm、default. asp、index. htm、index. html、iisstart. htm 和 default. asp。如果 Web 网站无法找到这六个文件中的任何一个，那么，将在 Web 浏览器上显示"该页无法显示"的提示。默认文档既可以是一个，也可以是多个。当设置多个默认文档时，IIS 将按照排列的前后顺序依次调用这些文档。当第一个文档存在时，将直接把它显示在用户的浏览器上，而不再调用后面的文档；当第一个文档不存在时，则将第二个文件显示给用户，依次类推。

默认文档的添加、删除及更改顺序，都可以在"默认文档"页面中完成。

（1）添加默认文档文件名

第 1 步：在 Internet 信息服务管理窗口中，选中"Default Web Site"这个默认网站，双击图标，将打开"默认文档"窗口，如图 6-70 所示。可以看到已经有一些默认文档了。

图 6-70　"默认文档"页面

第 2 步：单击右窗格中的"添加"按钮·，打开"添加默认文档"对话框，如图 6-71，在名称框中输入要增加的默认文档的文件全名。

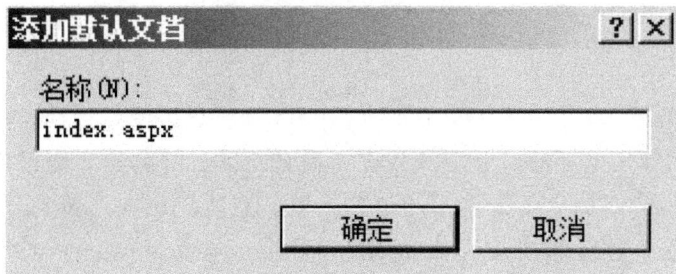

图 6-71　"默认文档"页面

第 3 步：单击"确定"，默认文档添加成功。

（2）删除默认文档名

在默认文档列表中选中右键单击欲删除的文件名，选择菜单中的"删除"即可。

（3）调整文件名的位置

可以通过图 6-70 右窗格中的"上移"和"下移"按钮来调整这些默认文档的顺序。若欲将某文件名作为网站首选的默认文档，需将之调整至最顶端。

3. 访问安全与用户验证

（1）用户验证

当 Web 网站中的信息非常敏感，只允许那些居于特殊权限的人才能浏览时，数据的加密传输和用户的授权就成为网络安全的重要组成部分。需要注意的是，Web 网站的用户授权是建立在 Windows Server 2008 用户基础之上的，也就是说，除了匿名访问用户外，Web 网站不会也无法自己设立新的账号。

在 IIS 管理器窗口中，选择"Default Web Site"网站，双击"身份验证"图标，如图 6-72 所示。从图中可以看出来，一共提供了 6 种身份验证方式，我们以"匿名身份验证"简单说明。

图 6-72　"身份验证"页面

匿名访问其实也要通过验证的，称为匿名验证。匿名验证使用户无需键入用户名或密码便可以访问 Web 网站的公共区域。当用户试图连接到公共 Web 网站时，Web 服务器将分配给用户一个名为 IUSR _ computername （computername 是运行 IIS 的服务器名称）的 Windows 用户账户。

① 匿名验证的实现。默认情况下 IUSR _ computername 账户包含在 Windows 用户组 Guests 中，该组具有安全限制，并指出了访问级别和可用于公共用

户的内容类型。

如果服务器上有多个网站，或者网站上的区域要求不同的访问权限，就可以创建多匿名账户，分别用于 Web 或 FTP 网站、目录或文件。通过赋予这些账户不同的访问权限，或者将这些账户分配到不同的 Web 用户组，便可准许用户对公共 Web 和 FTP 内容的不同区域进行匿名访问。

IIS 以下列方式使用 IUSR _ computername 账户：

· USR _ computername 账户将添加到计算机上的 Guests 组。

· 收到请求时，IIS 执行代码或访问文件之前模拟 IUSR _ computername 账户。IIS 可以模拟 IUSR _ computername 账户，因为 IIS 知道该账户的用户名和密码。

· 在将页面返回到客户端之前，IIS 检查 NTFS 文件和目录权限，查看是否允许 IUSR _ computername 账户访问该文件。

· 如果允许访问，验证完成后用户便可以得到这些资源。

· 如果不允许访问，IIS 将尝试使用其他验证方法。如果没有作出任何选择，IIS 则向浏览器返回"HTTP 403 访问被拒绝"错误消息。

提示：当启用匿名验证后，即使还启用了其他验证方法，IIS 也将首先使用匿名验证进行验证。

② 更改用于匿名验证的账户。如果需要，可以更改用于匿名验证的账户。不过，修改后的匿名账户必须具有本地登录的用户权限，否则 IIS 将无法为任何匿名请求提供服务。

在图 6-72 中右键单击"匿名身份验证"，在快捷菜单中选择"编辑"，打开"编辑匿名身份验证凭据"对话框进行匿名身份验证的更改。

提示：由于其他用户的权限往往较高，因此，建议不要修改用于匿名验证的Windows 用户，以免增加对系统安全的威胁。

（2）IP 地址及域名限制

IP 地址及域名限制是指通过适当的配置，允许或拒绝特定计算机、计算机组或域访问 Web 网站、目录或文件。例如，可以通过设置而防止限制某些 IP 地址的用户访问网站。

在 IIS 管理器窗口中，选择"Default Web Site"网站，双击"IPv4 地址和域限制"图标，如图 6-73 所示。

图 6-73　"IPv4 地址和域限制"页面

① 授予访问权限。该方案适用于仅授予少量用户以访问权限的情况。在图
6-73 右窗格"操作"任务中，单击"添加允许条目"，打开如图 6-74"添加允许
限制规则"对话框，在该对话框中可以设置特定 IP 也可以设定一个 IP 的范围。

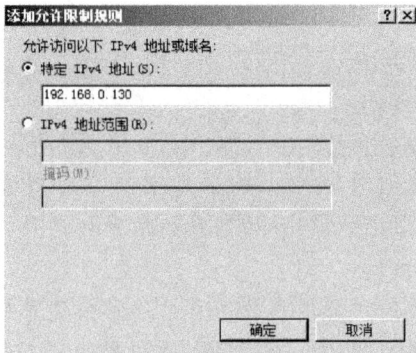

图 6-74　"添加允许限制规则"对话框

② 拒绝访问权限。本方案适用于仅拒绝少量用户访问的情况。设置方式与
授予访问权限类似。

③其他访问权限。对于即不满足授予权限规则也不满足拒绝访问权限规则的
IP 地址或域，可以通过统一规则进行设置，方法如下：

在图 6-73 中右窗格"操作"任务中，单击"编辑功能设置"，打开如图 6-75
所示的"编辑 IP 和域限制设置"对话框。在"未指定的客户端的访问权"下拉
列表中选择一种权限，在"启用域名限制"复选框上进行设置。

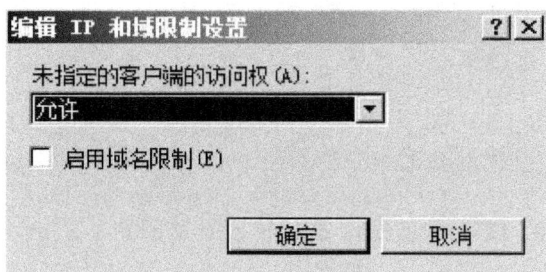

图 6-75　"编辑 IP 和域限制设置"对话框

6.7.2　虚拟 Web 网站和虚拟目录

利用虚拟网站可以在一台计算机上实现多 IP 和多域名的 Web 服务，也就是说，可以把一台服务器变换成几台、几十台 Web 服务器，并且让每一台虚拟 Web 服务器都拥有自己的 IP 地址和域名。

1. 虚拟 Web 网站

（1）虚拟 Web 网站的建立

虚拟 Web 网站的建立必须在"IIS 管理器"窗口中完成。具体操作如下：

第 1 步：在"IIS 管理器"窗口中，右击"网站"，打开"添加网站"对话框，如图 6-76 所示。

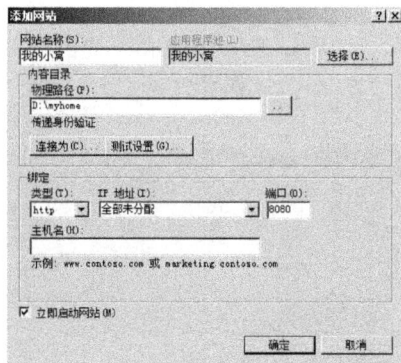

图 6-76　"添加网站"对话框

第 2 步：在"网站名称"框中给所建网站起一个名字，该名字将显示在"IIS 管理器"窗口的网站列表中。

第 3 步：在"物理路径"框中直接键入该网站主目录所在的磁盘和文件夹，如 D：\ myhome，也可单击路径框后面的按钮进行定位。

第 4 步：在"类型"下拉列表中选择一种协议类型，通常选择 http；在"IP

地址"框中输入网站的 IP 地址，"全部未分配"的含义是所有服务器可用的 IP 地址（有些情况下会给服务器设置多个 IP 地址）；在"端口"框中设置网站的端口号，如 8080。

> **提示**：如果建立的有多个 IP 地址相同的网站，那么端口一定不能相同。

第 5 步：如果在 DNS 中已经设置好域名以及添加了主机，那么可以在"主机名"中填入相应信息；选中"立即启动网站"复选框，单击确定，完成网站的建立。

重复上述操作，可在该主机添加多个虚拟服务器。

（2）虚拟 Web 网站的配置

虚拟 Web 网站建立后，将自动开始运行。虚拟 Web 网站的配置方式与默认 Web 网站完全相同。

2. 虚拟目录

利用 IIS 的虚拟目录也可以提供个人主页服务。虚拟目录只是一个文件夹，并不真正位于 IIS 宿主文件夹内（默认为 c：\ inetpub \ wwwroot），但在访问 Web 网站的用户看来，则与位于 IIS 服务的宿主文件夹是一样的。

虚拟目录既可以建立在默认网站上，也可以建立在其他虚拟网站上，甚至可以建立在其他虚拟目录上。当新的虚拟目录建立时，将继承所属网站和虚拟目录中的所有属性。

第 1 步：在"IIS 管理器"窗口中，从"网站"目录下的网站列表中选择一个网站，如：选择"Default Web Site"网站，右击网站名，在快捷菜单中选择"添加虚拟目录"命令，打开"添加虚拟目录"对话框，如图 6-77 所示。

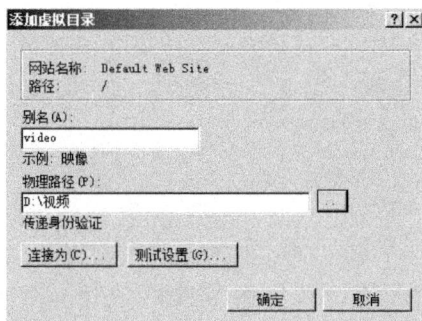

图 6-77　"添加虚拟目录"对话框

第 2 步：在"别名"框中给该虚拟目录起一个名字，如"video"；在"物理路径"框中指定该虚拟目录的实际位置，如"视频"；单击"确定"按钮，完成添加虚拟目录。

重复上述操作，可在该网站中添加多个虚拟目录。

（1）虚拟目录的设置

虚拟目录建立后，也将自动开始运行。虚拟目录的配置方式与默认 Web 网站基本相同。

（2）虚拟目录的浏览

打开 Web 浏览器，在地址栏中如键入 http：//192.168.0.1：8080/video/default.htm，即可直接浏览建立的虚拟目录，该访问方式与访问 Web 网站下的某一目录时完全相同。

6.7.3　Web 网站的管理与维护

Web 网站建成之后，还有许多的后续工作需要做，那就是网站的管理与维护。

1. Web 网站的启动、停止和删除

默认情况下，Web 网站和虚拟目录自创建成功后，或者在计算机重新启动时将自动启动。

"停止网站"将停止 Internet 服务，并从计算机内存中卸载 Internet 服务。

（1）开始、停止或重新启动网站

开始、停止或重新启动网站的操作如下：

第 1 步：在"IIS 管理"窗口中，选择网站。

第 2 步：单击任务列表中的启动、停止和重新启动即可。

右击网站，在快捷菜单中选择相应的命令，也可以开始、停止或重新启动网站。

（2）重新启动 IIS

在 IIS 7.0 中，可以停止并重新启动所有 IIS 的 Internet 服务，而不必在应用程序运行不正常或变得不可用时重新启动计算机。

在"IIS 管理"窗口中，右击"计算机"图标，选择停止或启动。

（3）删除网站或虚拟目录

删除网站或虚拟目录时，操作如下：

第 1 步：在"IIS 管理"窗口中，选择欲删除的网站或虚拟目录。

第 2 步：右击欲删除的网站或虚拟目录，在快捷菜单中选择"删除"选项。

提示：无论是删除网站还是删除虚拟目录，其实并没有真正删除他们的主目录文件，而只是删除了从网站或虚拟目录到主目录的逻辑映射。

2. 网站配置的备份与还原

无论是重装操作系统还是将 IIS 服务器中的配置应用到其他计算机，网站配置的备份和还原都很有用途。Windows Server 2008 与 Windows Server 2003 中对于网站配置的备份与还原大不一样，Windows Server 2003 是图形化界面进行操作，但在 Windows Server 2008 中提供给我们的是命令行界面下的一些命令。

（1）打开 CMD 命令行界面。

（2）输入命令：cd ％systemroot％system32/inetsrv 回车。

（3）进行备份，输入命令：appcmd add backup "备份名称"。

（4）罗列备份列表，输入命令：appcmd list backup。

（5）备份恢复，输入命令：appcmd restore backup "备份名称"。

6.8 FTP 服务

FTP 服务是 IIS 服务的又一重要组成部分，其作用是用来在 FTP 服务器和 FTP 客户端之间完成文件的传输。传输是双向的，既可以从服务器下载到文件客户端，也可以从客户端上传文件到服务器端。

6.8.1 FTP 服务工作过程

要使用 FTP 在两台计算机之间传输文件，两台计算机中的一台计算机必须是 FTP 客户端，而另一台则必须是 FTP 服务器。客户端与服务器的区别只在于计算机所安装的软件不同，安装 FTP 服务器软件的计算机为 FTP 服务器，而安装 FTP 客户端软件（如著名的 CuteFTP、WSFTP 等）的计算机则为客户端。FTP 客户可以从客户端向服务器发出下载和上传文件，以及创建和更改服务器文件的命令。

下面简要介绍一下 FTP 会话的建立及传输文件的过程。

（1）FTP 客户端程序使用 TCP 的 3 次握手信号，形成一个和 FTP 服务器的 TCP 连接。

（2）为了建立一个 TCP 连接，客户端和服务器必须打开一个 TCP 端口。FTP 服务器有两个预分配的端口号，分别是 20 和 21。

> 提示：端口 20 用于发送和接收 FTP 数据，该数据端口只在传输数据时打开，并在传输结束时关闭。端口 21 用于发送和接收 FTP 会话信息。FTP 服务器通过侦听这个端口，以侦听请求连接到服务器的 FTP 客户。一个 FTP 会话建立后，端口 21 的连接在会话期间将始终保持打开状态。

（3）FTP 客户端程序在激发 FTP 客户端服务后，可动态分配其端口号，选择范围为 1024—65535。

（4）当一个 FTP 会话开始后，客户端程序打开一个控制端口，该端口连接到服务器的端口 21 上。

（5）需要传输数据时，客户端再打开连接到服务端口 20 端口。每当开始传输文件时，客户端程序都会打开一个新的数据端口，在文件传输完毕后，再将该端口自动释放。

6.8.2　创建 FTP 站点

在 IIS 7.0 没有自己的 FTP 服务器，使用的还是 IIS 6.0 中的 FTP 服务器，通过添加 IIS 角色服务可以将 FTP 服务器安装上去，但仍然是在 IIS 6.0 的管理窗口中使用的，所以在添加 FTP 服务器的时候还需要把"IIS 6 管理控制台"角色服务也一起安装进去。

与 Web 站点相同，FTP 站点同样需要自己的 IP 地址和 TCP 端口号。由于 FTP 服务的默认端口号是 21，而 WWW 服务是 80，所以一个 FTP 站点可以和一个 Web 站点共享同一个 IP 地址。事实上，安装 IIS 时自动生成的默认 Web 站点和默认 FTP 站点就是使用同一 IP 地址的。

> **注意**：当不使用默认的 21 作为 FTP 站点的 TCP 端口号时，客户机请求 FTP 站点时就需要在 FTP 服务器域名地址后面添加"：实际端口号"。

创建 FTP 站点的工作要在 IIS 6.0 的 MMC 窗口中进行，这里使用 FTP 服务器创建向导新建一个示例 FTP 服务器，方法如下：

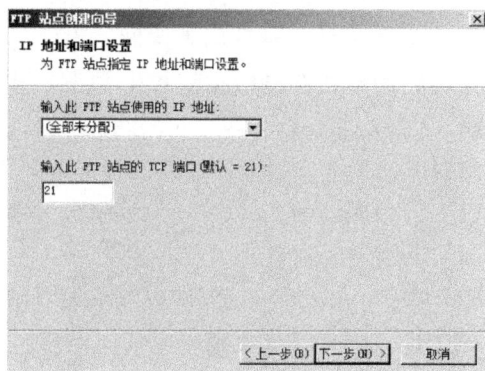

图 6-78　"IP 地址和端口设置"对话框

第 1 步：在 IIS 左侧的管理控制树中右击"FTP 站点"，选择"新建"→ "FTP 站点"，打开欢迎使用"FTP 站点创建向导"对话框。单击"下一步"按钮。打开"FTP 站点描述"对话框。

第2步：在"站点描述"框中输入用于在 IIS 内部识别站点的描述，该名称并非真正的 FTP 站点域名。

第3步：单击"下一步"按钮，打开如图 6-78 所示的"IP 地址和端口设置"对话框。

第4步：选择 FTP 站点使用的 IP 地址和 TCP 端口号，注意默认的端口号为 21，完成后单击"下一步"按钮，打开如图 6-79 所示"FTP 用户隔离"对话框。

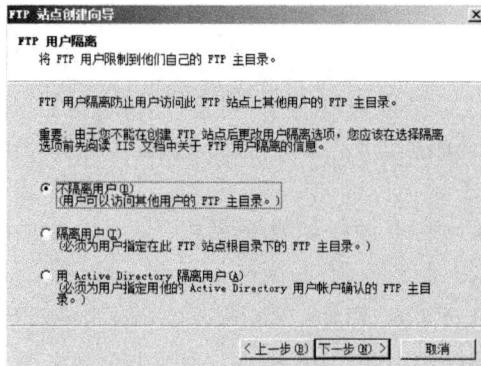

图 6-79 "FTP 用户隔离"对话框

第5步：隔离方式分三种类型，主要用于规范同一 FTP 站点的多个用户的 FTP 主目录的访问控制，此处选择"不隔离用户"，单击"下一步"按钮，打开"FTP 站点主目录"对话框。

第6步：指定站点主目录。主目录是用于存储站点文件的主要位置。虚拟目录以在主目录中映射文件夹的形式存储数据。单击"下一步"按钮，打开"FTP 站点访问权限"对话框。

第7步：指定站点权限。FTP 站点只有两种访问权限：读取和写入，前者对应下载权限，后者对应上传权限。单击"下一步"按钮，单击"完成"按钮，结束 FTP 站点创建。

第8步：回到 IIS 窗口中，在管理控制树中选择我们刚刚创建的 FTP 站点，单击工具条上的"启动项目"图标使之生效。

FTP 服务器完成安装后将自动开始运行。

提示：默认状态下，该 FTP 服务器的标识为"默认 FTP 站点"，主目录所在的文件夹为 C：\ inetpub \ ftproot，IP 地址为"全部未分配"，允许来自任何 IP 地址的用户以匿名方式访问。

6.8.3　FTP 站点的配置

为了使 FTP 站点能够正常工作，还必须对 FTP 站点进行合理配置。

1. 配置 FTP 站点属性

FTP 站点的属性配置是在 FTP 站点属性对话框中进行的。

对 FTP 站点属性的配置方法如下：

第 1 步：打开 IIS 管理界面，右击管理控制树中 FTP 站点图标，从打开菜单中选择"属性"选项，将打开"默认 FTP 站点属性"对话框，如图 6-80 所示。

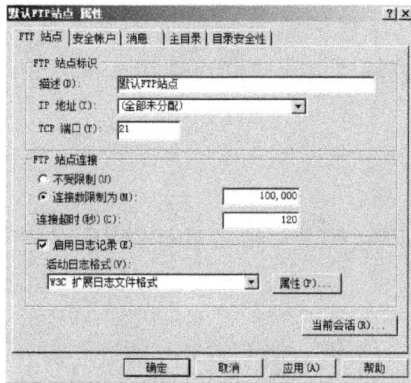

图 6-80　"默认 FTP 站点属性"对话框

第 2 步：通过选择配置 FTP 站点属性，包括标识、连接、日志等。

在"FTP 站点"选项卡中可以对站点的下述参数进行配置：

• 标识：包括站点说明、IP 地址和 TCP 端口号 3 项。其中站点说明是在创建站点指定的，用于在 IIS 内部识别站点，并无其他用途，与站点的 DNS 域名也无任何关系。FTP 服务的默认 TCP 端口号为 21。由于 FTP 服务不支持主机头（Host Header），所以不能以主机头方式配置虚拟服务器。也就是说，在网络中区分 FTP 站点的标识只有 IP 地址和端口号。

• 连接：FTP 站点的连接限制与 Web 站点的连接限制几乎完全相同。连接限制用于维护站点的可用性并改善站点的连接性能。这一点对 FTP 站来说尤为重要，因为几乎每个连到站点的用户都会进行或多或少的文件下载，下载对带宽的占用是非常巨大的。在"连接"栏中单击"限制为"并制定同时连接到该站点的最大并发连接数，默认限制为同时进行 100000 个连接。在"连接超时"栏中，可以指定站点将在多长时间后断开无响应用户的连接。默认值设为 120 秒，即一个用户在发呆 2 分钟后将被 IIS 断开。

·日志：对于 FTP 站点而言，也可以配置其启用日志功能，使用户对站点的全部访问都记录在日志文件中。在"FTP 站点"选项卡中选择"启用日志记录"复选框。FTP 站点有 3 种日志文件格式可用：Microsoft IIS 文件格式、OD-BC 格式和 W3C 扩展文件格式，在"活动日志格式"下拉列表框中指定。

·当前会话：FTP 站点属性对话框中有一个独特的选项，单击"当前会话"按钮，打开"FTP 用户会话"对话框，在该对话框中列出当前连接到 FTP 站点的用户列表。从列表中选择用户，单击"断开"，可以断开当前用户的连接；单击"全部断开"，则可以使全部的当前用户从系统断开。

第 3 步：完成指定站点"属性"配置后，单击"应用"按钮，再单击"确定"按钮，关闭对话框。

"FTP 用户会话"对话框为站点管理员提供了更灵活的管理方式和控制方式，使管理员能够实时控制当前用户的连接状态。

2. 设置站点安全访问

(1) 设置匿名账号

匿名账号的设置，可在"FTP 站点属性"对话框中的"安全账号"选项卡中完成，如图 6-81 所示。

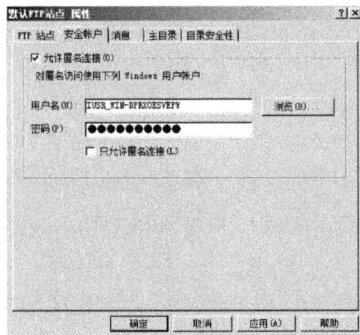

图 6-81　"安全账号"选项卡对话框

·选中"允许匿名连接"复选框，任何用户都可以使用"匿名（anony-mous）"作为用户名登录到 FTP 服务器。

·用户名。匿名连接时使用的用户名，默认为 IUSR _ computername。

·密码。在图 6-81 所示对话框中的"密码"栏中输入匿名连接账号使用的密码。一般不要更改此密码。

·选中"只允许匿名连接"复选框，用户就不能使用用户名和密码登录。

（2）IP 地址访问控制

对于那些非常敏感的数据，或者欲通过 FTP 文件传输实现对 Web 站点文件更新而言，仅有用户名和密码的身份验证恐怕还是不够的。利用 IP 地址进行访问限制也是一种非常重要的手段，这不仅有助于在局域网内部实现对 FTP 站点的访问控制，而且更有助于阻止来自 Internet 的恶意攻击。

对 IP 地址的访问控制可在 "FTP 站点属性" 对话框中的 "目录安全性" 选项卡中设置，如图 6-82 所示。

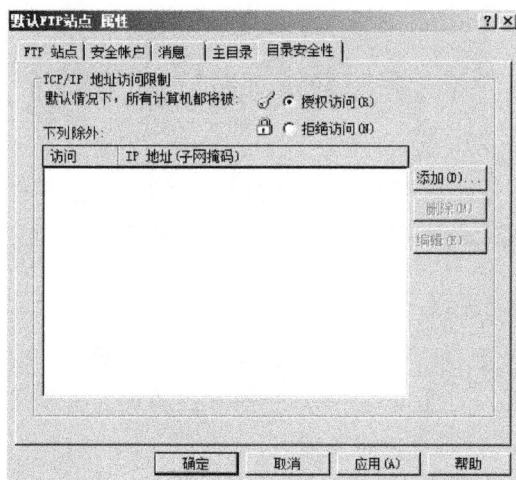

图 6-82　"目录安全性" 选项卡对话框

· 授权访问。授予计算机或计算机组访问权限。

该方案适用于仅授予少量用户以访问权限的情况。若欲授予大量用户以访问权限，而只是阻止少量用户对该 FTP 网站的访问，请使用 "拒绝访问" 中的设置。

· 拒绝访问。拒绝计算机、计算机组或域的访问权限。

该方案使用于仅拒绝少量用户访问的情况。若欲拒绝大量用户访问该 FTP 站点，而只是授予少量用户以访问权限，请使用 "授予访问" 中的设置。

3. FTP 站点信息

用户连入 FTP 站点时，应该得到对站点的相关介绍，此外，在用户离开站点时，以及因站点达到最大连接数而不能接受用户的访问请求时，都应该得到相应的提示信息。这些提示性的简要信息就是 FFP 服务的站点消息。

站点消息要在 "FTP 站点属性" 对话框中的 "消息" 选项卡中进行指定，如图 6-83 所示。FTP 站点消息分为 3 种：欢迎、退出、最大连接数，分别在 "消息" 选项卡中 "欢迎"、"退出" 和 "最大连接数" 栏中进行指定。

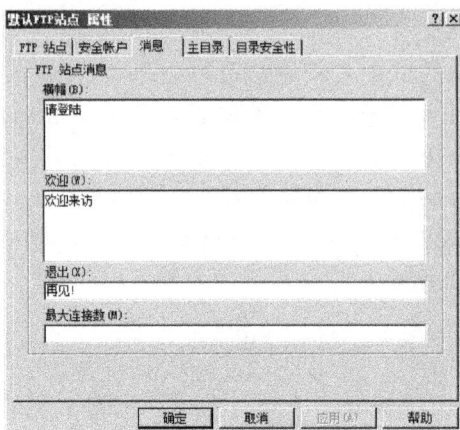

图 6-83　"消息"选项卡对话框

　　FTP 的站点消息只能在使用命令行方式访问 FTP 服务器的时候才可以看到，如果使用 Web 浏览器或者其他第三方工具访问 FTP 站点，将不会看到站点信息。

　　4. 配置 FTP 站点主目录

　　FTP 站点主目录是指映射为 FTP 根目录的文件夹，FTP 站点中的所有文件全部保存在该文件夹，而且当用户访问 FTP 站点时，也只有该文件夹中的内容可见，并且作为该 FTP 站点的根目录。

　　（1）修改主目录位置

　　FTP 站点主目录可以指定本地计算机中的其他文件夹，甚至是另一台计算机上的共享文件夹。

　　修改主目录位置是在"FTP 站点属性"对话框中的"主目录"选项卡中进行的如图 6-84 所示。

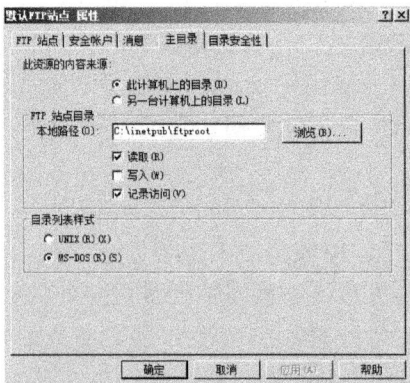

图 6-84　"主目录"选项卡对话框

　　· 本地计算机上的目录。选择"此计算机上的目录"，单击"浏览"按钮指定主目录位置，或者直接在"本地路径"栏上输入主目录路径。单击"应用"按钮或"确定"按钮完成。

　　• 另一台计算机上的共享位置。选择"另一计算机上的共享位置"，从"网络共享"栏中指定共享主目录的 UNC 路径。如果当前站点管理员没有访问所指定共享文件夹的权限，则单击"连接为"，打开"网络目录安全身份验证凭据"对话框，输入具有对该共享文件夹合适权限的账号和口令，单击"确定"按钮返回。再单击"确定"按钮完成。

　　(2) 修改访问权限

　　• 选择"读取"复选框，允许用户阅读或下载存储在主目录或虚拟目录中的文件。

　　• 选择"写入"复选框，允许用户向服务器中已启用的目录上传文件。

　　• 选中"日志访问"复选框，将对目录的访问活动记录在日志文件中。

　　(3) 目录列表风格

　　"主目录"选项卡中还可以指定目录列表风格。可选的站点目录列表风格有 MS－DOS 和 UNIX 两种，在"主目录"选项卡中的"目录列表风格"栏中选择"MS－DOS"或"UNIX"。

6.8.4　访问 FTP 站点

　　在建立 FTP 站点并提供 FTP 服务后，就可以为用户提供下载或上传服务。通常情况下，可采用两种方式访问 FTP 站点，一是利用标准的 Web 浏览器，二是利用专门的 FTP 客户端，两者均可实现浏览、下载和上传文件。下面是利用 Web 浏览器访问 FTP 站点的方法。

　　运行 Web 浏览器，如 Microsoft Internet Explorer，并在地址栏中键入欲连接的 FTP 站点的 Internet 地址或域名，例如 ftp：//192.168.0.1。此时，将在浏览器中显示该 FTP 站点主目录中所有的文件夹和文件，如图 6-85 所示。

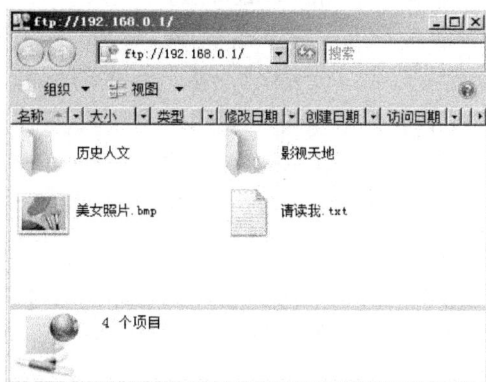

图 6-85　ftp：//192.168.0.1 窗口

如果 FTP 站点采用 Windows 身份验证，而要求用户输入用户名和密码，则需要在地址中包括这些信息，格式为"ftp：//用户名：密码@IP 地址"。

（1）浏览和下载

当该 FTP 站点只被授于"读取"权限时，则只能浏览和下载该站点中的文件夹和文件。

① 浏览。双击即可打开相应的文件夹和文件。

② 下载。单击鼠标右键，在打开的快捷菜单中选择"复制"，而后打开 Windows 资源管理器，将该文件或文件夹粘贴到欲保存的位置。

（2）重命名、删除、新建文件夹和文件上传

当该 FTP 站点被授予"读取"和"写入"权限时，则不仅能够浏览和下载该站点中文件夹和文件，而且还可以直接在 Web 浏览器中实现新文件的建立，以及对文件夹和文件的重命名、删除和文件的上传。

上传文件以及新建、重命名、删除 FTP 站点中文件夹和文件的方法与在 Windows 资源管理器中相同。

本 章 小 结

本章主要介绍 Windows Server 2008 的基本概念、基本操作以及常用网络服务的配置及使用。

文件共享和用户账户管理则是文件服务器配置的两项主要内容。任何一个用户想要登录到 Windows Server 2008 服务器上，就必须要拥有一个属于自己的账户。要能够设置和管理用户账户及其权限设置。

Windows Server 2008 在磁盘管理方面提供了强大的功能。磁盘管理任务位于"计算机管理"控制台中，包括查错程序、磁盘碎片整理程序、磁盘整理程序等，可以通过"计算机管理"控制台设置和管理。

DHCP 是通过服务器动态分配客户端 IP 地址、集中管理网络上使用的 IP 地址及其他相关配置信息，以减少管理 IP 地址配置的复杂性。Windows Server 2008 允许服务器履行 DHCP 的职责并且在网络上配置启用 DHCP 的客户机。

DNS 提供了网络访问中域名到 IP 地址的自动转换。当 DNS 用户提出 IP 地址查询请求时，可以由 DNS 服务器中的数据库提供所需的数据。DNS 技术目前已广泛应用于 Internet 中。

IIS 7.0 集成了安装向导、集成的安全性和身份验证应用程序、Web 发布工具和对其他基于 Web 的应用程序的支持等附加特性，可以充当利用 Windows 中 NTFS 文件系统内置的安全性来保证 IIS 的安全，从而提高 Internet 的整体性能。Web 服务的实现采用的是客户/服务器模型。WEB 服务器保存大量的公用信息。

客户的通过 Web 浏览器从 Web 服务器中浏览或获取信息。

　　FTP 服务是 IIS 服务的又一重要组成部分，其作用是用来在 FTP 服务器和 FTP 客户端之间完成文件的传输。传输是双向的，既可以从服务器下载文件到客户端，也可以从客户端上传文件到服务器。

　　熟练掌握 Windows Server 2008 网络服务的安装与配置，才能够利用 Windows Server 2008 架设并维护局域网上的常用服务。

习　　题

　　1. Windows Server 2008 中提供了哪几种用户账户类型？

　　2. Windows Server 2008 中有几种组类型？分别说明它们的作用域。

　　3. 如何设置资源共享？如何给用户分配访问权限？

　　4. 设置磁盘配额的意义什么？

　　5. 简述 Windows Server 2008 中 DHCP 的工作过程及配置 DHCP 服务器的步骤。

　　6. 简述 Windows Server 2008 中 DNS 服务的解析过程。

　　7. 简述 Web 服务器响应 Web 请求分哪几步？如何添加默认文档。

　　8. 简述如何建立虚拟 Web 站点和虚拟目录。

　　9. 简述 FTP 会话建立的过程及 FTP 站点的配置？

　　10. 简述客户端是如何访问 FTP 站点的。

第 7 章 网 络 安 全

目前，计算机网络在各种信息系统中的作用变得越来越超重要，网络安全问题也越来越突出。如何更有效地保护重要的信息数据、提高计算机网络系统的安全性已经成为所有计算机网络应用必须考虑和必须解决的一个重要问题。

学习目标：
■ 熟悉和领会网络安全的概念及分类
■ 了解网络安全的结构层次与主要组成
■ 重点掌握计算机网络的安全技术及策略
■ 能够进行计算机网络的安全防护

7.1 网络安全概述

7.1.1 网络安全的概念

计算机安全应包括单一环境下的计算机安全和整个计算机网络的安全。所有安全上的风险都与访问你计算机的用户有关，也就是攻击者来自于具有访问你计算机权力的用户或者是通过一些用非法手段访问你计算机的人。任何一台连接到网络上的计算机都有可能被其他人滥用或误用。当你把一台计算机或者网络通过Internet连接到外部网络时，你要考虑的不仅仅是单个计算机的安全，而且还有整个网络系统的安全。没有一种完全可靠的方法确保计算机网络的安全，即使今天最昂贵、最先进的软硬件安全解决方案也如此。然而，采取预防性的安全措施并始终关注计算机网络领域的安全问题可以大大降低安全风险。

网络安全包括 5 个要素：机密性、完整性、可用性、可控性和可审查性。机密性指确保信息不暴露给未授权的实体或进程。完整性则意味着只有得到授权的实体才能修改数据，并且能够判别出数据是否已被篡改。可用性说明得到授权的实体在需要时可访问数据，即攻击者不能占用所有的资源而阻碍授权者的工作。可控性表示可以控制授权范围内的信息流向及行为方式。可审查性指对出现的网络安全问题提供调查的依据和手段。

网络安全的定义从狭义的保护角度来看，是指计算机及其网络系统资源和信息资源不受自然和人为有害因素的威胁和危害，从广义来说，凡是涉及计算机网络上信息的机密性、完整性、可用性、可控性、可审查性的相关技术和理论都是计算机网络安全的研究领域。

从本质上来讲，网络安全就是网络上的信息安全，是指网络系统的硬件、软件及其系统中的数据受到保护，不受偶然的或者恶意的原因而遭到破坏、更改和泄露，系统能够连续、可靠、正常地运行，网络服务不中断。网络安全涉及的内容既有技术方面的问题，也有管理方面的问题，两方面相互补充，缺一不可。技术方面主要侧重于防范外部非法用户的攻击，管理方面则侧重于内部人为因素的管理。

7.1.2　网络安全的主要威胁

使用 TCP/IP 协议的网络所提供的网络服务都包含许多不安全的因素，存在着许多漏洞。同时，网络的普及使信息共享达到了一个新的层次，信息被暴露的机会大大增多。特别是 Internet 网络就是一个不设防的开放系统。另外，数据处理的可访问性和资源共享的目的性之间是一对矛盾，这些都给网络安全带来了威胁。

下面主要从网络安全威胁、主机安全威胁以及主机网络安全系统体系结构三个方面来简单说明网络安全系统要面临的主要问题。

1. 网络中的安全方面

（1）网络系统信息的安全

网络系统信息的安全指以非法手段窃得对数据的使用权，删除、修改、插入或重发某些重要信息，以取得有益于攻击者的响应；恶意添加，修改数据，以干扰用户的正常使用等。包括用户口令鉴别，用户存取权限控制，数据存取权限、方式控制，安全审计，安全问题跟踪，计算机病毒防治，数据加密。

（2）网络信息传播的安全

网络信息传播的安全即信息传播后果的安全。包括非授权访问没有预先经过同意就使用网络或计算机资源被看作是非授权访问，如有意避开系统访问控制机制，对网络设备及资源进行非正常使用，或擅自扩大权限，越权访问信息。非授权访问主要包括以下几种形式：假冒、身份攻击、非法用户进入网络系统进行违法操作、合法用户以未授权方式进行操作等。

（3）网络信息内容的安全

网络信息内容的安全侧重于保护信息的保密性、真实性和完整性。泄漏或丢失信息是指敏感数据被有意泄漏出去或丢失，通常包括信息在传输中丢失或泄漏，如利用电磁泄漏或搭线窃听等方式可截获机密信息，或通过对信息流向、流量、通信频度和长度等参数的分析，得到用户密码、账号等重要信息，信息在存储介质中丢失或泄漏，敏感信息被隐蔽隧道窃取等。避免攻击者利用系统的安全漏洞进行窃听、冒充、诈骗等有损于合法用户的行为，本质上是保护用户的利益和隐私。

2. 主机安全方面

（1）运行系统安全

系统安全即保证信息处理和传输系统的安全。它侧重于保证系统正常运行，避免因为系统的崩溃和损坏而对系统存储、处理和传输的信息造成破坏和损失，避免由于电磁泄漏，产生信息泄露，干扰他人或受他人干扰。

它主要包括三个方面：

①环境安全：对系统所在环境的安全保护，如区域保护和灾难保护。

②设备安全：主要包括设备的防盗、防毁、防电磁信息辐射泄漏、防止线路截获、抗电磁干扰及电源保护等。

③媒体安全：包括媒体数据的安全及媒体本身的安全。目前，该层次上常见的不安全因素包括三大类：自然灾害（比如，地震、火灾、洪水等）、物理损坏（比如，硬盘损坏、设备使用寿命到期、外力破损等）、设备故障（比如，停电断电、电磁干扰等）。此类不安全因素的特点是：突发性、自然性、非针对性。这种不安全因素对网络信息的完整性和可用性威胁最大，而对网络信息的保密性影响却较小，因为在一般情况下，物理上的破坏将销毁网络信息本身。解决此类不安全隐患的有效方法是采取各种防护措施、制定安全规章制度等。

（2）主机网络安全技术

由于主机安全和网络安全的技术手段难以有机地结合，因此容易被入侵者各个击破。并且由于它们在保护计算机和信息的安全上各自为政，因此很难解决系统安全性和使用方便性之间的矛盾。例如，从严密保护主机安全来说应该禁止用户的远程登录，但是这给用户的使用将带来极大的不便，而一旦允许用户远程登录，却无法区分用户的远程登录是合法的还是非法的，也就控制不了非法用户的入侵，而且系统一旦被入侵，入侵者就拥有合法用户的全部权力，造成极大安全隐患。对于防火墙系统来说也有同样的问题，防火墙可以禁止外部主机对于内部主机的访问（安全但不方便），但是一旦允许用户经防火墙授权认证后进入内部主机，就无法控制其在内部主机上的行为。

主机网络安全技术是一种主动防御的安全技术，它结合主机安全和网络安全的边缘安全技术，充分利用网络访问的网络特性和操作系统特性来设置安全策略，用户可以根据网络访问的访问者及访问发生的时间、地点和行为来决定是否允许访问继续进行，以使同一用户在不同场所拥有不同的权限，从而保证合法用户的权限不被非法侵占。主机网络安全技术考虑的元素有 IP 地址、端口号、协议、MAC 地址等网络特性和用户、资源权限以及访问时间等操作系统特性，并通过对这些特性的综合考虑，来达到用户网络访问的细粒度控制。

　　与网络安全采用安全防火墙、安全路由器等在被保护主机之外的技术手段不同，主机网络安全所采用的技术手段通常在被保护的主机内实现，并且一般为软件形式。因为只有在被保护主机之上运行的软件，才能同时获得外部访问的网络特性以及所访问资源的操作系统特性。

　　3. 主机网络安全系统体系结构

　　主机网络安全系统是为了解决主机安全性与访问方便性之间的矛盾，将用户访问时表现的网络特性和操作系统特性综合起来考虑，因此，这样的系统必须建立在被保护的主机上，并且贯穿于网络体系结构中的应用层、传输层、网络层之中。在不同的层次中，可以实现不同的安全策略，其内容涵盖很多，仅作简要介绍如下：

　　（1）应用层：是网络访问的网络特性和操作系统特性的最佳结合点。通过对主机所提供服务的应用协议的分析，可以知道网络访问的行为，并根据用户设置的策略判断在当前环境下是否允许该行为；另外，还要附加更严格的身份论证。

　　（2）传输层：是实现加密传输的首选层。对于使用了相同安全系统的主机之间的通信，可以实现透明的加密传输，而对于没有加密措施的通用客户软件之间的通信，仍可以使用不加密方式，并且加密与否对于用户来说是透明的。

　　（3）网络层：是实现访问控制的首选层。通过对 IP 地址、协议、端口号的识别，能方便地实现包过滤功能。

7.2　网络安全的协议分析及基本要素

7.2.1　网络安全的协议分析

　　计算机网络的运行机制基于网络协议，不同结点之间的信息交换按照事先约定的固定机制通过协议数据单元来完成。目前，TCP/IP 协议在 Internet 上一统天下。正是由于它的广泛使用性，使得 TCP/IP 的任何安全漏洞都会产生巨大的影响。TCP/IP 协议在设计初期并没有考虑到安全性问题，而是注重异构网的互联，而且用户和网络管理员没有足够的精力专注于网络安全控制，再加上操作系统越来越复杂，开发人员不可能测试出所有的安全漏洞，连接到网络上的计算机系统就可能受到外界的恶意攻击和窃取。

　　1. 物理层安全

　　物理层安全威胁主要指网络周边环境和物理特性引起的网络设备和线路的不可用而造成的网络系统的不可用。如：设备老化、设备被盗、意外故障、设备损毁等。由于以太局域网中采用广播方式，因此，在某个广播域中利用嗅探器可以在设定的侦听端口侦听到所有的信息包，并且对信息包进行分析，那么本广播域的信息传递都会暴露无遗，所以需将两个网络从物理上隔断，同时保证在逻辑上两个网络能够连通。

2. 网络层安全

网络层的安全威胁主要有两类：IP 欺骗和 ICMP 攻击。

IP 欺骗技术的一种实现方法是把源 IP 地址改成一个错误的 IP 地址，而接收主机不能判断源 IP 地址的正确性，由此形成欺骗。另外一种方法是利用源路由 IP 数据包，让它仅仅被用于一个特殊的路径中传输，这种数据包被用于攻击防火墙。

ICMP（Internet 控制信息协议）在 IP 层检查错误和其他条件。ICMP 信息对于判断网络状况非常有用，例如，当 PING 一台主机想看它是否运行时，就产生了一条 ICMP 信息。远程主机将用它自己的 ICMP 信息对 PING 请求作出回应，这种过程在网络中普遍存在。然而，ICMP 信息能够被用于攻击远程网络或主机，利用 ICMP 来消耗带宽从而有效地摧毁站点。

3. 传输层安全

具体的传输层安全措施要取决于具体的协议。TLS（传输层安全）协议在 TCP 的顶部提供了如身份验证、完整性检验以及机密性保证这样的安全服务。TLS 需要为一个连接维持相应的场景，它是基于可靠的传输协议 TCP 的。由于安全机制与特定的传输协议有关，所以像密钥管理这样的安全服务可为每种传输协议重复使用。

在 Internet 中提供安全服务的一个最初想法便是强化它的 IPC（广义的进程间通信）界面，具体做法包括双端实体的认证，数据加密密钥的交换等。Netscape 通信公司遵循了这个思路，制定了建立在可靠的传输服务基础上的安全套接层协议（SSL）。SSL 版本 3（SSL v3）主要包含以下两个协议：SSL 记录协议和 SSL 握手协议。

更多网络协议的内容读者可参考其他资料补充。

7.2.2 网络安全的基本要素

通俗地讲，网络信息安全与保密主要是指保护网络信息系统，使其没有危险、不受威胁、不出事故。网络信息安全与保密 5 个基本要素是可用性、机密性、完整性、可控性、可审查性。

1. 可用性

可用性是网络信息可被授权实体访问并按需求使用的特性。得到授权的实体在需要时可访问数据，即攻击者不能占用所有的资源而阻碍授权者的工作。可用性是网络信息系统面向用户的安全性能。网络信息系统最基本的功能是向用户提供服务，而用户的需求是随机的、多方面的、有时还有时间要求。可用性一般用系统正常使用时间和整个工作时间之比来度量。

可用性还应该满足以下要求：身份识别与确认、访问控制（对用户的权限进行控制，只能访问相应权限的资源，防止或限制经隐蔽通道的非法访问。包括自主访问控制和强制访问控制）、业务流控制（利用均分负荷方法，防止业务流量过度集中而引起网络阻塞）、路由选择控制（选择那些稳定可靠的子网，中继线或链路等）、审计跟踪（把网络信息系统中发生的所有安全事件情况存储在安全审计跟踪之中，以便分析原因，分清责任，及时采取相应的措施。审计跟踪的信息主要包括：事件类型、被管客体等级、事件时间、事件信息、事件回答以及事件统计等方面的信息）。

2. 机密性

机密性是确保信息不暴露给未授权的实体或进程。即防止信息泄漏给非授权个人或实体，信息只为授权用户使用的特性。机密性是在可靠性和可用性基础之上，保障网络信息安全的重要手段。

常用的技术包括：

（1）防侦收：使对手侦收不到有用的信息；

（2）防辐射：防止有用信息以各种途径辐射出去；

（3）信息加密：在密钥的控制下，用加密算法对信息进行加密处理。即使对手得到了加密后的信息也会因为没有密钥而无法读懂有效信息；

（4）物理保密：利用各种物理方法，如限制、隔离、掩蔽、控制等措施，保护信息不被泄露。

3. 完整性

完整性是网络信息未经授权不能进行改变的特性。只有得到允许的人才能修改数据，并且能够判别出数据是否已被篡改。即网络信息在存储或传输过程中保持不被偶然或蓄意地删除、修改、伪造、乱序、重放、插入等破坏和丢失的特性。完整性是一种面向信息的安全性，它要求保持信息的原样，即信息的正确生成和正确存储和传输。

完整性与保密性不同，保密性要求信息不被泄露给未授权的人，而完整性则要求信息不致受到各种原因的破坏。

（1）影响网络信息完整性的主要因素有：设备故障、误码（传输、处理和存储过程中产生的误码，定时的稳定度和精度降低造成的误码，各种干扰源造成的误码)、人为攻击、计算机病毒等。

(2)保障网络信息完整性的主要方法有以下几种。

① 协议：通过各种安全协议可以有效地检测出被复制的信息、被删除的字段、失效的字段和被修改的字段；

② 纠错编码方法：由此完成检错和纠错功能。最简单和常用的纠错编码方法是奇偶校验法；

③ 密码校验和方法：它是抗撰改和传输失败的重要手段；

④ 数字签名：保障信息的真实性；

⑤ 公证：请求网络管理或中介机构证明信息的真实性。

4．可控性

可以控制授权范围内的信息流向及行为方式。可控性是对网络信息的传播及内容具有控制能力的特性。

5．可审查性

对出现的网络安全问题提供调查的依据和手段。

7.3　计算机网络的安全策略

7.3.1　主机安全策略

主机安全策略可以从物理安全策略和主机访问策略两个方面进行。物理安全策略的目的是保护计算机系统、网络服务器、打印机等硬件实体和通信链路免受自然灾害、人为破坏和搭线攻击；验证用户的身份和使用权限、防止用户越权操作；确保计算机系统有一个良好的电磁兼容工作环境；建立完备的安全管理制度，防止非法进入计算机控制室和各种偷窃、破坏活动的发生。

访问控制是网络安全防范和保护的主要策略，它的主要任务是保证网络资源不被非法使用和非常访问。它也是维护网络系统安全、保护网络资源的重要手段。各种安全策略必须相互配合才能真正起到保护作用，但访问控制是保证网络安全最重要的核心策略之一。

1．入网访问控制

入网访问控制为网络访问提供了第一层访问控制。它控制哪些用户能够登录到服务器并获取网络资源，控制准许用户入网的时间和准许他们在哪台工作站入网。

用户的入网访问控制可分为三个步骤：用户名的识别与验证、用户口令的识别与验证、用户账号的缺省限制检查。三道关卡中只要任何一关未过，该用户便不能进入该网络。

（1）对网络用户名和口令验证

对网络用户的用户名和口令进行验证是防止非法访问的第一道防线。用户注册时首先输入用户名和口令，服务器将验证所输入的用户名是否合法。如果验证合法，才继续验证用户输入的口令，否则，用户将被拒之网络之外。用户的口令是用户入网的关键所在。为保证口令的安全性，用户口令不能显示在显示屏上，口令长度应不少于 6 个字符，口令字符最好是数字、字母和其他字符的混合，用户口令必须经过加密，加密的方法很多，其中最常见的方法有：基于单向函数的口令加密，基于测试模式的口令加密，基于公钥加密方案的口令加密，基于平方剩余的口令加密，基于多项式共享的口令加密，基于数字签名方案的口令加密等。经过上述方法加密的口令，即使是系统管理员也难以得到它。用户还可采用一次性用户口令，也可用便携式验证器（如智能卡）来验证用户的身份。

网络管理员应该可以控制和限制普通用户的账号使用、访问网络的时间、方式。用户名或用户账号是所有计算机系统中最基本的安全形式。用户账号应只有系统管理员才能建立。用户口令应是每用户访问网络所必须提交的"证件"、用户可以修改自己的口令，但系统管理员应该可以控制口令的以下几个方面的限制：最小口令长度、强制修改口令的时间间隔、口令的惟一性、口令过期失效后允许入网的宽限次数。

（2）用户账号的缺省限制

用户名和口令验证有效之后，再进一步履行用户账号的缺省限制检查。网络应能控制用户登录入网的站点、限制用户入网的时间、限制用户入网的工作站数量。当用户对交费网络的访问"资费"用尽时，网络还应能对用户的账号加以限制，用户此时应无法进入网络访问网络资源。网络应对所有用户的访问进行审计。如果多次输入口令不正确，则认为是非法用户的入侵，应给出报警信息。

2. 网络的权限控制

网络的权限控制是针对网络非法操作所提出的一种安全保护措施。用户和用户组被赋予一定的权限。网络控制用户和用户组可以访问哪些目录、子目录、文件和其他资源。可以指定用户对这些文件、目录、设备能够执行哪些操作。受托者指派和继承权限屏蔽可作为其两种实现方式。受托者指派控制用户和用户组如何使用网络服务器的目录、文件和设备。继承权限屏蔽相当于一个过滤器，可以限制子目录从父目录那里继承哪些权限。我们可以根据访问权限将用户分为以下几类：

（1）特殊用户：即系统管理员；

（2）一般用户：系统管理员根据他们的实际需要为他们分配操作权限；

（3）审计用户：负责网络的安全控制与资源使用情况的审计。用户对网络资源的访问权限可以用一个访问控制表来描述。

3. 目录级安全控制

网络应允许控制用户对目录、文件、设备的访问。用户在目录一级指定的权限对所有文件和子目录有效，用户还可进一步指定对目录下的子目录和文件的权限。对目录和文件的访问权限一般有八种：系统管理员权限（Supervisor）、读权限（Read）、写权限（Write）、创建权限（Create）、删除权限（Erase）、修改权限（Modify）、文件查找权限（File Scan）、存取控制权限（Access Control）。用户对文件或目标的有效权限取决于以下二个因素：用户的受托者指派、用户所在组的受托者指派、继承权限屏蔽取消的用户权限。一个网络系统管理员应当为用户指定适当的访问权限，这些访问权限控制着用户对服务器的访问。八种访问权限的有效组合可以让用户有效地完成工作，同时又能有效地控制用户对服务器资源的访问，从而加强了网络和服务器的安全性。

4. 属性安全控制

当需要使用文件、目录和网络设备时，网络系统管理员应给文件、目录等指定访问属性。属性安全控制可以将给定的属性与网络服务器的文件、目录和网络设备联系起来。属性安全在权限安全的基础上提供更进一步的安全性。网络上的资源都应预先标出一组安全属性。用户对网络资源的访问权限对应一张访问控制表，用以表明用户对网络资源的访问能力。属性设置可以覆盖已经指定的任何受托者指派和有效权限。属性往往能控制以下几个方面的权限：向某个文件写数据、拷贝一个文件、删除目录或文件、查看目录和文件、执行文件、隐含文件、共享、系统属性等。网络的属性可以保护重要的目录和文件，防止用户对目录和文件的误删除、执行修改、显示等。

5. 网络应用服务器安全控制

网络允许在服务器控制台上执行一系列操作。用户使用控制台可以装载和卸载模块，可以安装和删除软件等操作。网络服务器的安全控制包括可以设置口令锁定服务器控制台，以防止非法用户修改、删除重要信息或破坏数据；可以设定服务器登录时间限制、非法访问者检测和关闭的时间间隔。

6. 网络监测和锁定控制

网络管理员应对网络实施监控，服务器应记录用户对网络资源的访问，对非法的网络访问，服务器应以图形或文字或声音等形式报警，以引起网络管理员的注意。如果不法之徒试图进入网络，网络服务器应会自动记录企图尝试进入网络的次数，如果非法访问的次数达到设定数值，那么该账户将被自动锁定。

7. 网络端口和节点的安全控制

网络中服务器的端口往往使用自动回呼设备、静默调制解调器加以保护，并以加密的形式来识别节点的身份。自动回呼设备用于防止假冒合法用户，静默调制解调器用以防范黑客的自动拨号程序对计算机进行攻击。网络还常对服务器端和用户端采取控制，用户必须携带证实身份的验证器（如智能卡、磁卡、安全密码发生器）。在对用户的身份进行验证之后，才允许用户进入用户端。然后，用户端和服务器端再进行相互验证。

8. 防火墙控制

防火墙是控制进/出两个方向通信的门槛，在网络边界上通过建立起来的相应网络通信监控系统来隔离内部和外部网络，以阻挡外部网络的侵入。防火墙是近期发展起来的一种保护计算机网络安全的技术性措施，它是一个用以阻止网络中的黑客访问某个机构网络的屏障。目前的防火墙主要有包过滤防火墙和代理防火墙。详细内容参见本章 7.4 节。

7.3.2　信息加密策略

信息加密的目的是保护网内的数据、文件、口令和控制信息，保护网上传输的数据。网络加密常用的方法有链路加密、端点加密和节点加密三种。

（1）链路加密的目的：保护网络节点之间的链路信息安全；

（2）端—端加密的目的：对源端用户到目的端用户的数据提供保护；

（3）节点加密的目的：对源节点到目的节点之间的传输链路提供保护。

用户可根据网络情况酌情选择上述加密方式。详细内容参见本章 7.4 节。

7.3.3　网络防病毒策略

由于在网络环境下，计算机病毒有不可估量的威胁性和破坏力，一次计算机病毒的防范是网络安全性建设中重要的一环。

网络反病毒技术包括预防病毒、检测病毒和杀毒三种技术：

（1）预防病毒技术：它通过自身常驻系统内存，优先获得系统的控制权，监视和判断系统中是否有病毒存在，进而阻止计算机病毒进入计算机系统和对系统进行破坏。这类技术有，加密可执行程序、引导区保护、系统监控与读写控制（如防病毒卡等）。

（2）检测病毒技术：它是通过对计算机病毒的特征来进行判断的技术，如自身校验、关键字、文件长度的变化等。

（3）杀毒技术：它通过对计算机病毒的分析，开发出具有删除病毒程序并恢复原文件的软件。

网络反病毒技术的具体实现方法包括对网络服务器中的文件进行频繁地扫描和监测；在工作站上用防病毒芯片和对网络目录及文件设置访问权限等。

7.3.4　网络安全管理策略

在网络安全中，除了采用上述技术措施之外，加强网络的安全管理，制定有关规章制度，对于确保网络的安全、可靠地运行，将起到十分有效的作用。

网络的安全管理策略包括：确定安全管理等级和安全管理范围；制订有关网络操作使用规程和人员出入机房管理制度；制定网络系统的维护制度和应急措施等。

7.4　防火墙技术简介

7.4.1　防火墙的概念及其技术现状

防火墙（Fire wall）是指隔离在本地网络与外界网络之间的一道防御系统，是这一类防范措施的总称。在互联网上防火墙是一种非常有效的网络安全模型，通过它可以隔离风险区域（即 Internet 或有一定风险的网络）与安全区域（局域网）的连接，同时不会妨碍人们对风险区域的访问，如图 7-1 所示。防火墙也是各企业网络中实施安全保护的核心，管理员有选择地拒绝进出网络的数据流量，其功能也是由防火墙来完成的。

在逻辑上，防火墙是一个分离器，一个限制器，也是一个分析器，有效地监控了内部网和 Internet 之间的任何活动，保证了内部网络的安全。

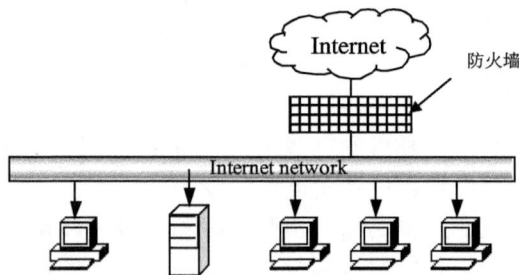

图 7-1　防火墙技术

自从 1986 年美国 Digital 公司在 Internet 上安装了全球第一个商用防火墙系

统后，防火墙技术得到了飞速的发展。目前有几十家公司推出了功能不同的防火墙系统产品。

第一代防火墙，又称包过滤防火墙，主要通过对数据包源地址、目的地址、端口号等参数来决定是否允许该数据包通过，对其进行转发，但这种防火墙很难抵御 IP 地址欺骗等攻击，而且审计功能很差。

第二代防火墙，也称代理服务器，它用来提供网络服务级的控制，起到外部网络向被保护的内部网络申请服务时中间转接作用，这种方式可以有效地防止对内部网络的直接攻击，安全性较高。

第三代防火墙有效地提高了防火墙的安全性，称为状态监控功能防火墙，它可以对每一层的数据包进行检测和监控。

第四代防火墙。随着网络攻击手段和信息安全技术的发展，新一代的功能更强大、安全性更强的防火墙已经问世，这个阶段的防火墙已超出了原来传统意义上防火墙的范畴，已经演变成一个全方位的安全技术集成系统，我们称之为第四代防火墙，它可以抵御目前常见的网络攻击手段，如 IP 地址欺骗、特洛伊木马攻击、Internet 蠕虫、口令探寻攻击、邮件攻击等等。

从早期的简单包过滤技术到应用代理技术，再到状态包过滤技术，防火墙技术总共经历了三个发展阶段。其中，状态包过滤技术因为安全性、性能都比较好，得到了广泛的应用。

7.4.2　防火墙的功能

1. 防火墙是网络安全的屏障

一个防火墙（作为阻塞点、控制点）能极大地提高一个内部网络的安全性，并通过过滤不安全的服务而降低风险。由于只有经过精心选择的应用协议才能通过防火墙，所以网络环境变得更安全。如防火墙可以禁止诸如众所周知的不安全的 NFS 协议进出受保护网络，这样外部的攻击者就不可能利用这些脆弱的协议来攻击内部网络。防火墙同时可以保护网络免受基于路由的攻击，如 IP 选项中的源路由攻击和 ICMP 重定向中的重定向路径。防火墙应该可以拒绝所有以上类型攻击的报文并通知防火墙管理员。

2. 防火墙可以强化网络安全策略

过以防火墙为中心的安全方案配置，能将所有安全软件（如口令、加密、身份认证、审计等）配置在防火墙上。与将网络安全问题分散到各个主机上相比，防火墙的集中安全管理更经济。例如在网络访问时，口令系统和其他的身份认证系统完全可以不必分散在各个主机上，而集中在防火墙一身上。

3. 对网络存取和访问进行监控审计

如果所有的访问都经过防火墙，那么，防火墙就能记录下这些访问并作出日志记录，同时也能提供网络使用情况的统计数据。当发生可疑动作时，防火墙能进行适当的报警，并提供网络是否受到监测和攻击的详细信息。另外，收集一个网络的使用和误用情况也是非常重要的。首先的理由是可以清楚防火墙是否能够抵挡攻击者的探测和攻击，并且清楚防火墙的控制是否充足。而网络使用统计对网络需求分析和威胁分析等而言也是非常重要的。

4. 防止内部信息的外泄

通过利用防火墙对内部网络的划分，可实现内部网重点网段的隔离，从而限制了局部重点或敏感网络安全问题对全局网络造成的影响。再者，隐私是内部网络非常关心的问题，一个内部网络中不引人注意的细节可能包含了有关安全的线索而引起外部攻击者的兴趣，甚至因此而暴露了内部网络的某些安全漏洞。防火墙可以同样阻塞有关内部网络中的 DNS 信息，这样一台主机的域名和 IP 地址就不会被外界所了解。

除了安全作用，防火墙还支持具有 Internet 服务特性的企业内部网络技术体系 VPN。通过 VPN，将企事业单位在地域上分布在全世界各地的 LAN 或专用子网，有机地联成一个整体。不仅省去了专用通信线路，而且为信息共享提供了技术保障。

7.4.3　防火墙的种类

防火墙技术可根据防范的方式和侧重点的不同而分为很多种类型，但总体来讲可分为二大类：分组过滤、应用代理。

（1）分组过滤（Packet filtering）：作用在网络层和传输层，它根据分组包头源地址，目的地址和端口号、协议类型等标志确定是否允许数据包通过。只有满足过滤逻辑的数据包才被转发到相应的目的地出口端，其余数据包则被从数据流中丢弃。

（2）应用代理（Application Proxy）：也叫应用网关（Application Gateway），它作用在应用层，其特点是完全"阻隔"了网络通信流，通过对每种应用服务编制专门的代理程序，实现监视和控制应用层通信流的作用。实际中的应用网关通常由专用工作站实现。

1. 包过滤型防火墙

包过滤也称为分组过滤，是一种通用、廉价、有效的安全手段。它不针对各个具体的网络服务采取特殊的处理方式，大多数路由器都提供分组过滤功能，它能很大程度地满足企业的安全要求。

（1）包过滤的工作原理

包过滤防火墙设置在网络层，可以在路由器上实现包过滤。首先应建立一定数量的信息过滤表，信息过滤表是以其收到的数据包头信息为基础而建成的。信息包头含有数据包源 IP 地址、目的 IP 地址、传输协议类型（TCP、UDP、IC-MP 等）、协议源端口号、协议目的端口号、连接请求方向、ICMP 报文类型等。当一个数据包满足过滤表中的规则时，则允许数据包通过，否则禁止通过。这种防火墙可以用于禁止外部不合法用户对内部的访问，也可以用来禁止访问某些服务类型。但包过滤技术不能识别有危险的信息包，无法实施对应用级协议的处理，也无法处理 UDP、RPC 或动态的协议。

包过滤在网络层和传输层起作用。它根据分组包的源、宿地址，端口号及协议类型、标志确定是否允许分组包通过。所根据的信息来源于 IP、TCP 或 UDP 包头。

（2）包过滤防火墙的优点

不用改动客户机和主机上的应用程序，因为它工作在网络层和传输层，与应用层无关。

（3）包过滤防火墙的缺点

在许多过滤器中，过滤规则的数目是有限制的，且随着规则数目的增加，性能会受到很大地影响；由于缺少上下文关联信息，不能有效地过滤如 UDP、RPC 一类的协议；另外，大多数过滤器中缺少审计和报警机制，且管理方式和用户界面较差；对安全管理人员素质要求高，建立安全规则时，必须对协议本身及其在不同应用程序中的作用有较深入的理解。因此，过滤器通常是和应用网关配合使用，共同组成防火墙系统。

2．应用代理型防火墙

应用代理型防火墙是内部网与外部网的隔离点，起着监视和隔绝应用层通信流的作用。它工作在 OSI 模型的最高层，掌握着应用系统中可用作安全决策的全部信息，如图 7-2 所示。

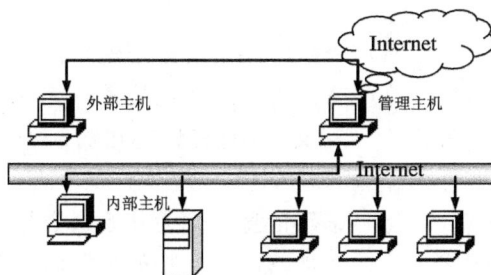

图 7-2　应用代理型防火墙

代理防火墙又称应用层网关级防火墙，它由代理服务器和过滤路由器组成，是目前较流行的一种防火墙，它将过滤路由器和软件代理技术结合在一起，过滤路由器负责网络互连，并对数据进行严格选择，然后将筛选过的数据传送给代理服务器。代理服务器起到外部网络申请访问内部网络的中间转接作用，其功能类似于一个数据转发器，它主要控制哪些用户能访问哪些服务类型。当外部网络向内部网络申请某种网络服务时，代理服务器接受申请，然后它根据其服务类型、服务内容、被服务的对象、服务者申请的时间、申请者的域名范围等来决定是否接受此项服务，如果接受，它就向内部网络转发这项请求。代理防火墙无法快速支持一些新出现的业务（如多媒体）。现在较流行的代理服务器软件是 WinGate 和 Proxy Server。

3. 复合型防火墙

由于对更高安全性的要求，常把基于包过滤的方法与基于应用代理的方法结合起来，形成复合型防火墙产品。这种结合通常是以下两种方案。

（1）屏蔽主机防火墙体系结构

在该结构中，分组过滤路由器或防火墙与 Internet 相连，同时一个堡垒机安装在内部网络，通过在分组过滤路由器或防火墙上过滤规则的设置，使堡垒机成为 Internet 上其他节点所能到达的惟一节点，这确保了内部网络不受未授权外部用户的攻击。

（2）屏蔽子网防火墙体系结构

堡垒机放在一个子网内，形成非军事化区，两个分组过滤路由器放在这一子网的两端，使这一子网与 Internet 及内部网络分离。在屏蔽子网防火墙体系结构中，堡垒主机和分组过滤路由器共同构成了整个防火墙的安全基础。

7.5 信息加密技术

7.5.1 信息加密的概念

密码技术分为加密和解密（密码学和密码分析学）两部分。

数据加密的就是对原来为明文的文件或数据按某种算法进行处理，使其成为不可读的一段代码，通常称为"密文"，使其只能在输入相应的密钥之后才能显示出本来内容，通过这样的途径来达到保护数据不被非法人窃取、阅读的目的。该过程的逆过程为解密，即将该编码信息转化为其原来数据的过程。密码技术是网络安全最有效的技术之一。一个加密网络，不但可以防止非授权用户的搭线窃听和入网，而且也是对付恶意软件的有效方法之一。

7.5.2　加密系统的组成

加密和解密过程组成为加密系统，明文与密文总称为报文，任何加密系统，不管形式多么复杂，至少包括以下 4 个组成部分：待加密的报文（明文）、加密后的报文（密文）、加密（解密）装置或算法和用于加密和解密的钥匙。

加密是在不安全的环境中实现信息安全传输的重要方法。例如：当你要发送一份文件给别人时，先用密钥将其加密成密文，当对方收到带有密文的信息后，也要用钥匙将密文恢复成明文。即使说发送的过程中有人窃取了，得到的也是一些无法理解的密文信息。

7.5.3　常用的加密方法及应用

信息加密过程是由各种各样的加密算法来具体实施，它以很小的代价提供很大的安全保护。在多数情况下，信息加密是保证信息机密性的惟一方法。据不完全统计，到目前为止，已经公开发表的各种加密算法多达数百种。

按照加密密码钥和解密密钥是否相同：可分为以下两种主流的加密技术：对称密码算法，其典型加密码算法如 DES （Data Encryption Standard） 和公钥密码算法，其典型加密码算法 RSA 加密 （Rivest-Shamir-Adleman）。

对称加解密算法：通信双方（通信主体）同时掌握一个钥匙，加解密都由这一个钥匙完成。公私钥加解密算法：通信双方（通信主体）彼此掌握不同的钥匙，不同方向的加解密由不同钥匙完成。

1. 对称加解密算法

在常规密码中，收发双方使用相同的密钥，即加密密钥和解密密钥是相同或等价的。比较著名的常规密码算法是 DES 密码。常规密码的优点是有很强的保密强度，且经受住时间的检验和攻击，但其密钥必须通过安全的途径传送。因此，其密钥管理成为系统安全的重要因素。例如甲、乙双方通过网络采用通信，采用对称加解密的方法：

通信双方甲、乙共同拟定一个密钥，共享。

任何一方发信时都以该共享密钥加密再发送。

收信方同样以该密钥解密。

复信同上。

在对称密码学中，加密解密为同一个密钥，对称加密速度快，密钥数量以用户数量的平方速度增长，密钥管理成为复杂的问题，不适用于数字签名和不可否认性。

2. 公钥加密

在公钥密码中，收发双方使用的密钥互不相同，而且几乎不可能从加密密钥推导出解密密钥。最有影响的公钥密码算法是 RSA，它能抵抗到目前为止已知的所有密码攻击。

权威数字认证机构（CA）给所有通信主体（个人或组织）颁发公钥和私钥，彼此配对，分别惟一。私钥好比数字指纹，同时具有解密和加密功能。个人保管，不公开。公钥好比安全性极高的挂号信箱地址，是公开的。

如果两个人使用非对称密码算法传输机密信息，则发送者首先要获得接收者的公钥，并使用接收者的公钥加密原文，然后将密文传输给接收者。接收者使用自己的私钥才能解密密文。由于加密密钥是公开的，不需要建立额外的安全信道来分发密钥，而解密密钥是由用户自己保管的，与对方无关，从而避免了在对称密码系统中容易产生的任何一方单方面密钥泄露问题，以及分发密钥时的不安全因素和额外的开销。

公钥密码的优点是可以适应网络的开放性要求，且密钥管理问题也较为简单，尤其可方便的实现数字签名和验证。但其算法复杂。加密数据的速率较低。尽管如此，随着现代电子技术和密码技术的发展，公钥密码算法将是一种很有前途的网络安全加密体制，当然在实际应用中人们通常将常规密码和公钥密码结合在一起使用，比如：利用 DES 或者 IDEA 来加密信息，而采用 RSA 来传递会话密钥。如果按照每次加密所处理的比特来分类，可以将加密算法分为序列密码和分组密码。前者每次只加密一个比特而后者则先将信息序列分组，每次处理一个组。

3. 数字签名

在非对称密码算法中，最常用的是 RSA 算法。非对称密钥算法除了用于加密数据外，还可以用于数字签名。典型的数字签名算法是 DSA 算法，RSA 算法也可用于数字签名。

数字签名是基于加密技术的，它的作用就是用来确定用户是否是真实的。数字签名主要提供信息交换时的不可否认性，公钥和私钥的使用方式与数据加密恰好相反。当两个用户进行通信时，发送方首先使用自己的私钥来加密某些特征信息（即数字签名），表明对发送的数据的认可，然后将数据和签名信息一起发送给对方。届时接受方使用发送方的公钥来解密签名信息，并验证签名信息。

设若甲有一份需保密的数字商业合同发给乙签署。经过如下步骤：

1. 甲用乙的公钥对合同加密。

2. 密文从甲发送到乙。

3. 乙收到密文，并用自己的私钥对其解密。

4. 解密正确，经阅读，乙用自己的私钥对合同进行签署。

5. 乙用甲的公钥对已经签署的合同进行加密。

6. 乙将密文发给甲。

7. 甲用自己的私钥将已签署合同解密。

解密正确，确认签署。

从以上步骤，我们知道：

1. 用公钥加密的密文能且只能用与其惟一配对的私钥才能解开。

2. 如果某份密文被解开，那么肯定是密文的目标信息主体解开的。

3. 私钥因其惟一标识所有者的属性，被用于数字签名，具有法律效力。

4. 身份认证技术

有些站点提供入站 FTP 和 WWW 服务，当然用户通常接触的这类服务是匿名服务，用户的权力要受到限制，但也有的这类服务不是匿名的，如某公司为了信息交流提供用户的合作伙伴非匿名的 FTP 服务，或开发小组把他们的 Web 网页上载到用户的 WWW 服务器上，现在的问题就是，用户如何确定正在访问用户的服务器的人就是用户认为的那个人，身份认证技术就是一个好的解决方案。

7.5.4　密钥的管理

密钥既然要求保密，这就涉及密钥的管理问题，管理不好，密钥同样可能被无意识地泄露，并不是有了密钥就高枕无忧，任何保密也只是相对的，是有时效的。要管理好密钥我们还要注意以下几个方面：

1. 密钥的使用要注意时效和次数

如果用户可以一次又一次地使用同样密钥与别人交换信息，那么密钥也同其他任何密码一样存在着一定的安全性，虽然说用户的私钥是不对外公开的，但是也很难保证私钥长期的保密性，很难保证长期以来不被泄露。如果某人偶然地知道了用户的密钥，那么用户曾经和另一个人交换的每一条消息都不再是保密的了。另外使用一个特定密钥加密的信息越多，提供给窃听者的材料也就越多，从某种意义上来讲也就越不安全了。

因此，一般强调仅将一个对话密钥用于一条信息中或一次对话中，或者建立一种按时更换密钥的机制以减小密钥暴露的可能性。

2. 多密钥的管理

假设在某机构中有 100 个人，如果他们任意两人之间可以进行秘密对话，那么总共需要多少密钥呢？每个人需要知道多少密钥呢？也许很容易得出答案，如果任何两个人之间要不同的密钥，则总共需要 4950 个密钥，而且每个人应记住 99 个密钥。如果机构的人数是 1000、10000 人或更多，这种办法就显然过于愚蠢了，管理密钥将是一件可怕的事情。

Kerberos 提供了一种解决这个较好方案，它是由 MIT 发明的，使保密密钥的管理和分发变得十分容易，但这种方法本身还存在一定的缺点。为能在因特网上提供一个实用的解决方案，Kerberos 建立了一个安全的、可信任的密钥分发中心（Key Distribution Center，KDC），每个用户只要知道一个和 KDC 进行会话的密钥就可以了，而不需要知道成百上千个不同的密钥。

假设用户甲想要和用户乙进行秘密通信，则用户甲先和 KDC 通信，用只有用户甲和 KDC 知道的密钥进行加密，用户甲告诉 KDC 他想和用户乙进行通信，KDC 会为用户甲和用户乙之间的会话随机选择一个对话密钥，并生成一个标签，这个标签由 KDC 和用户乙之间的密钥进行加密，并在用户甲启动和用户乙对话时，用户甲会把这个标签交给用户乙。这个标签的作用是让用户甲确信和他交谈的是用户乙，而不是冒充者。因为这个标签是由只有用户乙和 KDC 知道的密钥进行加密的，所以即使冒充者得到用户甲发出的标签也不可能进行解密，只有用户乙收到后才能够进行解密，从而确定了与用户甲对话的人就是用户乙。

当 KDC 生成标签和随机会话密码，就会把它们用只有用户甲和 KDC 知道的密钥进行加密，然后把标签和会话钥传给用户甲，加密的结果可以确保只有用户甲能得到这个信息，只有用户甲能利用这个会话密钥和用户乙进行通话。同理，KDC 会把会话密码用只有 KDC 和用户乙知道的密钥加密，并把会话密钥给用户乙。

用户甲会启动一个和用户乙的会话，并用得到的会话密钥加密自己和用户乙的会话，还要把 KDC 传给它的标签传给用户乙以确定用户乙的身份，然后用户甲和用户乙之间就可以用会话密钥进行安全的会话了，而且为了保证安全，这个会话密钥是一次性的，这样黑客就更难进行破解了。同时由于密钥是一次性由系统自动产生的，则用户不必记那么多密钥了，方便了人们的通信。

7.5.5　加密技术的应用

加密技术的应用是多方面的，但最为广泛的还是在电子商务和 VPN 上的应用。

1. 在电子商务方面的应用

电子商务（E-business）要求顾客可以在网上进行各种商务活动，不必担心自己的信用卡会被人盗用。在过去，用户为了防止信用卡的号码被窃取到，一般是通过电话订货，然后使用用户的信用卡进行付款。现在，人们开始用 RSA（一种公开/私有密钥）的加密技术，提高信用卡交易的安全性，从而使电子商务走向实用成为可能。

2. 加密技术在 VPN 中的应用

现在，越多越多的公司走向国际化，一个公司可能在多个国家都有办事机构或销售中心，每一个机构都有自己的局域网 LAN（Local Area Network），用户希望将这些 LAN 连结在一起组成一个公司的广域网，一般使用租用专用线路来连结这些局域网，主要考虑的就是网络的安全问题。现在具有加密/解密功能的路由器很多，这就使人们通过互联网连接这些局域网成为可能，这就是我们通常所说的虚拟专用网（Virtual Private Network，VPN）。当数据离开发送者所在的局域网时，该数据首先被用户端连接到互联网上的路由器进行硬件加密，数据在互联网上是以加密的形式传送的，当达到目的 LAN 的路由器时，该路由器就会对数据进行解密，这样目的 LAN 中的用户就可以看到真正的信息了。

本 章 小 结

网络安全主要是指网络信息安全，它是在分布式计算环境中对信息的传输、存储、访问提供安全保护，以防止信息被窃取、篡改和非法操作。信息安全的三个基本要素是保密性、完整性和可用性服务，在分布网络环境下还应提供鉴别、访问服务和抗否认等安全服务。本章主要是在介绍网络安全概念和安全体系的结构层次的基础上，重点分析了网络安全技术以及安全策略，并介绍了安全防火墙系统和信息加密技术。

习　　题

1. 何谓网络安全？结合实际举例说明。
2. 网络信息安全与保密的目标主要表现在哪些部分？试述对称加密算和非对称加密算法的简单应用。
3. 设置防火墙的主要功能是什么？其主要技术分哪几个类型？它有哪些缺点？
4. 访问控制是保证网络安全的重要手段，试述访问控制的安全策略。
5. 在应用层，可以实现的安全功能有哪些？
6. 简述常用的数据加密技术及其应用特点。

实 训 项 目

实训 1　制作网络连线与设备连接

学习目标：

- 熟悉网络的拓扑结构
- 了解和认识网络设备及接口
- 了解网络布线，掌握双绞线的配线标准
- 掌握压线钳、打线工具的使用方法，能够使用压线工具、网线测试仪和打线工具，能够进行 RJ-45 连接线的制作
- 能够正确进行网络设备的连接

1.1　工作任务情境

金地公司在汴新成立一个开封分公司，需要进行组建一个局域网。分公司经理 1 人、副经理 1 人、办公室 2 人、供销部 20 人、财务部 4 人、库存部 4 人，库存部与分公司其他部门相距 150 米左右。为了实现信息化管理，分公司为每人配备一台计算机。

要组建这样一个小型办公局域网，根据现场调研的房间布局、计算机分布和客户需求，我们需要给出相应的组网方案，绘制出网络拓扑结构图，购置组建网络所需的设备，熟悉 RJ-45 水晶头连线的制作，再将网络设备连接起来，以完成组建小型局域网的前期工作。

1.2　工作任务实施准备

1.2.1　绘制网络拓扑结构图

根据对金地公司开封分公司现场调研的房间布局、计算机分布和客户要求，了解到经理室、办公室、财务部、机房共需 10 台计算机，其房间相距不远，可以使用同一台交换机，考虑到扩容性，这里选择一个 24 口交换机；而供销部有 20 台计算机，需要一个 24 口交换机；库存部有 4 台计算机，也可以选购一个 24 口交换机。由于库存部与分公司相距 150 米左右，它们之间需要使用光纤连接，其余选择双绞线连接。经与客户协商后确定设备摆放的具体位置，然后绘制出网络拓扑结构图，如实训图 1-1 所示。

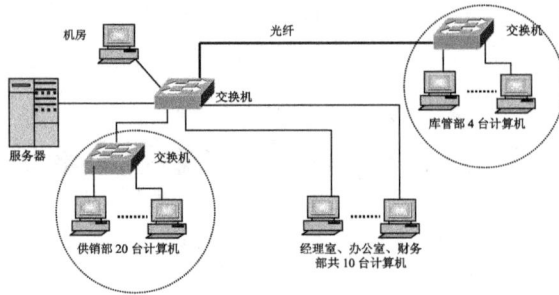

实训图 1-1　金地公司开封分公司网络拓扑图

1.2.2　购置设备

根据金地公司开封分公司的需求，需要购置一台数据库服务器和 34 台计算机，3 台 24 口交换机选择"Cisco-Linksys 思科 SR2024 24 端口千兆光纤扩展交换机"，它有 24 个 RJ-45 10/100/1000 端口和 2 个 Mini GBIC 端口（可以走光信号的 LC、SC），传输速度 10MB/100MB/1000MB 自适应。

购置适当长度的多模光纤和双绞线，合适数量的信息模块、RJ-45 水晶头和光纤连接器。

1.2.3　准备工具

（1）压线钳

双绞线专用压线钳如实训图 1-2 所示，使用压线钳可以完成双绞线的剪线、剥线和压线三种工作。

实训图 1-2　压线钳

（2）打线工具

双绞线的打线工具如实训图 1-3 所示，使用打线工具可以完成双绞线与信息模块的打线工作。

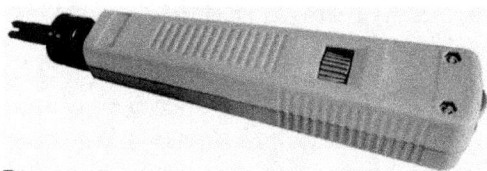

实训图 1-3 打线工具

（3）测线仪

如实训图 1-4 所示，RJ-45 测线仪是直通线或交叉线的简单测试工具。在双绞线连接头制作完成后，使用测线仪能对双绞线的 1、2、3、4、5、6、7、8 线逐根（对）测试，并可以判定哪一根（对）线是错线、短路或正确的连线。

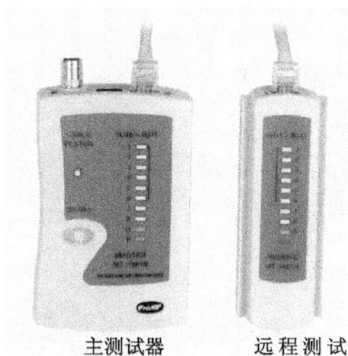

主测试器　　　远程测试

实训图 1-4 RJ45 测线仪

1.2.4 计划任务

（1）根据网络拓扑结构图完成布线和信息模块打线。

（2）制作若干条直通线。

（3）正确连接网络设备。

1.3 任务实施过程

1.3.1 网络布线

1. 布线实施

将事先准备好双绞线按照实训图 1-1 进行布线。

网络布线是在地板、墙壁里暗装或经过 PVC 管和终结在墙面的 RJ-45 信息模块处。网络线是一个信息点一根网线，中间不允许续接，一线走到底。每根网线始于交换机端口，终点在 RJ-45 信息模块接口处。

布线时需要与客户协商网络需求，现场勘察建筑，根据用户提出的信息点位置和数量要求，参考建筑平面图、装修平面图等资料，结合网络设计方案对布线施工现场进行勘察，初步预定信息点数目与位置。勘察对象包括：建筑结构、设备间和配线管理间的位置、走线路由、电磁环境、布线设施外观等。还要考虑在利用现有空间、同时避开强电及其他线路，做出综合布线调研后制定布线设计方案：服务器和一个交换机放置在办公室，从办公室的交换机到经理室需要布 2 根双绞线和 2 个信息模块以连接计算机，到财务部需要 4 根双绞线和 4 个信息模块以连接计算机，到供销部需要 1 根双绞线和 1 个信息模块以连接交换机，到库存部需要一根多模光纤以连接交换机。而每台计算机连接到交换机或信息模块则需要 1 根直通线。

根据布线方案，确定详细施工细节，确定钻孔、走线、信息插座定位、机柜定位、制作布线标记等内容。施工方案需要与用户方协商，且得到用户方的认可签字，并指定协调负责人予以配合。根据布线设计方案进行布线，引入信息插座的双绞线预留约 40 厘米左右。

2. 安装信息模块

如实训图 1-5 是需用打线工具打线的 RJ-45 信息模块，符合 T568A 和 T568B 标准线序，适用于设备间与工作区的通信插座连接。

信息插座与模块是嵌套在一起的，埋在墙中或 PVC 管中的网线是通过信息模块与外部网线进行连接的，墙内部网线与信息模块的连接是通过把网线的 8 根色线芯按规定卡入信息模块的对应线槽中的。

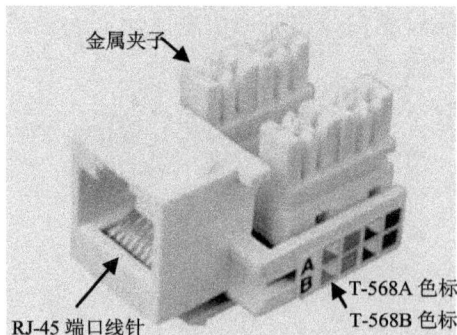

金属夹子

A
B

T-568A 色标
T-568B 色标

RJ-45 端口线针

实训图 1-5　RJ45 信息模块

　　RJ-45 信息模块前面插孔内有 8 芯线针触点分别对应着双绞线的八根色线芯；后部两边分列各四个打线柱，外壳为聚碳酸酯材料，打线柱内嵌有连接各线针的金属夹子；有通用线序色标清晰注于模块两侧面上，上排 A 表示 T586A 线序模式，下排 B 表示 T586B 线序模式。

　　RJ-45 信息模块的打线，需要先把双绞线的色线芯放在模块的线槽里，然后用打线工具用力按下去，使线嵌入线槽里。色线芯不用剥皮，直接嵌入。打线的具体过程如下：

　　第 1 步：剥线。将预留在暗盒里约 50 厘米的双绞线抽出，用压线钳的刀具夹住距双绞线线头 10 厘米左右处，握紧压线钳柄（不要用力太大以免切断线芯）转动，将双绞线的外包皮剥去。

　　第 2 步：把双绞线芯压入金属夹子。将双绞线的色线芯按线对分开，将剥皮处与模块后端面平行，如实训图 1-6 所示，两手稍旋开绞线对，将剥皮处与模块后端面平行，稍用力将导线压入信息模块上所指示的色标所对应颜色的线槽内，全部线对都压入各槽位的金属夹子处，等待打线，这里统一使用 T586B 标准。

实训图 1-6　双绞线芯压入金属夹子

　　第 3 步：打线。将切割余线的刀口朝向模块的处侧，打线工具与模块垂直插入槽位，如实训图 1-7 所示，垂直用力冲击，听到"卡嗒"一声，说明工具的凹槽已经将线芯压到位，已经嵌入金属夹子里，金属夹子并已经切入结缘皮咬合铜线芯形成通路，同时也切断了多余的铜线芯。

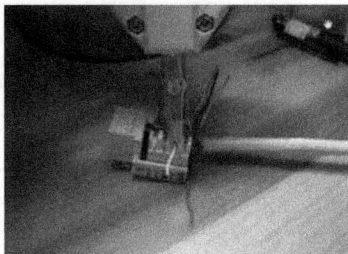

实训图 1-7　打线

> **注意：** 切割余线的刀口永远向外，若向内，则压入线的同时也切断了本来应该连接的铜线。

第 4 步：将已打线的模块安装、固定到信息插中。

按照上述步骤制作完成其余的信息模块的打线和安装。

3．测试验收

根据相应的布线系统标准规范对布线系统进行各项技术指标的现场认证测试。使用 DTX 线缆测试仪，根据 TSB-67 标准，对接线图、通断情况、长度、衰减量、近端串音、传播延迟等多方面数据进行测试，并可联机打印测试报告。

1.3.2　制作网络连线

双绞线两端的 RJ-45 接口线序必须符合 EIA/TIA568B 或 EIA/TIA 568A 配线标准，具体接法如实训表 1-1 所示。

实训表 1-1　RJ-45 接口的 EIA/TIA 配线标准

线序	1	2	3	4	5	6	7	8
T568A 标准	绿白	绿	橙白	蓝	蓝白	橙	棕白	棕
T568B 标准	橙白	橙	绿白	蓝	蓝白	绿	棕白	棕

双绞线的两端安装 RJ-45 水晶头，每条双绞线通过两端安装的 RJ-45 水晶头将各种网络设备连接起来。

使用双绞线制作网络连线就是将 RJ-45 水晶头压接到双绞线上，网络连线包括直通线和交叉线。其线序标准分别如实训表 1-2 所示。

实训表 1-2　直通线和交叉线线序表

	线序	1	2	3	4	5	6	7	8
T568B 直通线	端 1	橙白	橙	绿白	蓝	蓝白	绿	棕白	棕
	端 2	橙白	橙	绿白	蓝	蓝白	绿	棕白	棕
T568A 直通线	端 1	绿白	绿	橙白	蓝	蓝白	橙	棕白	棕
	端 2	绿白	绿	橙白	蓝	蓝白	橙	棕白	棕
交叉线	端 1	绿白	绿	橙白	蓝	蓝白	橙	棕白	棕
	端 2	橙白	橙	绿白	蓝	蓝白	绿	棕白	棕

1. 压接 RJ-45 水晶头

上面信息模块我们按 T568B 标准打线，所以这里的水晶头也是按 T568B 标准压接。制作直通线的步骤如实训图 1-8 所示。

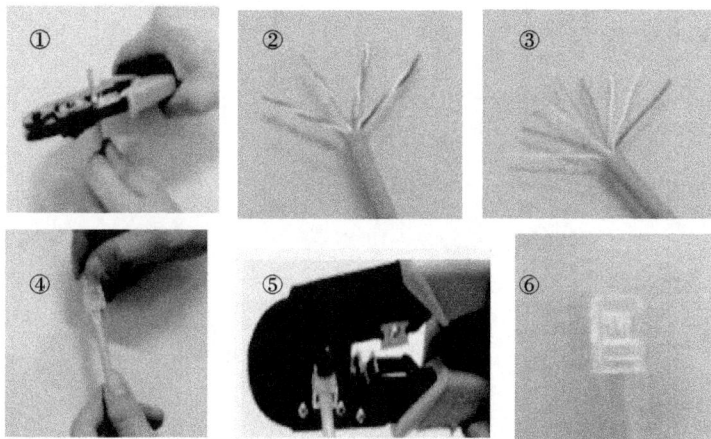

实训图 1-8　制作双绞线的步骤

第 1 步：剥线。根据所需双绞线的长度截取适当长度的双绞线，用压线工具的剥线器夹住双绞线一端，使其外露至少 2cm，握紧压线钳转动，将双绞线的外皮剥去后，露出 4 对芯线。

第 2 步：检查线。观察双绞线 4 对芯线，确认绝缘层没有芯线切破后呈扇状拨开，否则用压线钳的刀片剪去露出的芯线后重新剥线。

第 3 步：排列线。将每一对芯绞线分开拉直，然后将双绞线的按照颜色白橙、橙、白绿、蓝、白蓝、绿、白棕、棕色线序（T568B 配线标准）依次并拢平行在手上紧密排列。

第 4 步：切线和插线。将 4 对色线用压线钳的刀片切齐，留下约 1 厘米的长度。左手抓住水晶头，右手将双绞线插入 RJ-45 接头中（注意："橙白"线对准 RJ-45 接头第一个脚位），直到插入到顶端。若能见到全数八根铜线的亮截面，说明已经插到尽头，并在尽头也平整。否则抽出重来，并可能要再次修剪线头。

注意：注意水晶头里是有槽位的，只容一条线芯通过，一线一槽才插得进去。

第 5 步：压线。RJ-45 接头放入压线钳的压线槽，直到插入到顶端后，要有意识的向钳顶线，再用力握紧压线钳的手柄。

实训图 1-8 之⑥是已经制作好的 RJ-45 接头。

重复第 1～第 5 步，制作另一端 RJ-45 接头（注意线的排列顺序），从而制作了一条符合 T568B 标准的直通线。

按照上述步骤完成所有直通线的制作。

注意：夹过的 RJ-45 接头的 8 只金属脚会比未压过的低，用手一摸应该和外框持平，这样才能插入到网卡插槽里。

2．测试连接线

将双绞线两端的水晶插头分别插入测线仪的主测试器和远程测试器 RJ-45 口，如实训图 1-9 所示，按下开关将开始测试。

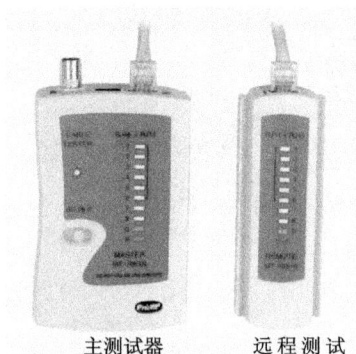

主测试器　　　　远程测试

实训图 1-9　RJ45 灯亮显示

（1）连接正确

此时主测试器的绿色指示灯将按照顺序 1－2－3－4－5－6－7－8 逐个闪亮，若远程测试器的绿色指示灯也从 1－2－3－4－5－6－7－8 逐个对应闪亮，表示连接正确，这根网络连线便可以使用了。

（2）若两端线序连接不正常，按下述情况显示：

①当有一根网线断路，如 3 号线断路，则主测试仪和远程测试端 3 号线的指示灯将不会亮。当有几条线不通，则几条线都不亮，当网线少于 2 根线连通时，灯都不亮。

②当两头网线乱序，例 2，4 线乱序，则主测试器端灯亮顺序不变：1－2－3－4－5－6－7－8，而远程测试端灯亮顺序则变为：1－4－3－2－5－6－7－8。

注意：网络连线测试后，若两端线序连接不正常，则需要重做这根网络连线。

1.3.3　连接设备

（1）使用直通线连接计算机和信息插座。按照拓扑结构图确定交换机、计算机及附属设备的摆放位置后，将直通线一端的水晶头插入计算机网卡的 RJ-45 端口。听到"喀"声后，表示已经顺利将 RJ-45 卡栓卡入到插座内。再将另一端插入到信息插座的 RJ-45 端口。

(2) 将交换机房间已布线的双绞线连接到交换机的 RJ-45 端口；将交换机房间的计算机使用直通线与交换机连接起来。

(3) 连接两交换机间光纤。将光纤连接线插入到光纤接口，如实训图 1-10 所示。

实训图 1-10 插入到光纤接口的光纤连接线图示

这样便将所有的网络设备连接起来，完成组建了小型局域网的前期工作。

注意：要取下水晶头，必须先压下插头上的卡栓，然后才能拔出水晶头。

小 结

(1) 要组建一个局域网，需要根据现场调研网络需求、房间布局、计算机分布和客户要求，与客户协商后，确定需要购买的设备清单，设备放置位置。进而绘制网络拓扑结构图。

(2) 根据客户需求和条件，选择适当的计算机、打印机、交换机、网卡、双绞线、水晶头、光纤及连线。

(3) 根据网络拓扑图进行布线和打线，信息插座的数量要考虑其扩容要求。

(4) 制作的网络连线要使用统一标准，线序一定要正确，要避免色线裸露。

(5) 网络连线要注意直通线和交叉线的适用场合，以免出现连接错误。

习 题

1. 双绞线直通线和交叉线分别应用在什么场合？两台计算机直接相连使用直通线还是交叉线？

2. 光纤通信的优点有哪些？有什么缺点吗？

3. 用双绞线制作一根直通线，总结其制作步骤和注意事项。

实训 2　组建一个小型局域网

学习目标：

■ 了解 IP 地址的分配及子网掩码的运用

■ 能够进行网络设置，实现网络的连通性

■ 能使用 Ping 命令检测本机可达局域网中其他站点，具备初步解决网络连通性故障的能力

■ 掌握实现对等网的组建方法

■ 熟练实现 Windows 环境中打印机共享

■ 熟练实现 Windows 环境中文件夹共享的权限设置

2.1　工作任务情境

金地公司在开封分公司的网络设备已经连接起来，需要在网络上开展一些应用。经理希望公司员工都能阅读但不能修改存放在办公室主任机器上的规章制度，经理能够了解存放在主管会计机器上的财务状况而非授权用户不能够访问，需要有严格的访问控制。

各个部门仅有一台 HP P1505 打印机，需要解决如何公用打印机问题。

2.2　工作任务实施准备

2.2.1　环境准备

为了使所有用户能够实现资源共享，使网络具有较高性能，便于以后的升级需要，金地公司在开封分公司采用了 100 Base TX 星型网络结构连接，如实训图 2-1 所示，且网络硬件设备已经完成连接。所有工作人员使用的计算机都已安装 Windows XP 操作系统，已规划了每台计算机的名称和 IP 地址，各个房间的打印机都连接到本部门的 1 号计算机上。

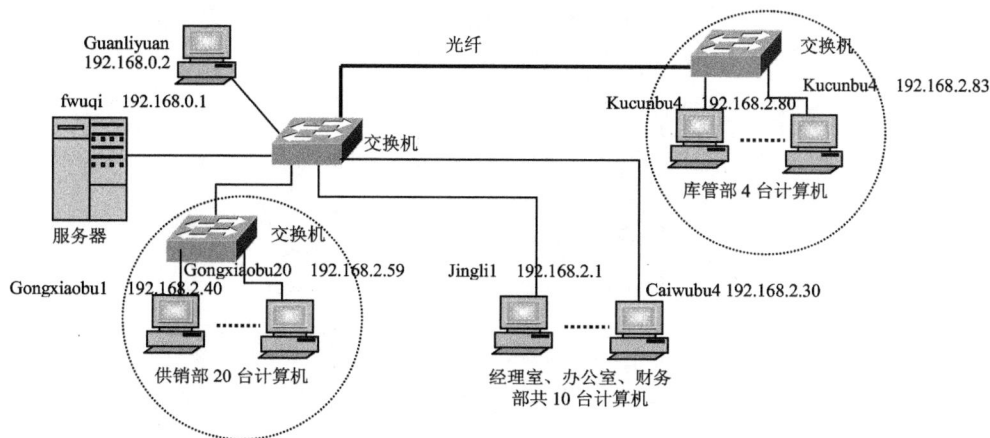

实训图 2-1 金地公司开封分公司网络拓扑图

2.2.2 计划任务

（1）命名计算机名称、工作组名称。

（2）配置网络参数。

（3）可达性测试，保证网络互通。

（4）设置和访问共享打印机。

（5）设置和访问共享文件夹，实现局域网中资源共享。

2.3 任务实施过程

2.3.1 设置计算机名称和所属工作组

为了便于记忆，现将开封分公司的计算机工作组及计算机名称规划为：经理室工作组名为 Jinglishi，计算机名分别为 Jingli1～Jingli2；办公室的工作组名为 Bangongshi，计算机名分别为 Bangongshi1～Bangongshi4；……库存部的工作组名为 Kucunbu，计算机名分别为 Kucunbu1～Kucunbu4。打印机都连接到各自部门的 1 号计算机上。

以经理的计算机为例设置计算机标识和工作组名的步骤如下：

第 1 步：启动经理的计算机，右击"我的电脑"，选择"属性"，在弹出的对话框中选"计算机名"，如实训图 2-2 所示。

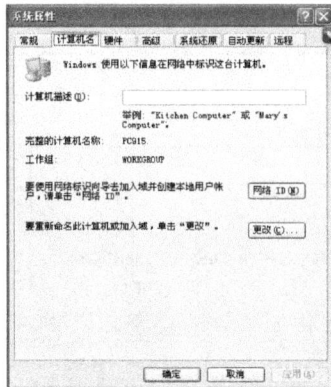

实训图 2-2　"系统属性"对话框

　　第 2 步：单击该对话框的"更改"按钮，弹出如实训图 2-3 所示的"计算机名称更改"对话框。在"计算机名"框中输入 Jingli1，在"工作组"框中输入 Jinglishi，然后单击"确定"按钮，此处要求重新启动。

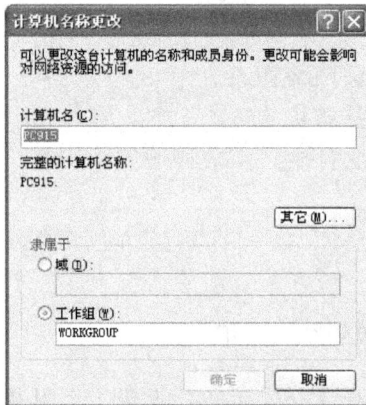

实训图 2-3　"计算机名称更改"对话框

　　第 3 步：重新启动计算机后，便完成了该计算机名称和所属工作组名称的设置。
　　重复以上步骤，可完成所有计算机名称和所属工作组名称的设置。

2.3.2　设置 IP 地址

　　开封分公司分公司的计算机仅有几十台，为了方便其互相访问和扩容，设置为 C 类私网 192.168.2.0 就能够满足该公司的需求。这里以计算机 Bangongshi1 为例，设置 IP 地址（IP 地址：192.168.2.10，子网掩码：255.255.255.0）的步骤如下：

第 1 步：右击桌面上"网上邻居"，选定右键菜单中"属性"菜单条，打开"网络连接"窗口，如实训图 2-4 所示。

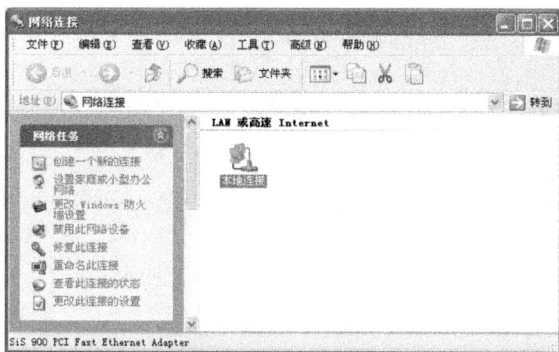

实训图 2-4　"网络连接"窗口

第 2 步：双击"本地连接"，打开"本地连接属性"对话框，如实训图 2-5 所示。

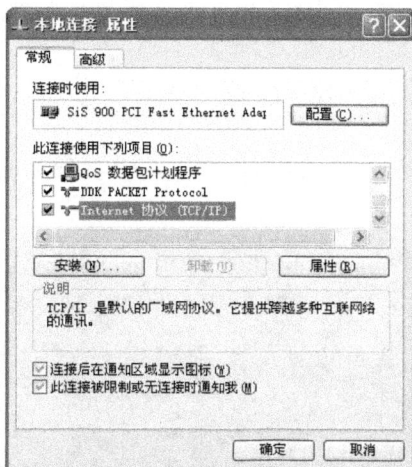

实训图 2-5　"本地连接属性"对话框

提示：双击通知栏中的本地连接，同样打开"本地连接属性"对话框。

第 3 步：选定"Internet 协议（TCP/IP）"，单击"属性"按钮，打开"Internet 协议（TCP/IP）属性"对话框，如实训图 2-6 所示。

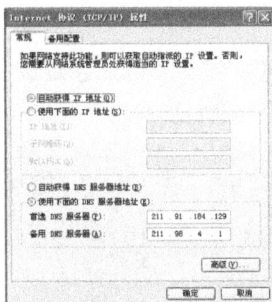

实训图 2-6　"Internet 协议（TCP/IP）属性"对话框

第 4 步：选定◯使用下面的 IP 地址(S)：，分别输入 IP 地址 192.168.2.10、子网掩码处输入 255.255.255.0，单击"确定"按钮。完成计算机 Bangongshi1 的 IP 设置。

重复以上步骤，可完成所有计算机 IP 地址的设置。

2.3.3　连通性测试

单击计算机 Bangongshi1 的"开始"菜单，选中"运行"，在弹出的"运行"对话框中输入 cmd，回车后开启一个命令行窗口，此时便可以运行网络测试命令了。

1. 查看 IP 参数和 MAC 地址

在命令行窗口中输入 ipconfig /all，输出 IP 参数如实训图 2-7 所示。

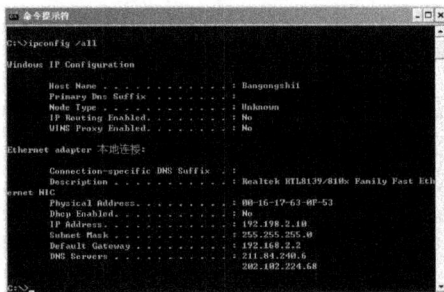

实训图 2-7　IP 参数和 MAC 地址

通过上面的输出画面可以看到已配置以太网卡的 IP 参数。其网卡的 MAC 地址是 00—16—17—63—0F—53。

2. Ping 命令

Ping 命令主要用来检测网络的连通情况和分析网络速度。是检测和判断网络故障的常用工具。由于该命令的数据包的长度非常小，所以在网上传递的速度非常快，可以快速地检测目的站点是否可达。

（1）Ping 127.0.0.1

127.0.0.1，该地址是本地循环地址。Ping 127.0.0.1 可用来判断本地机 TCP/IP 协议是否正常工作。

在命令提示符下输入"ping 127.0.0.1"并回车，如果返回四行"Reply from 127.0.0.1：bytes＝32 time＜1ms TTL＝64"，则本地 TCP/IP 协议正常工作；若返回"Request timed out."就表明本地机 TCP/IP 协议不能正常工作。实训图 2-8 给出的是本地机 TCP/IP 协议正常工作状态的测试结果。

实训图 2-8　Ping 127.0.0.1 信息

（2）Ping 本机 IP 地址

对于"Ping 本机 IP 地址"，计算机始终都应该对该 Ping 命令作出应答，依此可以判断本地网络适配器是否出现故障。

在命令提示符下输入"Ping 192.168.2.10"并回车，通则表明网络适配器工作正常，不通则是网络适配器出现故障。实训图 2-9 给出的是网络适配器正常工作状态的测试结果。

实训图 2-9　网卡正常工作状态

（3）Ping 网段内其他主机

"Ping 同段网内其他主机的 IP 地址或计算机名"是经过网卡及网络电缆到达其他计算机，再返回信息，测试目的主机的可达性。

在 192.168.2.10 这台计算机的命令提示符下，输入"Ping 192.168.2.2"并回车，如果在有限的时间能够得到目的主机 192.168.2.2 的正确回答，如实训图 2-10 所示，则表示本机 192.168.2.10 可达目的主机 192.168.2.2。

实训图 2-10　主机 192.168.2.2 可达

在 192.168.2.10 这台计算机的命令提示符下输入"Ping 192.168.2.12"并回车，如果在有限的时间没有得到目的主机 192.168.2.12 的正确回答，如实训图 2-11 所示，表示本机 192.168.2.10 不可达目的主机 192.168.2.12。此时可以预测故障出现在以下几个方面：目的主机是否开机，网线是否连通，网络适配器配置是否正确，交换机设备是否发生故障，IP 地址是否可用等。

实训图 2-11　主机 192.168.2.12 不可达

注意：如果执行 Ping 成功而网络仍无法使用，那么问题很可能出在网络系统的软件配置方面，Ping 成功只能保证当前主机与目的主机间存在一条连通的物理路径。

2.3.4　共享打印机

所谓共享就是分享的意思，共享打印机就是指某个计算机用来和其他计算机间相互分享打印机的使用。

打印共享是局域网环境下最为普遍的外设共享方案。在局域网环境下可以只配备一台打印机，其他计算机只需要共享这台打印机就可以实现打印业务了。直接连接打印机的计算机为"主机"，而局域网内其他需要和这台主机共享打印机的计算机称为"客户机"。

由于金地公司开封分公司仅为各个部门购置一台 HP P1505 打印机，这就需要在各个部门连接打印机的 1 号计算机（主机）上设置打印机共享，其他计算机（客户机）只要添加这台共享的打印机就可以实现网络共享打印业务了。

这里以办公室的主机 Bangongshi1（192.168.2.10）和客户机 Bangongshi2（192.168.2.11）为例，通过主机和客户机端的设置来实现共享打印机。

（1）设置打印机共享

第 1 步：将打印机连接至主机 192.168.2.10，打开打印机电源，此时主机将会进行新打印机的检测，很快便会发现已经连接好的打印机，根据提示将打印机附带的驱动程序光盘放入光驱中，安装好打印机的驱动程序后，将该打印机命名为"HP P1505"。在"打印机和传真"文件夹内便会出现该打印机的图标"HP P1505"了。

第 2 步：在"打印机和传真"文件夹中右击打印机图标"HP P1505"，选定右键菜单"共享"，进入"启用打印机共享"界面，如实训图 2-12 所示。

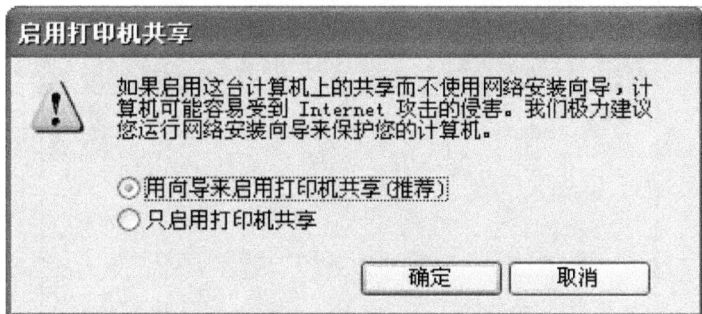

实训图 2-12　"启用打印机共享"对话框

第 3 步：选定○只启用打印机共享，单击"确定"按钮，进入打印机属性"共享"选项卡，如实训图 2-13 所示。

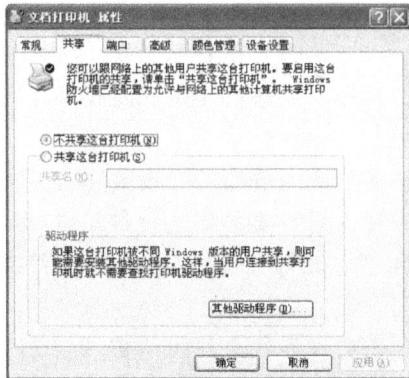

实训图 2-13　　"打印机属性"共享选项卡

第 4 步：选定 ◯共享这台打印机(S)，选定或输入共享打印机名称 "Bangongshi HP P1505"，单击"确定"按钮，完成共享打印机"HP P1505"的设定。

（2）添加网络打印机

在客户机 Bangongshi2（192.168.2.11）端添加网络打印机：

第 1 步：单击"开始"菜单，选中"打印机和传真"，打开"打印机和传真"窗口，单击"添加打印机向导"，单击"下一步"按钮，选中 ◯网络打印机或连接到其他计算机的打印机(E)，进入"添加打印机向导"对话框，如实训图 2-14 所示。

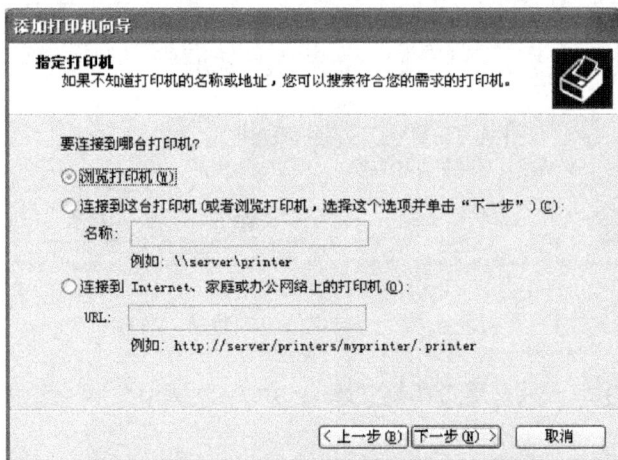

实训图 2-14　　"添加打印机向导"对话框

第 2 步：在"指定打印机"页面中提供了几种添加打印机的方式。如果你不知道打印机的具体路径，则可以选择"浏览打印机"选择来查找局域网同一工作组内共享的打印机"Bangongshi HP P1505"，然后单击"确定"按钮；如果已经知道了打印机的路径，则可以使用访问资源的"通用命名规范"格式输入共享打印机的路径，这里输入"＼＼Bangongshi1＼Bangongshi HP P1505"（Bangongshi1 是主机名，Bangongshi HP P1505 是共享的打印机名），最后单击"下一步"按钮。

第 3 步：这时系统将要求再次输入打印机名，输入完成后，单击"下一步"按钮，接着按"完成"按钮，可以看到在客户机的"打印机和传真"文件夹内已经出现了共享打印机的图标。如果主机设置了共享密码，这里就要求输入密码。

经过以上设置，计算机 Bangongshi2 就可以利用计算机 Bangongshi1 上的共享打印机 Bangongshi HP P1505 打印信息了。

提示：对于企业级用户来说，可以采用高效率的方式，利用打印服务器，打印机不再需要安装在某台电脑上，而是可以直接连接到局域网上甚至 Internet 中为其他用户所共享。

2.3.5　文件夹共享设置与访问

如果不设置共享文件夹的话，网内的其他机器无法访问到该机器。

（1）设置和访问共享文件夹

金地公司开封分公司能阅读但不能修改存放在办公室主任机器（Bangongshi1）上的规章制度（存放在 D：＼gongwen 中），则需要将设置为共享且只读。"简单共享"设置步骤如下：

第 1 步：打开计算机 Bangongshi1，打开"我的电脑"，双击硬盘 D：，右击存放规章制度文档的文件夹 gongwen，选中右键菜单"共享和安全（H）"，打开如实训图 2-15 所示的"gongwen 属性"对话框。

第 2 步：选中 □ 在网络上共享这个文件夹(S)，在"共享名（H）"框中输入"规章制度"，单击"确定"按钮。

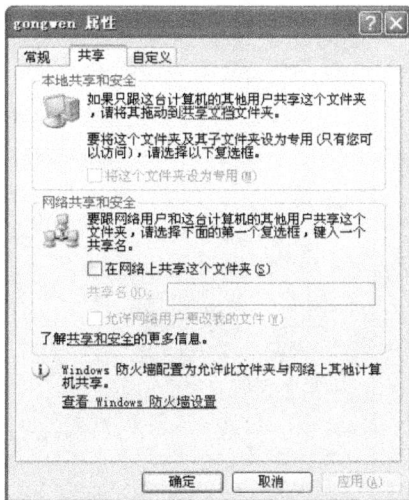

实训图 2-15　"gongwen 属性"对话框

注意：如果选中 □ 允许网络用户更改我的文件(W)，则网络用户便可以更改共享文件夹中文件的内容，甚至删除文件。不选此项时共享文件夹中的文件是只读的。

第 3 步：访问共享文件夹。在公司其他计算机上的地址栏中输入"\\Bangongshi1"或"\\192.168.12.10"，回车后将显示如实训图 2-16 所示的共享项目。双击共享文件夹"规章制度"图标便可以浏览保存在该项目中的规章制度文档（存放在计算机 Bangongshi1 的文件夹 gongwen 中）了，但浏览文档的用户却不能更改文档内容。

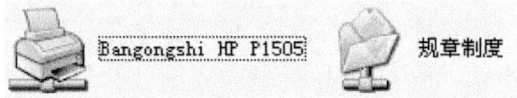

实训图 2-16　共享项目

（2）授权访问

一些资料希望给某些部门的特定用户，而且只让这些特定用户共享资源。而通过设置"简单共享"将文件夹共享后，单位局域网中的所有电脑都能看到这些资料。若对共享文件夹授权，让只有得到授权用户才可以共享这些资源，就可以解决问题。

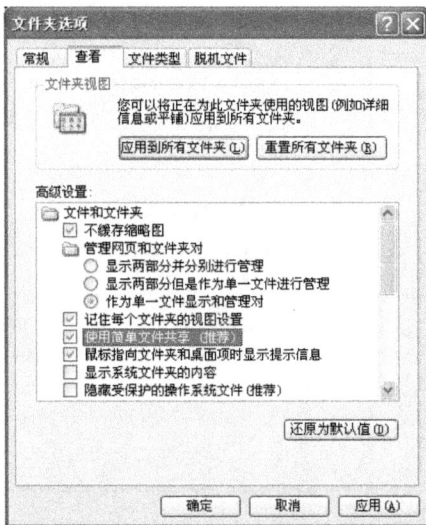

实训图 2-17　"文件夹选项"对话框

对于存放在主管会计机器上的财务状况资料（存放在计算机"Caiwubu1"的硬盘 D：\ 中）对非授权用户不能够访问。这需要在计算机"Caiwubu1"上进行如下设置：

第 1 步：取消默认的"简单共享"。打开"我的电脑"，单击菜单"工具"，选中"文件夹选项"，在打开的对话框中选择"查看"选项卡，如实训图 2-17 所示，去除"使用简单共享（推荐）"复选框前的勾，取消"使用简单共享"。

第 2 步：创建共享账户。单击"开始"菜单，选中"控制面板"，打开"用户帐户"，创建一个有密码的用户，假设用户名为 Jingli，为其设置一个密码，需要共享资源的机器必须以该用户才能使用共享资源。

第 3 步：设置共享文件夹，只有指定账户 Jingli 才能共享 \\ Caiwubu1 \ D 中的资源。

· 右击要共享"硬盘 D:"，单击"共享和安全（H）"，选中"共享"选项卡，单击"新建共享"按钮，打开如实训图 2-18 所示的"新建共享"对话框，输入一个共享名。

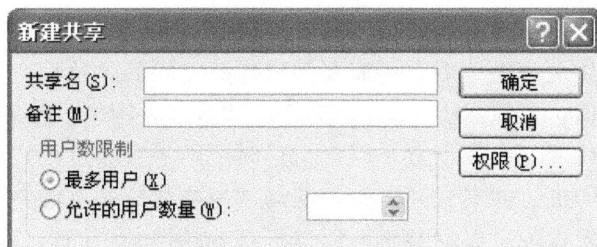

实训图 2-18　"新建共享"对话框

· 单击"权限"按钮，打开如实训图 2-19 所示的"账户权限"对话框。单击"删除"按钮将原先该目录任何用户（everyone）都可以共享的权限删除，再单击"添加"按钮，依次单击"高级"、"立即查找"按钮，选择用户 Jingli，单击"确定"按钮，并选择用户 Jingli 的共享权限为"读取"。单击"确定"按钮，完成设置。

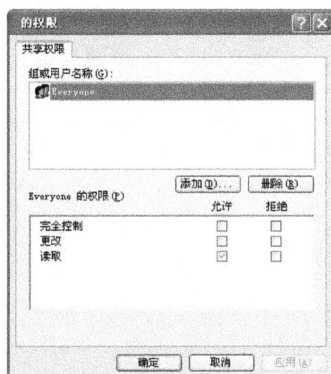

实训图 2-19　"账户权限"对话框

这样设置后，对于存放在主管会计机器上的财务状况资料（存放在计算机"Caiwubu1"的硬盘 D：\ 中）将仅对授权用户 Jingli 才能够访问，且仅具有"读取"的权利。

注意：资源共享的任务完成后要及时取消共享，以增加计算机的安全性。

小　　结

（1）在局域网中，对等网是一个典型的网络应用，被广泛应用于办公室或家庭局域网。在搭建对等网时，主要涉及选购交换机、网线选择和制作、设备连接、操作系统的安装与设置资源共享设置等内容。

（2）网络硬件设备连接后，还需要测试计算之间的可达性，只有可达才能保障网络通畅和应用，而使用 Ping 命令进行测试是判断网络故障的常用方法。

（3）能够进行网卡参数设置，网络组建时要网卡参数进行规划。

（4）共享打印机、共享文件夹是实现局域网中资源共享的主要用途之一，通过用户账号的权限设置可以对共享资源进行有效的控制访问。

习　　题

1. 网络中的资源共享，是否意味着不受限制的访问？请举例说明你的结论。

2. 同一工作组中的主机，在计算机名和工作组名的设置上，分别有什么要求？

3. 使用 3 台以上计算机模拟办公环境，组建对等局域网，实现对共享文件夹的访问控制，不同的用户设置不同的访问权限；实现打印机共享。总结所遇到的问题及解决方法。

实训 3 交换机配置

学习目标:

■ 了解 IP 地址的分配及子网掩码的运用

■ 了解交换机的功能与端口，理解交换机的端口及编号

■ 了解 PC 机仿真终端程序的串口参数，能进行交换机的基本配置

■ 熟悉交换机 VLAN 技术，能熟练进行 VLAN 配置

3.1 工作任务情景

金地公司为满足公司业务发展的需要，将供销部的交换机 Gongxiaobu1 (192.168.2.40) 调换了办公地点如实训图 3-1 所示，现需要对公司网络进行新的优化，出于数据安全考虑和隔离广播域的需求，供销部的计算机需要组成一个 VLAN，要求在实训图 3-1 所示的交换机 SWA 和 SWB 上做适当的配置来实现这一目的，将有特殊要求计算机设置到不同的 VLAN 中。

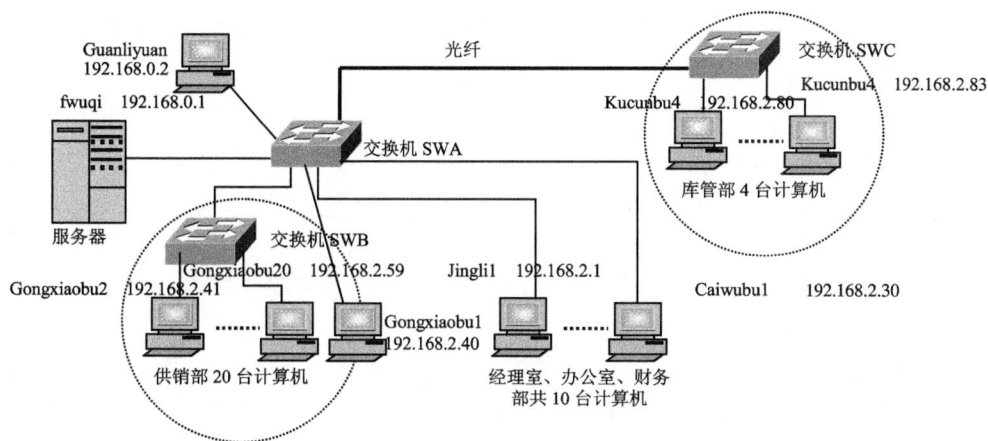

实训图 3-1 金地公司开封分公司网络拓扑图

3.2　工作任务实施准备

3.2.1　准备工具

装有超级终端软件或其他终端仿真软件的 PC 机，Console 电缆及 RJ-45 转
DB-9 适配器，直通线或交叉线。

3.2.2　计划任务

（1）通过 Console 电缆实现路由器与 PC 机的连接。
（2）正确配置 PC 机仿真终端程序的串口参数。
（3）对交换机进行基本配置。
（4）配置 VLAN。
（5）通过 VLAN Trunk 配置跨交换机的 VLAN，配置 VTP。

3.3　任务实施过程

3.3.1　设置超级终端

交换机在投入网络使用之前要进行初始配置和管理，作为公司的网络管理
员，需要使用 Console 端口管理，对这批路由器和交换机进行首次配置。

1．配置说明

路由器 Console 端口的缺省参数如下：
（1）端口速率：9600bit/s；
（2）数据位：8；
（3）奇偶校验：无；
（4）停止位：1；
（5）流控：无。
在配置 PC 机的超级终端时，只有与上述参数相匹配，才能成功地访问到交
换机。

2．线缆连接

在 PC 机和交换机未开机的时，将 PC 机的串口 1 通过 Console 电缆与交换机
的 Console 端口相连。

3. 实施配置

连接好线缆后，首先启动 Windows 系统。系统启动后依照下述步骤在超级
终端程序里设置 PC 机的串行接口 1。

第 1 步：启动 PC 机，选中"开始→程序→附件→通信→超级终端"程序，
打开如实训图 3-2 所示的"连接描述"对话框。

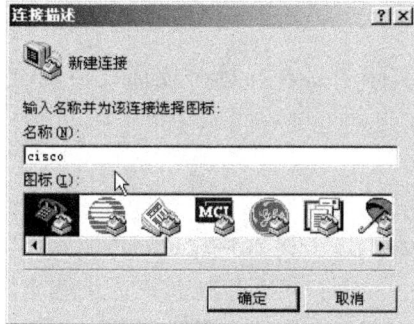

实训图 3-2 "连接描述"对话框

第 2 步：在"名称"栏内，键入"Cisco"（或其他文字以标志该连接），在
"图标"栏内选择任一图标，单击"确定"按钮。打开"连接到"对话框。

第 3 步：在"连接时使用"下拉列表中选择"Com1"，单击"确定"按钮。
打开如实训图 3-3 所示的"Com1 属性"对话框。

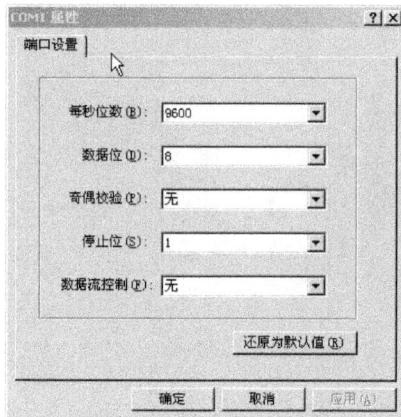

实训图 3-3 "Com1 属性"对话框

第 4 步：把"每秒位数"栏的数值改为"9600"，把"数据流控制"栏的设置更改为"无"，然后单击"确定"按钮。

这样便完成了超级终端的设置，以后就可以使用 Console 端口对交换机或路由器进行配置了。

3.3.2　交换机的基本配置

1. 清除口令

清除交换机口令，实际中是在开机时按住交换机上的 mode 钮，口令请除，就可以重新配置口令了。

2. 进入特权配置模式，配置口令和主机名

　　　　switch＞**enable**　　//进入特权执行模式
　　　　password：　　//第一次为默认密码或无密码，查阅说明书
　　　　switch ♯ **conf t**　　//进入全局配置模式
　　　　Switch（*config*）♯ ?　　//查看该命令帮助
　　　　switch（*config*）♯ **hostname SWA**　　//设置交换机名为 *SWA*
　　　　SWA（*config*）♯ **enable secret aaa**　　//设置特权加密口令为 *aaa*
　　　　SWA（*config*）♯ **enable password aax**　　//设置特权非密口令为 *aax*
　　　　SWA（*config*）♯ **exit**　　//返回上一层
　　　　SWA ♯ *sh run*　　//查看配置信息

3. 退出特权模式，验证口令

　　　　SWA ♯ **exit**
　　　　SWA＞
　　　　SWA＞**en**　　//回车
　　　　Password：　　//键入口令 *aaa*，因 *secret* 口令 *aaa* 的优先级高于特权非密口令 *aax*。
　　　　SWA ♯

4. 配置 IP 地址和缺省网关

　　　　SWA ♯ conf t
　　　　SWA（*config*）♯ **int vlan** 1　　//进入默认 VLAN 状态
　　　　SWA（*config-if*）♯ **ip address** *192.168.2.254 255.255.255.0*　　//设置 SWA 的 IP 地址和子网掩码

　　　　SWA（config-if）♯ *no sh*　　//启用 VLAN 接口

　　　　SWA（config-if）♯ *exit*　　　//返回上一层

　　　　SWA（config）♯ *ip defaule-gateway* 192.168.2.250　　//设置 SWA
　　　　　　　　的网关

　　　　SWA（config）♯exit　　//返回上一层

　　　　SWA ♯ *sh run*　　//查看当前配置

　　　　SWA ♯ *sh int vlan* 1　　//查看 VLAN1 接口

　　　　SWA ♯ *ping* 192.168.2.1　　//测试连通情况

　　　　SWA ♯ *sh running-config*　　//显示运行配置

提示： 与 SWA 上类似，可以进行 SWB 交换机的基本设置。

3.3.3　配置 VLAN

1. 规划 IP 地址

　　　　SWA 的 IP 地址：192.168.2.254

　　　　SWB 的 IP 地址：192.168.2.253

　　　　SWA 的 f0/2 属 vlan 30，f0/8 为 trunk

　　　　SWB 的 f0/2～f0/22 属 vlan 30，f0/1 为 trunk

2. 设置 VLAN

配置交换机 SWA 的 vlan 30：

　　　　SWA ♯ *vlan database*　　// 进入 VLAN 参数配置模式

　　　　SWA（vlan）♯ *vlan* 30　　//创建 VLAN30

　　　　SWA（vlan）♯ *exit*

　　　　SWA ♯ *config terminal*

　　　　SWA（config）♯ *int f*0/2　　//配置快速以太网端口 f0/2

　　　　SWA（config-if）♯ *switchport access vlan* 30　　//添加端口 f0/2
　　　　　　　　　　　　　　　到 VLAN 30

　　　　SWA（config-if）♯ *exit*

　　　　SWA（config）♯ *exit*

　　　　SWA ♯ *sh int f*0/2　　//显示端口 f0/2 配置

　　　　SWA ♯ *sh vlan*　　//显示 VLAN 配置

配置交换机 SWB 的 vlan 30：

　　　　SWB ♯ *vlan database*

SWB（*vlan*）♯ ***vlan*** 30

SWB（*vlan*）♯ ***exit***

SWB♯ ***config terminal***

SWB（*config*）♯ ***int f***0/2

SWB（*config-if*）♯ ***switchport access vlan*** 30

SWB（*config-if*）♯ ***exit***

SWB（*config*）♯ ***int f***0/3-22 //配置快速以太网端口 f0/3～f0/22

SWB（*config-if*）♯ ***switchport access vlan*** 30

SWB（*config-if*）♯ ***exit***

SWB（*config*）♯ ***exit***

SWB♯ ***sh vlan***　　//显示 VLAN 配置

便将 SWA 交换机的快速以太网端口 f0/2 和 f0/3～f0/22 加入到 VLAN 30 了。

3. 设置干线

（1）交换机 SWA 的端口设置成 trunk。

SWA♯ ***config terminal***

SWA（*config*）♯ ***int f***0/8

SWA（*config-if*）♯ ***switchport mode trunk***　　//配置端口为 trunk

SWA（*config-if*）♯ ***switchport trunk allowed vlan*** 1，20，30

　　　　//配置的这条 trunk 链路允许 VLan 号为 1、20 和 30 这些 VLan
　　　　通过（switchport trunk allowed vlan all 的意思则是允许所有
　　　　VLan 通过）

SWA（*config-if*）♯ ***switchport trunk encap dot***1***q***　　//trunk 协议封
　　　　装为 dot1q

SWA（*config-if*）♯ end

SWA♯ ***sh run***

（2）交换机 SWB 的端口设置成 trunk。

SWB♯ ***config terminal***

SWB（*config*）♯ ***int f***0/1

SWB（*config-if*）♯ ***switchport mode trunk***

SWB（*config-if*）♯ ***switchport trunk allowed vlan*** 1，20，30

SWB（*config-if*）♯ ***switchport trunk encap dot***1***q***

SWB（*config-if*）♯ ***end***

SWB♯ ***sh run***

> **提示：**交换机创建 trunk 时默认 allowed all，所以上面的 trunk allowed 命令可以不用。

dot1q 是 VLAN 中继协议（802.1q），由于正确设置了 trunk，两个交换机间可以实现多个 vlan 通过。还有一种 trunk 协议，是 ISL，也是 VLAN 的一种封装方式，不过这是 Cisco 思科私有协议，其他厂商不能用。

4. 设置 vtp

VTP 是 VLAN 传输协议，在 VTP Server 上配置的 VLAN，可以从 VTP Client 端看到 VTP Server 上的 VLAN，并将自己的端口加入到 VLAN 中。

SWA（config）# ***vtp domain abc***　　//配置 VTP 域名为 abc

SWA（config）# ***vtp mode server***　　//配置交换机 SWA 为 VTP server 模式

SWA（config）# ***vtp password ok***　　//设置 VTP 域的密码为 ok

SWB（config）# ***vtp domain abc***

SWB（config）# ***vtp mode client***　　//配置交换机 SWB 为 VTP client 模式

SWB（config）# ***vtp password ok***

SWB# ***sh vlan***

当口令和域名一致时，client 端可以学习到 server 端的 VLAN，在 VTP Server 端还可以有很多策略，这里只是说明最基本的问题。

VTP 在企业、机关、学校的应用是很多的，在主交换机上设置好 VLAN 以后，下级的交换机不用再设置 VLAN，可以将 client 的某些端口添加到 VTP Server 中定义的 VLAN 中去，加强了管理。

小　　结

交换机是局域网的核心设备，现代的交换机一般都支持管理、安全等方面的高级功能，必须进行正确配置才能充分发挥其作用。

虚拟局域网技术能够提供组建网络的灵活度和网络管理水平，有必要掌握其配置方法。

交换机的配置需要借助于超级终端等工具，具体的配置命令需要参阅产品说明书。

习　　题

1. 在实训图 3-1 中，通过实训 3 的配置后，连接到交换机 SWA 端口 4 的计算机 Caiwubu1（192.168.2.30）与连接到端口 2 的计算机 Gongxiaobu1（192.168.2.40）的连通性如何？为什么？使用命令 ping 测试之。

2. 在实训图 3-1 中，通过实训 3 的配置后，连接到交换机 SWA 端口 4 的计算机 Caiwubu1（192.168.2.30）与连接到交换机 SWB 端口 2 的计算机 Gongxiaobu1（192.168.2. 40）的连通性如何？为什么？使用命令 ping 测试之。

实训 4　实现网络互联

学习目标：

■ 使用路由器实现网络互连，为构建企业 Intranet 打下基础

■ 掌握路由器的配置方法

■ 能进行 VLAN 间的互访

■ 掌握路由表的设置，能够组建企业网

4.1　工作任务情景

通过一段时间使用，大家认识到网络给企业自动化办公和信息交流带来了极大地便利。现在的问题是各个部门内部可以互通，但不同的子网以及不同的 VLAN 之间仍不能通信。金地公司为满足公司业务发展的需要，现需要对公司网络进行新的改造和优化，以实现网络的互联，并接入 Internet。为此新购置一台路由器 R1，以便不同的子网之间以及 VLAN 间能够通信、接入 Internet 和总公司的企业网。

4.2　工作任务实施准备

4.2.1　准备工具

装有超级终端软件或其他终端仿真软件的 PC 机，Console 电缆及 RJ-45 转 DB-9 适配器，直通线或交叉线。

4.2.2　计划任务

（1）利用路由器实现网络之间的连接。

（2）配置路由器，在用户执行模式、特权执行模式和配置模式之间切换。

（3）设置静态路由。

（4）启用路由器的路由功能。

（5）查看路由表。

（6）使用 ping 命令，测试不同子网计算机间的通达性。

4.3　实　施　过　程

4.3.1　路由器的连接

为了节约成本，公司购置一台思科 2821 路由器 R1，将 R1 与 Internet 网上的 R2 通过 f0/1（快速以太网端口）连接，R1 与交换机 SWA 之间通过 f0/0 端口连接，通过路由器 R1 实现了不同网络之间的连接，如实训图 4-1 所示。

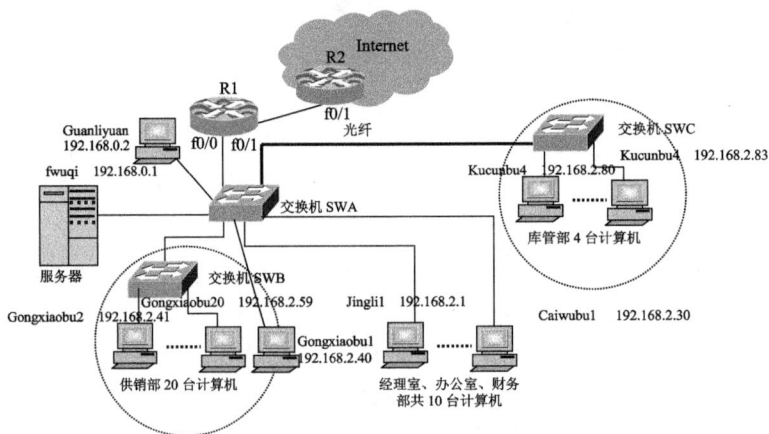

实训图 4-1　金地公司开封分公司网络拓扑图

但要实现不同的网段之间能够通信，还需要对路由器进行一系列的配置。

4.3.2　配置路由器的接口 IP 地址

在 PC 机和路由器两者都未开机的条件下，把 PC 机的串口 1 通过 Console 电缆与路由器的 Console 端口相连，即完成实训的准备工作。

打开路由器的电源开关，启动路由器。则超级终端处会显示出硬件平台、ROM 启动程序版本、IOS 版本、各种存储器（RAM、NVRAM、FLASH）的容量、所具有的接口类型等重要信息。并表明路由器的 NVRAM（非易失只读存储器）内是否有可用的配置文件（新设备是无），路由器让调试者选择是否进入安装模式。

此时在超级终端中键入"no"，在屏幕上出现一些状态信息后，出现"Router＞"字样，表明路由器已启动正常，同时也确认了 PC 机和路由器之间的连接可靠。

1. 配置 R1 以太网端口 f0/0 的 IP

路由器 R1 的以太网端口 f0/0 的 IP 地址为 192.168.2.254，f0/1 端口 IP 地址为 211.84.246.1；路由器 R2 的 f0/1 端口 IP 地址为 211.84.246.2。配置如下：

Router＞	//用户执行模式
Router＞**enable**	//进入特权执行模式
Router ♯	//特权执行模式提示符
Router ♯ **conf t**	//向全局配置模式切换
Route（*config*）♯	//全局配置模式提示符
Route（*config*）♯ **hostname R**1	//设置路由器的名称为 R1
*R*1（*config*）♯ **ip routing**	//默认是关闭的
*R*1（*config*）♯ **interface f**0/0	//进入 *interface* 配置模式，配置以太网端口 f0/0
*R*1（*config-if*）♯	//*interface* 配置模式提示符
*R*1（*config-if*）♯ ?	//查看 interface 配置模式下的所有配置命令
*R*1（*config-if*）♯ **ip add**?	//使用 "?" 查看以 add 开头的命令
*R*1（*config-if*）♯ **ip address**	//使用 "?" 查看中 address 后面的命令
*R*1（*config-if*）♯ **ip address** 192.168.2.254 255.255.255.0	//设置路由器 R1 的以太网端口 f0/0 的 IP 地址和子网掩码

此时，在计算机 *Jingli1*（*192.168.2.1*）处，使用命令 ping 192.168.2.254 测试，可以 ping 通路由器 R1 否？为什么。

　　　　*R*1（*config-if*）♯**no shutdown** //激活端口 f0/0（打开 f0/0）；默认 shutdown（关闭）。

在计算机 Jingli1（*192.168.2.1*）处，使用命令 ping *192.168.2.1* 测试，可以 ping 通路由器 R1 否？为什么。

*R*1（*config-if*）♯**exit**	//退出 *interface* 配置模式，进入全局配置模式
*R*1（*config*）♯	
*R*1（*config*）♯**exit**	//退出配置模式，进入特权执行模式
*R*1♯	

2. 配置 R1 的 f0/1 端口 IP

　　*R*1♯ **conf t**

    *R*1（*config*）♯ *int f*0/1

    *R*1（*config-if*）♯ *ip address* 211.84.246.1 255.255.255.0

    *R*1（*config-if*）♯ *no shut*

    *R*1（*config-if*）♯ *exit*

    *R*1（*config*）♯

3. 配置 R2 的 f0/1 端口 IP

    Router＞

    Router＞*enable*

    Router ♯ *conf t*

    Route（*config*）♯ *hostname R*2

    *R*2（*config*）♯ *ip routing*

    *R*2（*config*）♯ *int f*0/1

    *R*2（*config-if*）♯ *ip address* 211.84.246.2 255.255.255.0

    *R*2（*config-if*）♯ *no shut*

    *R*2（*config-if*）♯ *exit*

    *R*2（*config*）♯ *exit*

    *R*2♯

4. 测试连通性

（1）在 R1 端测试

    *R*1♯ *ping* 211.84.246.2

使用 ping 命令测试 R1 和 R2 的 IP 连通性，以确认配置是否生效。注意 ping 命令执行结果中的细节，即 "..！！！！"，表示前两个包没有 ping 通，这是因为开始时在 R1 的 ARP 表中还没有 R2 的 f0/1 接口相关的表项，即还不知道 *211.84.246.2* 的 MAC 地址是什么。

（2）在计算机端测试

在计算机 *Jingli*1（*192.168.2.1*）处，使用命令：

    ping 211.84.246.1　　　　　　　//通

    ping 211.84.246.2　　　　　　　//不通

这是因为在计算机 Jingli1 上没有设置网关的缘故，设置计算机 Jingli1 的网关为 192.168.2.254（与 Jingli1 处于同一网段的路由器 R1 的以太网端口 f0/0）。

然后在计算机 *Jingli*1（*192.168.2.1*）处，使用命令：

    ping 211.84.246.2　　　　　　　//通

提示：计算机访问其他网段的主机时，必须先设置正确的网关。

5. 为 R1 的 f0/0 端口配置多个 IP

为路由器 R1 的以太网端口 f0/0 配置另一个的 IP 地址 *192.168.0.254*。

R1♯ **conf t**

R1（config）♯ **interface f**0/0

R1（config-if）♯ **ip address** *192.168.0.254 255.255.255.0 secondary* //设置了第二个 IP 地址，类似的命令可以重复发出，给 f0/0 接口配置多个 IP 地址。

R1（config-if）♯ **no shut**

R1（config-if）♯ **exit**

R1（config）♯ **exit**

R1♯ *sh run*　　　　　　　　// 在显示的信息当中，在 FastEthernet0/0 的位置，应该能够看到前面设置的两个 IP 地址。

4.3.3　设置静态路由

1. 测试连通性

R1♯ **conf t**

R1（config）♯ **ip routing**　　//开启 IP 路由功能

R1（config）♯ **exit**

R1♯ **sh ip route**　　　　　　//查看路由表，结果如实训图 4-2 所示。

```
Codes: C - connected, S - static, I - IGRP,B - BGP
       R - RIP, O - OSPF, D - EIGRP, i - IS-IS

C  192.168.2.0 is directly connected, FastEthernet0/0
C  192.168.0.0 is directly connected, FastEthernet0/0
C  211.84.246.0 is directly connected, FastEthernet0/1
```

实训图 4-2　R1 的直连路由

通过查看如实训图 4-2 所示的路由表，可以看到目前只有直连路由 C，"C"表示是直连（Connected）路由。

R1♯ *ping 211.84.246.1*　　　//通

R1♯ *ping 202.102.224.68*　　//外网，不通

各个路由器端口配置好后，由于 R1 与 R2 直连，路由器能够识别直连路由，所以 R1 与 R2 能够 ping 通；而 R1 与 *202.102.224.68* 之间是跨网段的，由于没

有到达网段 *202.102.224.0* 的路由，所以不能够 ping 通。

2．加入静态路由

为 R1 设置到达网络 *202.102.224.0*、*192.168.2.0* 和 *192.168.0.0* 的静态路由。

    R1♯ *conf t*

      R1（config）♯ *ip route* *202.102.224.0* *255.255.255.0*
      211.84.246.2// 配置静态路由表，其含义是到 *202.102.224.0*
      网段的数据包，其下一跳的地址是 *211.84.246.2*。

    R1（config）♯ *ip routing*   //开启 IP 路由功能

    R1（config）♯ *end*

    R1♯ *sh ip route*   //显示结果如实训图 4-3 所示。

```
Codes: C - connected, S - static, I - IGRP,B - BGP
       R - RIP, O - OSPF, D - EIGRP, i - IS-IS

C  192.168.2.0 is directly connected,  FastEthernet0/0
C  192.168.0.0 is directly connected,  FastEthernet0/0
C  211.84.246.0 is directly connected,  FastEthernet0/1
S  202.102.224.0   [1/2]  via 211.84.246.2 FastEthernet0/1
```

实训图 4-3 R1 的静态路由表

在 R1 上配置好静态路由后，查看其路由表，结果显示刚刚加入的静态路由已经生效了。该路由表项前的 "S" 表示是静态（static）路由。

    R1♯ *conf t*

    R1（config）♯ *ip route* *192.168.2.0 255.255.255.0 192.168.2.254*

    R1（config）♯ *ip route* *192.168.0.0 255.255.255.0 192.168.0.254*

    R1（config）♯ *ip routing*

    R1（config）♯ *end*

又加入了 2 条静态路由，此时在 R1 端再次测试连通性。

    R1♯ *ping 211.84.246.1*   //通

    R1♯ *ping 202.102.224.68*   //外网，通

提示：配置 R1 的默认静态路由，可以使用以下命令实现：

    R1（config）♯ *ip route* *0.0.0.0 0.0.0.0 211.84.246.2*

                //配置 R1 的默认静态路由表，其含义是到达其他任何网段的数据包，其下一跳的地址都是 *211.84.246.2*。

    R1（config）# *ip routing*

    R1（config）# *end*

> **提示**：网段 192.168.0.0 中的所有计算机网关都应设置为 192.168.0.254，而网段 192.168.2.0 的所有计算机的网关则须设置为 192.168.2.254。

4.3.4　VLAN 下的单臂路由

    实训 3 已将交换机 SWA 的 f0/2 设置为 VALN 30，f0/8 设置为 trunk；已将交换机 SWB 的 f0/2～f0/22 设置为 VALN 30，f0/1 为 trunk。而交换机 SWA 的端口 f0/1 与路由器 R1 的以太网端口 f0/0 连接。由于所选交换机是一个二层交换机，VALN 30 与其他 VALN 或网段间的计算机要进行通信，就需要通过路由器来转发 VLAN 间的数据包，由于路由器和交换机之间通过单条链路（主干）连接，不同 VLAN 间的所有数据都要通过路由器的 f0/0 接口进出，因此可以通过设置 VLAN 下的单臂路由来实现。

    （1）将交换机 SWA 的端口 f0/1 设置为 trunk

        SWA # *conf t*

        SWA（config）# *int f*0/1

        SWA（config-if）# *switchport mode trunk*

        SWA（config-if）# *switchport trunk allowed vlan 1，20，30*

        SWA（config-if）# *switchport trunk encap dot*1*q*

        SWA（config-if）# *end*

    （2）配置路由器的子接口

        R1# *conf t*

        R1（config）# *int f*0/0.1　　//配置路由器 R1 接口 f0/0 的 1 个子接口

        R1（config-if.1）# *ip address 192.168.2.241 255.255.255.0*

        R1（config-if.1）# *encapsulation dot*1*q* 30

                         //设置子接口为 trunk 模式，其协议为 dot1q，添加到对应的 VLAN 30 中。

        R1（config-if.1）# *no shut*

        R1（config-if.1）# *exit*

    （3）设置计算机的网关

    设置 VLAN 30 的所有计算机的网关为与其同网段路由器接口 f0/0 的 IP 地址 192.168.2.241。

    （4）测试连通性

    在计算机 Caiwubu（192.168.2.30）上，执行命令：

Ping 192. 168. 2. 241　　　　　　　//通
Ping 192. 168. 2. 41　　　　　　　　//通

小　　结

路由器是网际互联的核心设备，必须理解其工作原理，才能够进行选型。

路由器和三层交换机的配置需要借助于超级终端，配置命令有自己的语法，实际配置时需要参加所配置设备的说明书。

习　　题

使用路由器将两个不同网段的局域网连接起来，配置静态路由，使得两个网段互联互通。

实训 5　Windows Server 2008 用户管理

学习目标：

■ 熟悉 Windows Server 2008 内置的用户和用户组

■ 掌握 Windows Server 2008 环境下用户管理器的使用，能进行用户与用户组的创建、修改和删除以及用户工作环境的定制

5.1　工作任务情境

为了最大限度节约公司办公成本，只给办公室配置了一台电脑，办公室有一个主任和两个科员，主任对该电脑具有最高管理权限，科员只是作为一般用户来使用。每个人使用电脑的习惯不同，所以对计算机的设置（例如外观和风格）可能也不同。这就需要通过用户或用户组的管理，来实现满足多人按照各自习惯使用同一台电脑的需要。

5.2　工作任务实施准备

5.2.1　熟悉用户管理界面和功能

（1）以网络管理员（Administrator）身份登录到计算机，选择"开始→程序→管理工具→计算机管理"，打开"计算机管理"窗口。

（2）在窗口的"树"列表中，指向"本地用户和组"的"用户"文件夹，观察该界面的特性与所提供的"操作"功能菜单的作用。

（3）观察现有的用户及属性。

5.2.2　规划用户和组

1. 观察预定义用户组

在服务器上以 Administrator 登录，打开"计算机管理"窗口，在窗口的"树"列表中，指向"本地用户和组"，观察系统默认的用户及用户组。

2. 规划用户和组

以工作任务情境为基础，在实训前先完成用户和组的规划，并将规划结果记录于实训表 5-1 中。

实训表 5-1　新用户规划表

用户组名	用户组描述	组的成员
Manager	办公室管理该计算机人员所在组	Top
Staff	办公室一般科员所在组	Staff1，Staff2

5.3　工作任务实施过程

5.3.1　创建组

系统已经有一些默认的组，其中比较重要的两个组为：Administrators 和 Users 组：

＊ Administrators 为管理员组，该组中的成员具备管理员权限。

＊ Users 组为一般用户组，对于新建的所有用户，默认情况下属于该组。

当然，我们也可以创建自己的组，组的创建非常简单。

第 1 步：在服务器上以网络管理员（Administrator）身份打开用户管理界面。右击"组"结点，选择"新建组"，如实训图 5-1 所示。

实训图 5-1　新建组对话框

第 2 步：在"组名"栏输入"Manager"，在"描述"栏输入"办公室管理该计算机人员所在组"，单击"创建"按钮，便创建了 Manager 组。

第 3 步：在"组名"栏输入"Staff"，在"描述"栏输入"办公室一般科员所在组"，单击"创建"按钮，便创建了 Staff 组。

第 4 步：单击"关闭"按钮，完成组的创建。

5.3.2　创建用户账户

完整的用户创建过程包括用户规划、用户账户创建和用户工作环境定制三方面的工作。

1. 用户规划

在服务器上创建用户之前，首先要根据需求进行用户规划。要求规划三个新用户：Top、Staff1、Staff2，其中 Top 为管理员用户，其余两个为普通用户。

2. 创建用户

第 1 步：在服务器上以网络管理员（Administrator）身份打开用户管理界面。右击"用户"结点，选择"新建用户"，出现实训图 5-2 所示的对话框。

第 2 步：在"用户名"栏输入"Top"，在"描述"栏输入"办公室管理该计算机人员"，在"密码"栏和输入该用户的登录密码，这里输入"Top123456"，在"确认密码"栏输入"Top123456"，选中用户密码限制方式为"密码永不过期"，单击"创建"按钮，便创建了账户 Top。

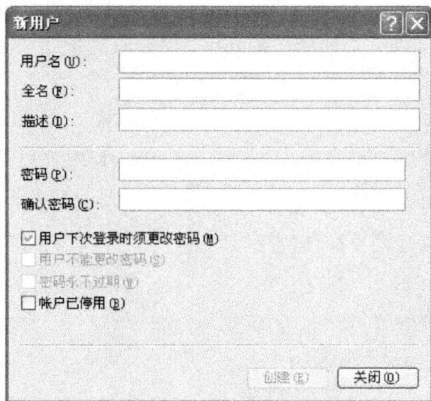

实训图 5-2　新用户对话框

重复以上操作可以创建办公室一般科员账户 Staff1 和 Staff2。

注意：这三个用户创建好以后，默认都是属于 Users 组的，所以想要让 Top 具备管理员权限，必须把该用户加入 Administrators 组中。

3. 用户工作环境定制

第 1 步：右键单击刚才建好的用户名"Top"，打开用户"属性"对话框，如实训图 5-3 所示。

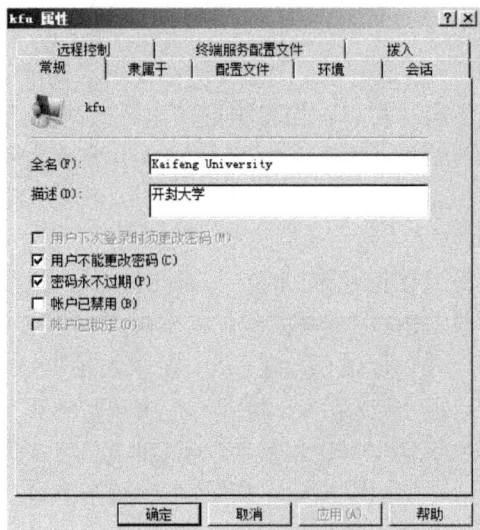

实训图 5-3　用户属性对话框

第 2 步：打开"隶属于"标签，单击"添加"按钮，选中 Manager，单击"确定"按钮，便将组将用户 Top 加入到 Manager 组中了。

重复以上操作，可以将账户 Top 同时加入 Administrators 组中，将另外两个用户 Staff1 和 Staff2 加入到 Staff 组中。

小　　结

（1）要对 Windows Server 2008 的用户和组的概念有一定的理解，特别是内置的一些用户和组。

（2）根据实际情况，首先进行用户和组的规划，以满足需要为目的。

（3）根据规划，实施任务，完成后进行测试。

习　　题

以工作任务情境为基础，在完成下列操作前先完成用户和组的规划，在已经创建 Top 账户（属 Manager 组）、Staff1 账户和 Staff2 账户（属 Staff 组）后，完成如下操作：

1. 以 Staff1 账户登录，试图创建一个新的用户账户，看是否能创建，将结果记录下来。

2. 重新以 Top 账户登录，创建一个新的用户账户 Staff3 和组 Test；把 Staff3 账户添加到预定义组 Administrators 中和组 Test 中。

3. 再重新以 Staff3 账户登录，再试图创建一个新用户，看是否能创建，将结果记录下来。

4. 请将测试结果记录下来，并对结果加以解释。

实训 6　文件系统设置

学习目标：
- 了解网络安全管理的相关规定
- 掌握设置文件、文件夹的许可和所有权的方法
- 了解复制和移动文件、文件夹之后对许可和所有权的影响
- 设置与使用文件夹与文件的权限
- 共享和保护网络资源

6.1　工作任务情境

网络环境下需要经常进行文件的共享和访问，这在很大程度上给人们带来的便利，但同时，如果盲目而不加限制的进行文件的共享也会造成比较严重的安全后果。因此，如何更安全的、高效的在网络环境中使用文件，是我们应该掌握的一项基本技能。

6.2　工作任务实施准备

6.2.1　实训准备

（1）先以 Administrator 管理员账户登录服务器，创建两个新用户：用户名分别为 Admin 和 User 并设置用户密码（密码随意，自己记着就行）。

（2）默认情况下这两个用户都是属于 Users 组的，将 Admin 用户所隶属组变为 Administrators，User 用户所隶属组不变。此时 Admin 用户已经具备管理员权限。

（3）在 D 盘根目录下建立一个文件夹 Data。

（4）在 D 盘中建立文件夹 MyShare 做为需要共享的文件夹。

6.2.2　查看并验证文件夹的默认权限

第 1 步：右键单击 Data 文件夹，打开"Data 属性"对话框，单击"安全"标签，如实训图 6-1 所示。

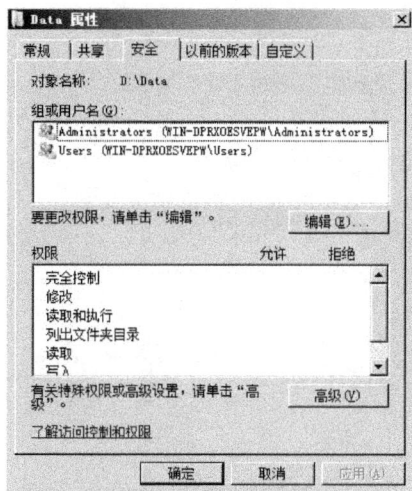

实训图 6-1　Data 属性对话框

第 2 步：在"组或用户名"列表中会看到有两个组：Administrators 和 Users。分别单击这两个组名，并观察"权限"列表里面的内容。可以看到，Users 组只有"读取和执行"、"列出文件夹目录"以及"读取"权限，而 Administrators 组具备"完全控制"权限。

通过观察不同组的权限，考虑 Admin 和 User 这两个用户对于 Data 文件夹的权限是什么样的。

第 3 步：单击"开始"，找到"切换用户"，进行用户的切换。

第 4 步：在用户登录界面中会看到刚才所新建的两个用户名，选择 User，并输入密码进行登录。

第 5 步：使用 User 用户登录以后，打开 D 盘，看到 Data 文件夹，试图删除该文件夹，看是否能成功，能否向 Data 文件夹中新建文件或者文件夹；能否更改 Data 文件夹的权限。

使用 Admin 用户登录，再进行以上操作。

6.3　工作任务实施过程

6.3.1　更改权限设置

第 1 步：使用 Administrator 用户或者 Admin 用户登录服务器。

第 2 步：打开 Data 文件夹的属性对话框并打开"安全"标签。

第 3 步：单击"组或用户名"列表下面的"编辑"按钮，打开"Data 权限"

对话框，如实训图 6-2 所示。

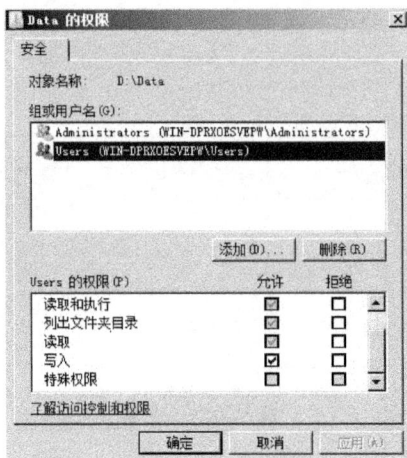

实训图 6-2　Data 权限对话框

　　第 4 步：在"Data 权限"对话框中，选中 Users，然后在下面的"Users 的权限"列表中允许"写入"权限，单击"确定"。

　　再以 User 用户登录，看能否向 Data 文件夹中建立新文件或者文件夹。

　　注意：对文件的权限设置与文件夹类似。

　　思考：如何让用户只能修改自己创建的文件？

6.3.2　共享和保护网络资源

　　Windows Server 2008 中的资源共享较为复杂，涉及内容比较多，我们只要了解一般的资源共享，能够满足平时使用就可以了，如果要了解如何对共享资源进行权限分配管理，那么可以自行更深入的学习或查找一些资料。

　　1. 共享文件夹

　　将一个文件夹共享非常简单，步骤如下：

　　第 1 步：以 Administrator 账号登录到服务器。

　　第 2 步：右键单击 MyShare 文件夹，在弹出的菜单中选择"共享"命令，打开如实训图 6-3 所示对话框。

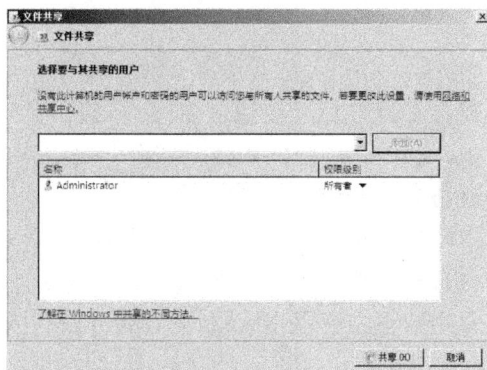

实训图 6-3　文件共享对话框

第 3 步：在"选择要与其共享的用户"下拉列表中选中用户名或者组名后，单击"添加"按钮，被添加进来的用户和组才具备对此共享文件夹的访问权限。

第 4 步：添加完成后可以在列表中看到所添加的用户或组的名称，每一个名称后面可以看到有一个黑色的向下三角，单击该三角可以设置对应用户或组对该共享文件夹的访问权限，共有三种权限：

＊ 读者：用户或组只能查看共享文件夹中的文件。

＊ 参与者：用户或组可以查看共享文件夹中的所有文件并且可以向共享文件夹中添加文件以及更改或删除由他们自己所添加的文件。

＊ 共有者：用户或组可以查看、更改、添加和删除共享文件夹中的所有文件。

第 5 步：权限设置好以后，单击"共享"按钮完成共享设置。

注意：单击"共享"按钮以后有时可能会弹出一个对话框，如实训图 6-4 所示，选择"是，启用所有公用网络的网络发现和文件共享"即可。

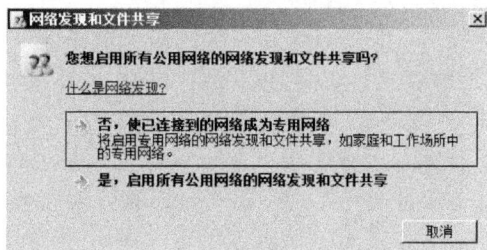

实训图 6-4　"网络发现和文件共享"对话框

2. 访问共享资源

服务器中的共享资源设置好后，按道理就可以通过网络使用客户端计算机访问了（在 Windows Server 2008 以前的服务器操作系统通常是可以的）。

（1）测试是否能够访问 MyShare 共享文件夹

第 1 步：登录客户端计算机（默认使用 Administrator 进行登录）。

第 2 步：在客户端计算机中，打开"网络"，会在窗口中看到服务器计算机图标，双击打开，会看到共享文件夹 MyShare，双击打开该文件夹，看是否可以访问。

注意：如果看不到的话，需要在服务器端打开"网络发现功能"，方法为：打开"控制面板"→"网络和共享中心"，找到"共享和发现"然后启用网络发现。

第 3 步：当我们要访问 MyShare 的时候，会发现弹出一个"网络错误"对话框，如实训图 6-5 所示。该对话框表示无法访问共享资源。

实训图 6-5　"网络错误"对话框

通过上面的测试可以看出来，虽然可以看到服务器并且双击打开，但是共享文件夹 MyShaer 却打不开。

（2）设置来宾方式访问共享文件夹

想要以来宾的方式访问共享文件夹，需要做相应设置，步骤如下：

第 1 步：启用来宾账户。. 打开"开始→管理工具→计算机管理"，在"计算机管理"对话框中选择"本地用户和组→用户"，右键单击用户列表中的"Guest"，打开"Guest 属性"对话框，选择"Guest 属性"对话框的"常规"标签，如实训图 6-6 所示，将"账户已禁用"前面复选框中的对勾去掉，然后关闭"Guest 属性"窗口，此时 Guest 账户已经被启用。

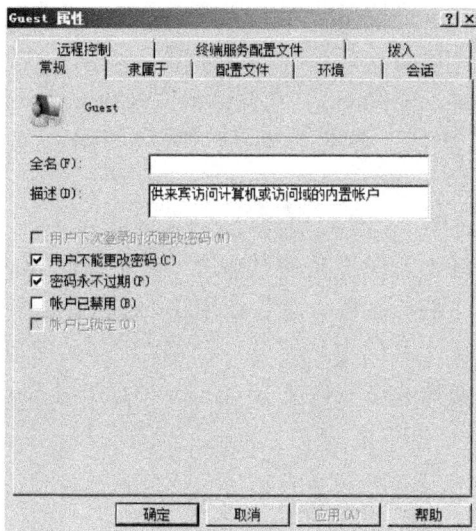

实训图 6-6 "网络发现和文件共享"对话框

第2步：设置文件共享。右键单击 MyShare 文件夹，在弹出菜单中选择"共享"，因为前面已经对该文件夹设置过共享，所以此时将打开如下图所示对话框，选择"更改共享权限"，在随后弹出的对话框中将"Guest"账户添加到用户列表中，单击"共享"，打开"文件共享"对话框，如实训图 6-7 所示。

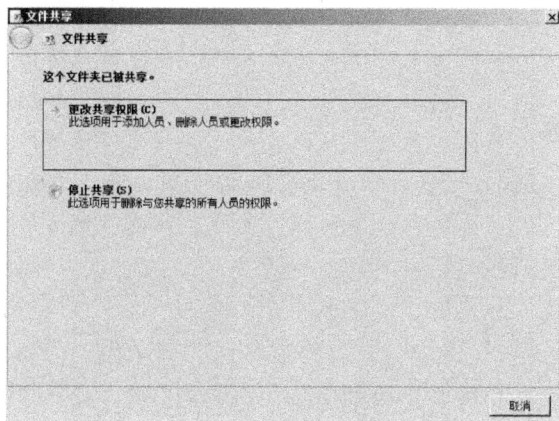

实训图 6-7 "文件共享"对话框

仅仅将"Guest"账户添加到共享用户列表中还不行，此时还需要对 My-Share 文件夹的"安全"属性进行设置。

第3步：打开 MyShare 文件夹属性对话框，选择"安全"标签。

第 4 步：单击"编辑"按钮，弹出"MyShare 的权限"对话框，单击该对话框中的"添加"按钮，在随后打开的"选择用户或组"对话框中的"输入对象名称来选择"文本框中输入"Guest"或者单击"高级"按钮选择"Guest"。

第 5 步：单击"确定"完成"Guest"账户的添加，关闭 MyShare 属性对话框。

（3）访问共享文件夹

通过上述步骤的设置，即可在客户端计算机中访问 MyShare 共享文件夹了。

第 1 步：登录客户端计算机（默认使用 Administrator 进行登录）。

第 2 步：在客户端计算机中，打开"网络"，会在窗口中看到服务器计算机图标，双击打开，会看到共享文件夹 MyShare，双击可打开该文件夹，便可以访问共享文件夹了。

3. 更改权限

目前，用户已经可以通过网络以来宾方式访问到服务器的共享资源了，但此时只能对共享文件夹进行浏览，如果 Guest 想要向共享文件夹中增加、删除或者修改文件或子文件夹，还需进一步的设置：

第 1 步：右键单击 MyShare 文件夹，在弹出菜单中选择"共享"，选择"更改共享权限"，打开"文件共享"对话框。

第 2 步：单击用户列表中的 Guest，在弹出菜单中选择"参与者"，最后单击"共享"按钮完成设置。

第 3 步：通过客户端访问共享文件夹，看是否有权限向文件夹中增加或者删除内容。

4. 停止文件夹共享

右键单击需要停止共享的文件夹，选择"共享"，在弹出的对话框中选择"停止共享"。

小　　结

（1）首先要了解不同类型文件系统的特点区别：如 NTFS 和 FAT 文件系统，NTFS 与 FAT 相比，有哪些优点。

（2）根据具体情况和权限的使用原则，对共享资源分配适当的权限以保障其安全性。

（3）定期查看共享资源使用情况，如不再使用及时关闭。

习　题

1. 思考题

（1）Windows Server 2008 支持哪些文件系统？

（2）文件与文件夹的权限有哪些？

（3）NTFS 与 FAT 相比，有哪些优点？

（4）权限的使用原则是什么？

（5）如何进行简单的资源共享？

2. 操作题

（1）在 D 盘创建一个文件夹 Soft，对已经创建的用户 User 具有"完全控制"权限。

（2）设置 Soft 为共享，对于账户 Guest 仅具有浏览和读取的权利。

实训 7 DNS 服务器的配置

学习目标：

■ 了解 DNS 的工作原理
■ 掌握 DNS 服务器的安装、配置方法
■ 掌握客户机的设置

7.1 工作任务情境

公网的 DNS 只是使用公网解析的，一般较大的企业都有内部网络，如果想用域名访问内网办公网页的话就要在内网建 DNS，这样才能实现内网域名的解析。内网域名在外网的 DNS 上一般是解析不出来的。有的企业如果想屏蔽某些网站不让员工登录的，也可以在内网 DNS 上做相应的配置以使该网站域名无法解析或者做出错误解析。

7.2 工作任务实施准备

在开始配置 DNS 之前，您必须收集一些基本信息。要在 Internet 上使用，Internic 必须批准其中的一些信息。但如果配置此服务器只供内部使用，则自己便可以决定要使用的名称和 IP 地址。

必须具备下列信息。

（1）域名。

（2）要为其提供名称解析的每台服务器的 IP 地址和主机名。

注意： 这些服务器可以是邮件服务器、公共访问服务器、FTP 服务器、WWW 服务器和其他服务器。

计划任务。

（1）安装 DNS 服务器。

（2）要在服务器上配置一个域，域名为 "kfu. edu. cn"。

（3）在该域中建立 Web 主机和 FTP 主机，主机名分别为 "www" 和 "ftp"，对应 IP 地址分别为 "192. 168. 0. 100" 和 "192. 168. 0. 101"，那么这两台

主机完整的域名为分别 www. kfu. edu. cn 和 ftp. kfu. edu. cn。

（4）完成配置以后在客户端测试，看能否通过两台主机的域名正确解析出对应的 IP 地址。

（5）创建一个与上面区域对应的反向区域，通过向反向区域中添加相应指针记录可以通过 IP 地址解析域名。

7.3　工作任务实施过程

7.3.1　安装 DNS 服务器

完成该实验后，将能够完成"域名系统"（DNS）服务器的安装，为使其承载可访问 Web 站点等做好准备。操作步骤如下：

1. 配置服务器的 TCP/IP

以管理员的身份登录到服务器，在服务器上完成以下操作：

第 1 步：打开"控制面板"，双击"网络和共享中心图标"，打开如实训图 7-1 所示的"网络和共享中心"窗口，在该窗口左上"任务"栏中，单击"管理网络连接"，将打开"管理网络连接"对话框。

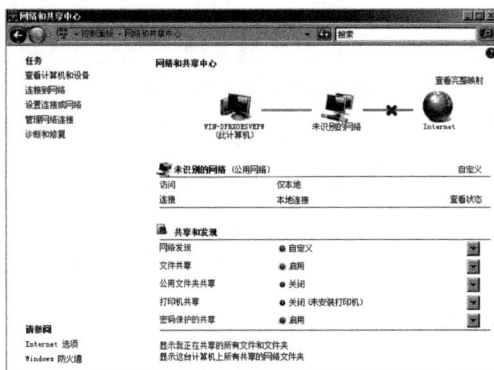

实训图 7-1　"网络和共享中心"窗口

第 2 步：右键单击"本地连接"图标，从弹出的菜单中选择"属性"，打开"本地连接属性"对话框，如实训图 7-2 所示，双击"Internet 协议版本 4（TCP/IPv4）"。

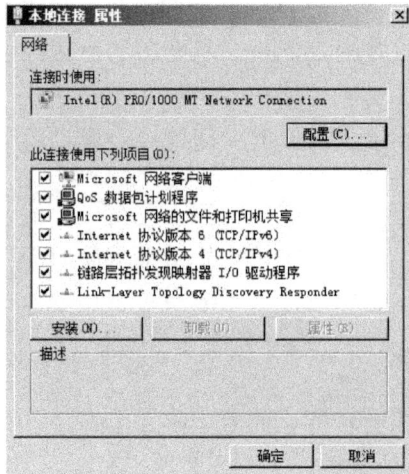

实训图 7-2　"本地连接属性"对话框

第 3 步：在弹出的"Internet 协议版本 4（TCP/IPv4）属性"对话框中，给服务器设置固定 IP 地址：

（1）选择"使用下面 IP 地址"单选按钮，在"IP 地址"文本框中输入服务器 的 IP 地址，这里输入"192.168.0.1"，在"子网掩码"出输入"255.255.255.0"。

（2）选择"使用下面的 DNS 服务器地址"单选按钮，在"首选 DNS 服务器"中输入"192.168.0.1"，即本服务器。

第 4 步：单击"高级"按钮，可以继续添加 IP 地址 192.168.0.100（"子网掩码"255.255.255.0）和 IP 地址 192.168.0.101（"子网掩码"255.255.255.0）两个 IP 地址。

第 5 步：单击"确定"按钮，完成服务器 IP 地址的设置。

2. 安装 DNS 服务器

第 1 步：单击"开始→管理工具→服务器管理器"，打开"服务器管理器"窗口，在树形结构中找到"角色"并右键单击，在弹出的菜单中选择"添加角色"命令。

第 2 步：在弹出的"添加角色向导"中单击"下一步"。

第 3 步：在角色列表中选中"DNS"服务器，单击"下一步"，最后单击"安装"。

经过一段时间的安装，DNS 服务器就被安装好了。

3. 启动 DNS 服务

当 DNS 服务器安装成功以后，将自动启动该服务。

7.3.2　配置 DNS 服务器

1. 建立正向标准主要区域

第 1 步：单击"开始→管理工具→DNS"，打开 DNS 服务器管理工具。

第 2 步：在"DNS 控制台"中左侧窗体中选择"服务器"图标，在"操作"菜单中选择"建新区域"选项，启动"新建区域向导"。

第 3 步：单击"下一步"按钮，在"选择区域类型"对话框中选择"主要区域"选项。

第 4 步：单击"下一步"按钮，选择"正向查找区域"选项。

第 5 步：单击"下一步"按钮，在"区域名"对话框中输入新区域的域名，如实训图 7-3 所示。注意只输入到次阶域，而不是连同子域和主机名称都一起输入。

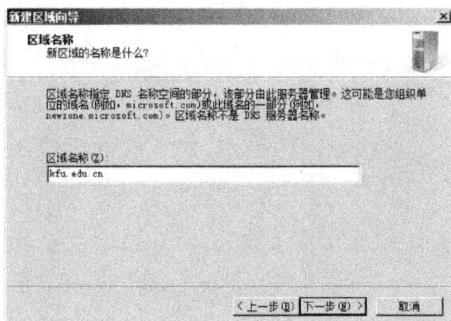

实训图 7-3　"区域名称"对话框

第 6 步：在"文件名"对话框中的"新文件"文本框中显示了以域名为文件名的默认 DNS 文件，该文件的默认文件名为 kfu. edu. cn. dns（区域名称 +. dns），单击"下一步"按钮。

第 7 步：在"动态更新"对话框中，要求指定这个 DNS 区域接受安全，不安全或非动态的更新，由于允许非安全和安全动态更新会使安全性大大降低，所以一般不建议选择该项。单击"不允许动态更新"按钮。

第 8 步：在完成设置对话框中显示以上所设置的信息，单击"完成"按钮。

2. 建立反向搜索区域

第 1 步：用鼠标右键单击"反向查找区域"选项，在打开的快捷菜单中选择

"新建区域"选项，打开"新建区域向导"对话框，单击"下一步"按钮，然后单击"主要区域"选项，再单击"下一步"按钮，选择"IPv4 反向查找区域"。

　　第 2 步：单击"下一步"，打开如实训图 7-4 所示的对话框。在"网络 ID"文本框中以 DNS 服务器所使用的 IP 地址前三段的顺序来设置反向搜索区域。

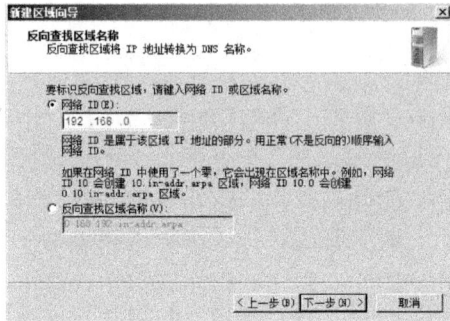

实训图 7-4　　"反向搜索区域"对话框

　　第 3 步：单击"下一步"按钮，打开如实训图 7-5 所示的设置区域文件对话框。

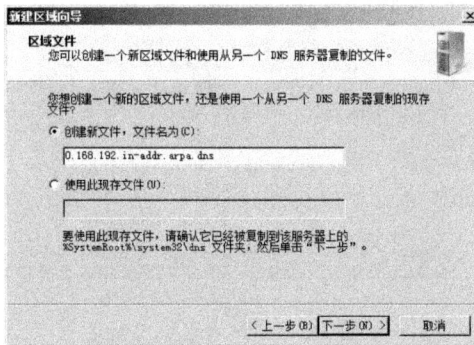

实训图 7-5　　"区域文件"对话框

　　第 4 步：单击"下一步"按钮，选择"不允许动态更新"，再单击"下一步"，最后单击"确定"按钮，完成设置。

3. 添加主机记录

　　正向和反向区域建好以后就可以向建好的区域中添加主机记录了。
　　（1）正向区域中添加主机记录
　　第 1 步：在 DNS 控制台树中，右键单击建好的域"kfu.edu.cn"，在打开的快捷菜单中选择"新建主机"选项，打开如实训图 7-6 所示的对话框。

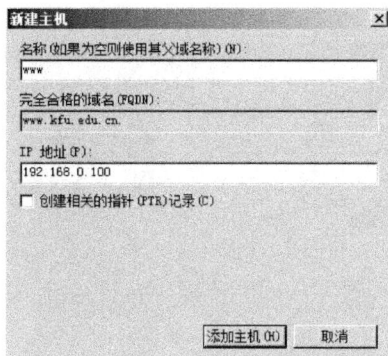

实训图 7-6   "新建主机"对话框

第 2 步：在"名称"栏上填写新增主机记录的名称，但不需要填上整个域名，如要新增 www 名称，只要填上 www 即可而不是填上 www. kfu. edu. cn。在"IP 地址"栏中填入欲新建名称的实际 IP 地址，这里输入 192.168.0.100。如果 IP 地址与 DNS 服务器在同一个子网掩码下，并且有反向搜索区域，则选择"创建相关的指针（PTR）记录"，这样会在反向搜索区域自动添加一笔搜索记录。

第 3 步：单击"添加主机"按钮来完成新建主机。

第 4 步：继续添加，将名称为"ftp"的主机也添加进去。完成后如实训图 7-7 所示。

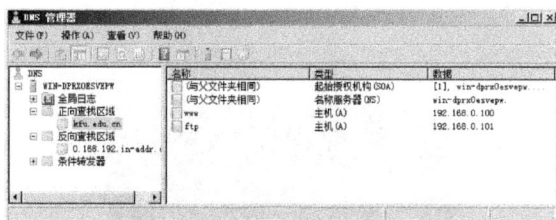

实训图 7-7   正向查找区域主机列表

（2）反向区域中添加指针（PTR）记录

正向区域中已经添加了"www"和"ftp"主机记录，相应的，可以在反向区域中添加对应的指针记录，有两种方法可以添加对应的指针记录。

①在正向区域中添加主机记录的时候，在实训图 7-6 中将"创建相关的指针（PTR）记录"复选框选中。

②直接在反向查找区域中添加，添加方法与添加主机方法类似。

指针记录添加完成以后，结果如实训图 7-8 所示。

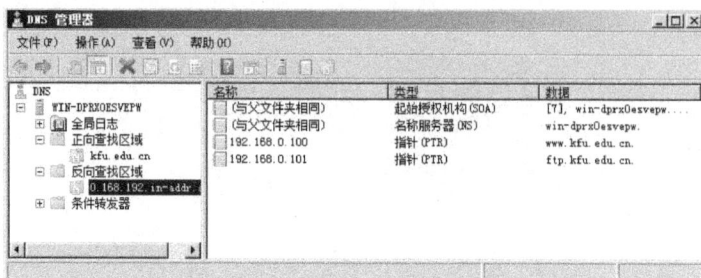

实训图 7-8　反向查找区域指针记录列表

7.3.3　测试 DNS 服务器

（1）设置客户机 TCP/IP 属性

将客户端 IP 地址设置为"192.168.0.200"，子网掩码为"255.255.255.0"，首选 DNS 服务器为"192.168.0.1"。

（2）测试

第 1 步：单击"开始→运行"，在弹出的窗口中键入：CMD，单击"确定"，打开 DOS 窗口。

要进行测试可以使用两个命令：ping 命令和 nslookup 命令。ping 命令只能测试域名到 IP 地址的解析，而 nslookup 命令还可以测试 IP 到域名的解析。

第 2 步：在 DOS 窗口中输入命令 nslookup 回车。

第 3 步：正向解析（由域名到 IP）测试。输入 www.kfu.edu.cn 回车后，再输入 ftp.kfu.edu.cn 回车，测试结果如实训图 7-9 所示。

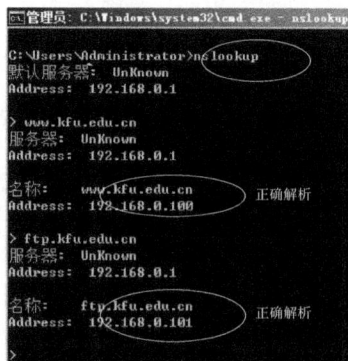

实训图 7-9　正向解析结果

第 4 步：反向解析（由 IP 到域名）测试，输入 192.168.0.100 回车，输入 192.168.0.101 回车测试结果如实训图 7-10。

实训图 7-10 反向解析结果

小　　结

DNS 是非常重要的基础服务，要理解域名空间的结构，域名解析的原理和模式。要能够进行 DNS 服务器的安装、配置和管理，要理解正向和反向搜索区域的功能和区别。

如果局域网接入 Internet，可以直接使用 ISP 的 DNS 服务器，如果需要企业网内部使用域名而不是 IP 地址访问则需要自建 DNS 服务器。自建的 DNS 服务器要融入到 Internet 体系，则需要向 Internet 域名管理机构申请并在上级 DNS 服务器注册。

习　　题

1. 思考题

（1）为什么 DNS 服务要求所在的 Windows Server 2008 服务器使用静态地址？

（2）在 Windows Server 2008 中使用 DNS 服务是否要求设置如 www.126.com 形式的〔完整的计算机名〕？

（3）在客户端必须要指定 DNS 的服务器地址吗？

（4）正向搜索区域和反向搜索区域之间的关系？

2. 操作题

安装并配置一台 DNS 服务器，能够实现使用域名访问网络资源。

实训 8   DHCP 服务器的配置

学习目标：

■ 了解 DHCP 的工作原理。

■ 掌握 DHCP 服务器的安装、配置方法，学会使用 Windows Server 2008 中的 DHCP 服务为所在的网络动态分配 IP 地址。

8.1   工作任务情境

某高校已经组建了学校的校园网，然而随着笔记本电脑的普及，教师移动办公以及学生移动学习的现象越来越多，当计算机从一个子网移动到另一个子网时，需要重新对计算机设置新的网络 IP 地址、网关等信息。这样，客户端就需要知道整个网络的部署情况，需要知道自己处于哪个网段，哪些 IP 地址是空闲的以及默认网关是多少等信息，不仅用户觉得烦琐，同时也为网络管理员管理网络和分配 IP 地址带来了困难。如果用户无论处于网络的什么位置，都不需要配置 IP 地址、默认网关等信息就能够上网，这样就方便快捷了许多。

要实现这个目标，就需要在网络中部署 DHCP 服务器。

8.2   工作任务实施准备

1. DHCP 服务器的前提条件

（1）规划：根据计算机数量，确定需要分配的 IP 地址的范围，明确哪些 IP 地址用于自动分配给客户端，哪些 IP 地址用于手工指定给特定服务器。

（2）DHCP 服务器的 IP 地址、子网掩码、DNS 服务器等参数必须手工指定，否则将不能为客户端分配 IP 地址。

（3）DHCP 服务器必须拥有一组有效的 IP 地址，以便自动分配给客户端。

2. 计划任务

（1）服务器的 IP 地址 192.168.0.1，子网掩码是 255.255.255.0。

（2）安装 DHCP 服务器。

（3）需要分配的 IP 地址范围是 192.168.0.10～192.168.0.150。

（4）排除 192.168.0.30，192.168.0.40～192.168.0.45。

（5）指定客户端的路由器和 DNS 服务器的 IP 地址都是 192.168.0.1。

（6）进行客户端的 "IP-MAC" 绑定，这会减少不少维护工作量。

8.3 工作任务实施过程

8.3.1 DHCP 服务器的安装与配置

1. 设置服务器 IP 地址

设置 DHCP 服务器的 IP 地址 192.168.0.1，子网掩码是 255.255.255.0。

2. 安装 DHCP

第 1 步：单击 "开始→管理工具→服务器管理器"，打开 "服务器管理器" 对话框。

第 2 步：单击左窗格中 "角色"，单击对话框右窗格中 "添加角色" 按钮。

第 3 步：在弹出的添加角色向导中选择 "DHCP 服务器"，如果添加的是第一台 DHCP 服务器，一直按 "下一步" 按钮，最后确认安装，单击 "安装" 即可；如果添加的不是第一台 DHCP 服务器，那么可以根据需要在向导中进行设置。这里配置的是第一台 DHCP 服务器。

3. 建新作用域

在 DHCP 服务器内，需要设定一段 IP 地址的范围（地址池，可用的 IP 作用域），当 DHCP 客户端请求 IP 地址时，DHCP 服务器将从地址池中取一个尚未使用的 IP 地址分配给 DHCP 客户端。

（1）新建作用域

第 1 步：在 DHCP 控制台中单击要添加作用域的服务器，右键单击 "IPv4"，在弹出的菜单中选择 "新建作用域" 命令，打开 "新建作用域向导" 对话框。

第 2 步：单击 "下一步" 按钮，打开 "输入作用域名" 对话框，在此输入本域的域名 "MyDNS" 和描述。

第 3 步：单击 "下一步" 按钮，打开 "IP 地址范围" 对话框。

①设置好 DHCP 服务器的 IP 地址范围。 "起始 IP 地址" 设置为 192.168.0.10，"结束 IP 地址" 设置为 192.168.0.150；

② "长度"（子网掩码的二进制位数）和 "子网掩码" 的功能是一致的，都是对 DHCP 服务器提供的 IP 地址的子网掩码进行设置，这里输

入 255.255.255.0。

第 4 步：单击"下一步"按钮，在"添加排除"对话框中输入需要排除的 IP 地址或 IP 地址的范围，这里输入 192.168.0.30。

第 5 步：单击"下一步"按钮，选择 IP 地址租约期限（默认为 8 天）。一般情况下，当网络中的 IP 地址比较紧张时，可将租约设得短一些；而 IP 地址不紧张时，租约可以设得长一些。

第 6 步：单击"下一步"按钮，打开"配置 DHCP 选项"对话框。选择"否，我想稍后配置这些选项"，当需要时再进行配置，单击"下一步"，在 DHCP 控制台中出现新添加的作用域。

此时，在 DHCP 控制台中作用域多了四项。

① 地址池：用于查看、管理现在的有效地址范围和排除地址范围。

② 地址租约：用于查看、管理当前的地址租约情况。

③ 保留：用于添加、删除特定保留的 IP 地址。

④ 作用域选项：用于查看、管理当前作用域提供的选项类型及其设置值。

（2）激活作用域

右键单击新建好的作用域，在弹出菜单中选择"激活"命令，即将该作用域激活。

设置完成后，当 DHCP 客户机启动时便可以从 DHCP 服务器获得 IP 地址租约及选项设置。

8.3.2　DHCP 服务器的测试

（1）确认服务器的工作状况

确保作用域已经被激活。

（2）配置客户机 TCP/IP 属性

客户端的 IP 地址设置为"自动获取 IP 地址"。

（3）检查客户端获得的地址信息

①在客户端运行命令 ipconfig /all，察看获取的 IP 地址。

②记录已被设定的设置值，即"适配卡地址"（MAC 地址），适配卡的 IP 地址、子网掩码、DHCP 服务器、网关、DNS 服务器的具体数值。

（4）检查客户机租约信息

第 1 步：在服务器端，打开 DCHP 控制台，展开作用域，单击"地址租用"。

第 2 步：在右窗格中，可找到窗户机租约信息。利用主菜单"操作→刷新"，可以显示当前客户机的租约信息。

比较租约信息中新记录的客户 IP 地址、租约截止日期和客户端操作中记录的信息是否一致。

（5）删除客户租约

在"地址租约"详细信息窗口中，单击要删除的客户 IP 地址。在主菜单上选择"操作→删除"。

重新启动客户机。回到服务器的 DHCP 控制台，刷新并查看"地址租约"的右侧详细信息窗口，观察是否有变化。

8.3.3 DHCP 服务器的管理

IP 作用域的管理主要是指修改、停用、协调与删除 IP 作用域，这些操作都在"DHCP"控制台中完成。右键单击要处理的 IP 作用域，选择弹出菜单中的"属性"、"停用"、"协调"、"删除"选项可完成修改 IP 范围、停用、协调与删除 DHCP 服务等操作。

（1）查看作用域的属性

在控制台树中，单击作用域。在主菜单上选择"操作→属性"，根据需要查看或修改作用域属性。

（2）停用作用域

在控制台树中，单击作用域。在主菜单上选择"操作→停用"，在本实训中，不要求必须完成此操作。

（3）删除作用域

在控制台树中，单击作用域。在主菜单上选择"操作→删除"。

当出现删除提示后，单击"是"删除作用域。在本实训中，不要求必须完成此操作。

（4）从作用域中排除地址

注意：在一台 DHCP 服务器内，只能针对一个子网设置一个 IP 作用域，例如：不能建立一个 IP 作用域 210.43.23.1～210.43.23.60 后，再建立另一个 IP 作用域 210.43.23.100～ 210.43.23.160。解决方法是先设置一个连续的 IP 作用域 210.43.23.1～210.43.23.160，然后将中间的 210.43.23.61～210.43.23.99 添加到排除范围。

第 1 步：在控制台树中，选择作用域，单击"地址池"，在主菜单上选择"操作→新建排除范围"。

第 2 步：在"添加排除"对话框中，键入你想从该作用域中排除的"起始 IP 地址"和"结束 IP 地址"。例如，可输入 192.168.0.40 和 192.168.0.45，然后单击"添加"。

（5）配置作用域选项

第1步：在控制台树中，选择作用域用域，单击"作用域选项"。在主菜单上选择"操作→配置选项"。

第2步：出现作用域选项对话框后，从常规页的"可用选项"列表中，查找3路由器、6 DNS 服务器、12 主机名、15 DNS 域名、44 WINS 服务器的设置情况。并用下列值分别对它们进行设置：

①路由器 192.168.0.1，即指定客户端自动获取的默认网关。

②DNS 域名 192.168.0.1，即指定客户端自动获取的 DNS。

注意：作用域选项参数在实际使用时应必须存在。

（6）客户端测试作用域选项

第1步：在客户端先记录 IP 配置窗口中显示的项目当前值，包括主机名、DNS 服务器、默认网关、主控 WINS 服务器。

第2步：然后单击"更新"，会重新获得动态 IP 地址，比较前后的变化，分析与作用域选项设置的相关性。

（7）添加客户保留

可以保留特定的 IP 地址给特定的客户端使用，以便该客户端每次申请 IP 地址时都拥有相同的 IP 地址。另一方面可以通过此功能逐一为用户设置固定的 IP 地址，即所谓"IP－MAC"绑定，这会减少不少维护工作量。

第1步：删除客户机获得的 IP 地址。在服务器端，打开 DHCP 控制台树。

第2步：单击作用域下的"保留"。在主菜单上单击"操作→新建保留"。键入客户保留所需的信息，包括：客户机名称如 client1，IP 地址为 192.168.0.10，MAC 地址为前面记录的客户端的"适配卡地址"。

第3步：单击"添加"，然后单击"关闭"。

第4步：回到客户端，先记录 IP 配置窗口中显示的 IP 地址当前值，然后单击"更新"，重新获得动态 IP 地址。比较前后的变化，分析与"保留"设置的相关性。

此外，还可以为每个保留地址设置相应的配置选项（客户选项）。

小　　结

DHCP 服务器能够自动为局域网中的客户机配置合适的网络参数，大大简化了网络管理的负担。

（1）要根据实际情况，决定是否要使用 DHCP 服务器。

（2）配置 DHCP 服务器之前做好规划工作。

（3）正确合理的配置 DHCP 服务器，使其满足需求。

（4）在实际应用中常常使用路由器中集成的 DHCP 功能。

习　　题

1. 思考题

（1）为什么 DHCP 服务要求所在的 Windows Server 2008 服务器使用静态地址？

（2）请举例说明 IP 网络号如何表示？DHCP 中作用域的含义是什么？定义作用域应注意什么？

（3）在客户机和 DHCP 服务器两者之间，应先启动谁？为什么？当无法从 DHCP 服务器获得地址时，应如何处理？

（4）能保证客户端再次获得的动态 IP 地址与以前不一样吗？

2. 操作题

配置一台 DHCP 服务器，在客户机端设置其 IP 地址为自动获取，查看客户端 IP 配置窗口中显示的项目当前值，包括主机名、DNS 服务器、默认网关、主控 WINS 服务器。

实训 9　Intranet 服务器的安装与配置

学习目标：

■ 掌握 IIS 的安装

■ 掌握 WEB 服务器和 FTP 服务器的配置

■ 能够使用第三方 FTP 服务器软件 Serv-U 构建 FTP 服务器

9.1　工作任务情境

金地公司开封分公司已构建了内部网络，经过网络管理人员的设置，计算机之间已经互通。现需要通过网络发布相关信息，提供资源共享，已便于内部人员的信息交流，提高办事效率。

要实现这些目标，就需要在服务器上安装 IIS，配置 Web 服务器和 FTP 服务器。

9.2　工作任务实施准备

9.2.1　IIS 的安装

在安装之前，首先先把服务器的 IP 地址设置为 192.168.0.1。

第 1 步：打开"服务器管理器"对话框，右键单击"角色"，从快捷菜单中选择"添加角色"命令。

第 2 步：在弹出的"添加角色向导"中，选中"Web 服务器（IIS）"，单击"下一步"。

第 3 步：如果没有特殊需求，一直"下一步"，直到安装完成。

如果想要对 IIS 当中的角色进行选择，从第 2 步单击"下一步"以后再单击一次"下一步"，出现"选择角色服务"页，可以对 IIS 中角色进行选择，在这里我们选中"应用程序开发"中的"ASP.NET"和"ASP"以及"安全性"中的"IP 和域限制"。

第 4 步：重新启动计算机，完成 IIS 安装。

注意： 当 IIS 安装完成以后，Web 服务默认已经安装好了。

重新启动计算机（服务器）以后，可以打开 IE 浏览器，在地址栏中输入 http：//localhost 并回车，如果打开如实训图 9-1 所示页面，说明 IIS7.0 安装成功。

实训图 9-1　验证 IIS 安装页面

9.2.2　FTP 服务的安装

IIS 安装完成后，默认情况下并没有安装 FTP 服务，所以还需要手动进行添加：

第 1 步：打开"服务器管理器"窗口，在树形列表中找到"角色→Web 服务器（IIS）"并单击右键，在弹出的菜单中选择"添加角色服务"命令。

第 2 步：在随后弹出的"添加角色服务"窗口的"角色服务"列表中，找到"FTP 服务"和"FTP 管理控制台"并将其选中，单击"安装"按钮即可完成安装。

9.2.3　计划任务

（1）配置 Web 服务器，在服务器上建立一个网站，网站名为"MyPlace"，将该网站主目录设置为 D：\ myweb 文件夹，网站 IP 地址为该服务器的 IP 地址，端口设置为 8080。在该文件夹下面有一网页文件 index. html（公司网站主页），为该网站设置一个虚拟目录，用来存储视频文件，该虚拟目录可以为 E：\ myvideo 文件夹。为了该 Web 网站的安全，通过设置，限制某些 IP 的访问，例如：禁止 192.168.0.10～192.168.0.20 之间的 IP 地址访问该 Web 服务器或者只允许 192.168.0.50 的 IP 地址访问。

（2）配置 FTP 服务器的默认站点，设置其 IP 地址为 192.168.0.1；其主目录为 C：\ Inetpub \ ftproot，权限为"读取"和"记录访问"；添加一个虚拟目录 myweb，对应资源为 C：\ Inetpub \ myweb，权限为"读取"和"写入"；只允许匿名访问。

（3）安装和设置 Serv-U FTP 服务器。

9.3　工作任务实施过程

9.3.1　Web 服务器配置

1．Web 网站的建立

第 1 步：在"IIS 管理器"窗口，右键单击"网站"，打开"添加网站"对话框，如实训图 9-2 所示。

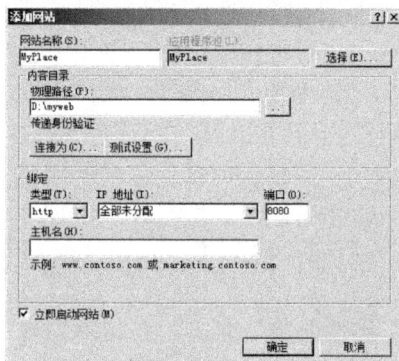

实训图 9-2　"添加网站"对话框

第 2 步：在"网站名称"框中给所建网站起一个名字，这里输入"My-Place"，该名字会显示"IIS 管理器"窗口的网站列表中。

第 3 步：在"物理路径"框中直接键入该网站主目录所在的磁盘和文件夹，这里键入 D：\ myweb，也可单击路径框后面的".."按钮进行定位，选中 D：\ my-web。

第 4 步：在"类型"下拉列表中选择一种协议类型，通常选择 http；在"IP 地址"框中输入网站的 IP 地址，这里输入 192.168.0.1；在"端口"框中设置网站的端口号，这里输入 8080。

"全部未分配"的含义是所有服务器可用的 IP 地址（有些情况下会给服务器设置多个 IP 地址）。

第 5 步：如果在 DNS 中已经设置好域名以及添加了主机，那么可以在"主机名"中填入相应信息，这里输入 www.kfu.edu.cn；选中"立即启动网站"复远框，单击"确定"，完成网站的建立。

2. 添加虚拟目录

第 1 步：在"IIS 管理器"窗口中，从"网站"目录下的网站列表中选择 MyPlace，右击网站名，在快捷菜单中选择"添加虚拟目录"命令，打开"添加虚拟目录"对话框，如实训图 9-3 所示。

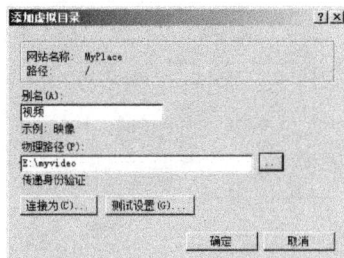

实训图 9-3　　"添加虚拟目录"对话框

第 2 步：在"别名"框中给该虚拟目录起一个名字，这里输入"视频"；在"物理路径"框中指定该虚拟目录的实际位置 E：\ myvideo；单击"确定"按钮，完成添加虚拟目录。

重复上述操作，可在该网站中添加多个虚拟目录。

虚拟目录建立后，也将自动开始运行。虚拟目录的配置方式与默认 Web 网站基本相同。

打开 Web 浏览器，在地址栏中如键入 http：//192.168.0.1：8080/视频，即可直接浏览建立的虚拟目录。如果无法访问，检查目录权限是否打开了允许浏览。

3. IP 地址限制

第 1 步：在 IIS 管理器窗口中，选择"MyPlace"网站，在窗口中间位置找到"IPv4 地址和域限制"图标并双击打开，如实训图 9-4 所示。

实训图 9-4　　"IPv4 地址和域限制"页面

第 2 步：授予访问权限。在实训图 9-4 右窗格中单击"添加允许条目"，打开如实训图 9-5"添加允许限制规则"对话框，在该对话框中设置一个特定的 IP 地址，如 192.168.0.50。

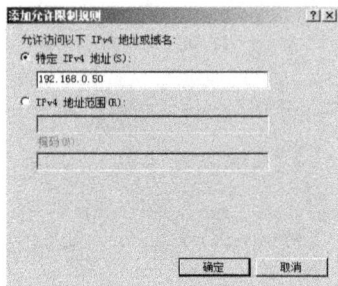

实训图 9-5　　"添加允许限制规则"对话框

第 3 步：拒绝访问权限。在实训图 9-4 右窗格中单击"添加允许条目"，打开如实训图 9-6"添加允许限制规则"对话框，在该对话框中设置 IP 地址范围。这里输入 192.168.0.10。

注意：在"IPv4 地址范围"框中填入范围的最小值，然后把相应的子网掩码填在"掩码"框中。

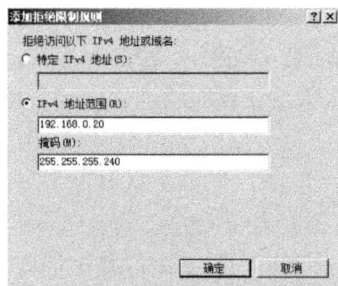

实训图 9-6　　"添加拒绝限制规则"对话框

第 4 步：其他访问权限。在实训图 9-4 右窗格中单击"编辑功能设置"，打开如实训图 9-7"编辑 IP 和域限制设置"对话框。在"未指定的客户端的访问权"下拉列表中选择一种权限，在"启用域名限制"复选框上进行设置。

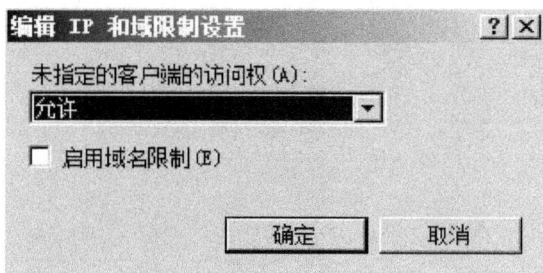

实训图 9-7　"编辑 IP 和域限制设置"对话框

注意注意：对于即不满足授予权限规则也不满足拒绝访问权限规则的 IP 地址或域，可以通过如第 4 步所进行的统一规则进行设置。

4. 设置默认文档

第 1 步：在 Internet 信息服务管理窗口中选中"MyPlace"网站，双击"默认文档"图标，打开如实训图 9-8 所示的窗口，可以看到已经有一些默认文档了。

实训图 9-8　"默认文档"页面

第 2 步：查看列表中是否已经有"index.html"，如果有的话，选中"index.html"后，单击右窗格中的"上移"箭头，将该名称上移到列表中的第一行即可；如果没有该文件名，单击右窗格中的"添加"按钮，打开"添加默认文档"对话框，如实训图 9-9 所示，在其中输入要增加的默认文档的文件名（含扩展名）。

实训图 9-9 "默认文档"对话框

第 3 步：单击"确定"，默认文档添加成功，并将添加的文件上移到列表中第一行。

5. 测试网站是否运行正常

第 1 步：在客户端中打开 Web 浏览器，如 IE 浏览器。

第 2 步：在浏览器的地址栏输入 http：//192.168.0.1：8080，回车。

第 3 步：观察能否打开服务器中网站的页面。

第 4 步：将客户端计算机的 IP 地址更改为拒绝访问 IP 列表中的地址再测试看能否浏览。

注意：在客户端计算机 IP 地址不为拒绝列表中的地址的情况下，如果访问不了服务器的网页，可能是由于服务器端的防火墙造成的，将服务器端防火墙关闭即可。

9.3.2 FTP 服务器配置

1. 启动 Default FTP Site

第 1 步：启动打开"Internet 信息服务（IIS6.0）管理器"，单击"开始→管理工具→Internet 信息服务（IIS6.0）管理器"。

第 2 步：开始启动 FTP 服务。选中左窗格中的"Internet 信息服务"，在主菜单上选择"重新启动 IIS…"。在随后弹出的对话框中，选择"重新启动 XXX 的 Internet 服务"，单击"确定"。

第 3 步：观察 FTP 是否已启动。在主菜单上单击"操作"，此时，"启动"菜单项应处于未用状态。

2. 查看 Default FTP Site 设置

第 1 步：查看 Default FTP Site 属性。单击左窗格中的"Default FTP Site"。

在主菜单上选择"操作→属性"，根据需要查看或修改服务器的属性。

第 2 步：查看 Default FTP Site 与 TCP/IP 的关系。

* 在"Default FTP Site 属性"对话框中，单击"FTP 站点"选项卡，在出现的"IP 地址"下拉列表中，显示了可使用的 IP 地址，默认为服务器可使用的全部 IP 地址。"TCP 端口"显示了 FTP 服务器端口号，默认为 21 端口。

* 把默认的"全部未指定"项目，更改为 IP 地址 192.168.0.1。

第 3 步：查看有多少客户能同时连接到服务器上。在"Default FTP Site 属性"对话框中，单击"FTP 站点"选项卡，默认情况为"连接数限制为"已被选择，指定为 100000 个，如果客户处于连续空闲的状态超过 120 秒，服务器会自动断开这些客户的连接。

3. 查看 Default FTP Site 如何控制客户使用

第 1 步：查看哪些客户是合法的。在"Default FTP Site 属性"对话框中，单击"目录安全性"选项卡，可以控制允许哪些客户（IP 地址标识）使用或拒绝哪些客户使用，使用"添加"、"删除"和"编辑"可对列表进行维护。

第 2 步：识别客户身份。在"Default FTP Site 属性"对话框中，单击"安全账户"选项卡，默认情况为"允许匿名连接"已被选择，其中包括"用户名"和"密码"输入域。

第 3 步：查看允许客户对文件操作的类型。在"Default FTP Site 属性"对话框中，单击"主目录"选项卡，默认情况为"此计算机上的目录"已被选择，"本地路径"为"C：\ Inetpub \ ftproot"，允许的操行有"读取"和"记录访问"。

4. 配置 FTP 虚拟目录

第 1 步：使用资源管理器，建立"C：\ Inetpub \ myweb"文件夹。拷贝一些数据到"C：\ Inetpub \ ftproot"。再拷贝一些数据到"C：\ Inetpub \ myweb"。

第 2 步：建立虚拟目录。选择"Default FTP Site"，选择主菜单"操作→新建→虚拟目录"，弹出"虚拟目录创建向导"。按屏幕提示，设置别名为 myweb，路径为"C：\ Inetpub \ myweb"，权限为"读取"和"写入"。

5. 访问 Default FTP Site

在 Windows 客户端的地址栏，输入 ftp：//192.168.0.1 就可访问设置好的 FTP 站点的主目录，要访问虚拟目录 myweb，则需要输入 ftp：//192.168.0.1/myweb。

如果设置的有用户名和密码，则需要输入正确的用户名和密码。

9.3.3　管理 Default FTP Site

1. 更改客户端显示风格

第 1 步：选择"Default FTP Site"，选择主菜单"操作→属性"，弹出"Default FTP Site 属性"对话框。

第 2 步：单击"消息"选项卡，设置"欢迎"中的内容为"欢迎使用 Default FTP Site"，"退出"中的内容为"谢谢使用！"，"最大连接数为"中的内容为"对不起，目录用户数已满，请稍后再试"。

第 3 步：单击"主目录"选项卡，选择"UNIX"单选按钮，单击"确定"。

2. 设置只允许匿名（anonymous）用户使用。

第 1 步：选择"Default FTP Site"，选择主菜单"操作→属性"，弹出"Default FTP Site 属性"对话框。

第 2 步：单击"安全账户"选项卡，选择"只允许匿名连接"。

3. 观察与服务器的连接

在"Default FTP Site 属性"对话框中，单击"当前会话"选项卡，观察"FTP 用户会话"对话框中的内容。

9.3.4　使用 Serv-U 建立 FTP 服务器

IIS 给我们提供的 FTP 服务功能上比较简单，能够适合基本的使用需求。通常，我们还可以采用其他的专业 FTP 软件来搭设我们的 FTP 服务器，Serv-U 就是其中的优秀代表。

1. 安装、设置 Serv-U FTP 服务器

第 1 步：下载最新版本的 Serv-U 服务器软件。该软件是共享软件，可免费试用，各版本有所差别，但基本功能及设置类似。

第 2 步：运行下载的 Serv-U 服务器安装软件，按照安装向导进行安装 Serv-U 服务器软件。根据向导，一路 next，选择 Install。

第 3 步：安装完成后，单击"Close"，以管理员"Administrator"身份开始运行 Serv-U，自动打开了运行的向导，一路单击"next"，输入 FTP 服务器的 IP 地址为 192.168.0.1。

第 4 步：为 FTP 服务器设置任意一个域名，在是否允许匿名登录处，若允

许，选择"Yes"，其中，匿名访问是以"Anonymous"为用户名称登录的。

第 5 步：选择匿名用户可访问的 FTP 服务器的主目录，这里可以指定一个硬盘上已存在的目录，例如"e：\ Intpub\ ftproot"。

第 6 步：询问是否要锁定该目录，锁定后，匿名登录的用户将只能访问指定的主目录，也就是说只能访问这个目录下的文件和文件夹，这个目录之外就不能访问，对于匿名用户一般选择"Yes"。

第 7 步：在询问是否创建命名的账号，可以为每个人分别创建一个账号，每个账号的权限不同，这里选择"Yes"；输入用户登录的账号名称和密码，例如账号和密码均为 admin。

第 8 步：为账号 Admin 选择可以访问 FTP 服务器的主目录。

第 9 步：设置需要用户名登录的用户权限，询问你是否要锁定该目录，选择"No"。单击"Finish"。

第 10 步：接下来询问这次创建的用户的管理员权限，有无权限、组管理员、域管理员、只读管理员和系统管理员，每项的权限各不相同；这里可以选择系统管理员。

至此，已建立了一个域，一个匿名账户 Anonymous 和一个账号 admin。可以看到所建立的域已处在运行状态。

2. 账号管理

第 1 步：新建账号。在 Serv-U 管理器的左窗格中，右击"Users"，选择"New User"，建立一个新登录账号，按照上述第 1 步到第 10 步操作步骤，进行相关设置。

第 2 步：删除账号。在 Serv-U 管理器的左窗格中，右击一个账号，选择"Delete User"（删除用户）。

第 3 步：复制账号。在 Serv-U 管理器的左窗格中，右击一个账号 XX，选择"Copy User"（复制用户）。则会多出一个名字如 Copy of XX 格式的新账号，它除了帐号名和原来的不同外，其他部分（包括密码、主目录、目录权限等）均与之完全一致。

第 4 步：禁用账号。在 Serv-U 管理器的左窗格中，选定一个账号，然后在右窗格中单击"Account"（账户）标签，勾选"Disable account"（禁止账户），单击"Apply"（应用）。

3. 对目录权限的管理

第 1 步：增加、删除或更改账号的访问目录。

（1）在 Serv-U 管理器的左窗格中，选定一个账号，在右窗格中单击"Dir

Access"（目录存取）标签。

（2）分别单击"Add"、"Delete"或"Edit"，可以增加、删除或更改账号的访问目录。

第2步：设置帐号对目录或文件的访问权限。. 在 Serv-U 管理器的左窗格中，选定一个账号，在右窗格中单击"Dir Access"（目录存取）标签。然后在列表中选中相应目录，在窗口的右侧更改当前用户对它的访问权限，最后单击"Apply"。

其中"对文件的访问权限"包括：

（1）READ：允许用户下载文件。

（2）WRITE：允许用户上传文件，但无权对文件进行更改、删除或重命名。

（3）APPEND：允许用户对已有的文件进行附加。

（4）DELETE：允许用户对文件进行改动、重命名或删除。

（5）EXECUTE：允许用户通过 FTP 运行可执行文件。

"对目录的访问权限"包括：

（1）LIST：允许用户取得目录列表。

（2）MAKE：允许用户在根目录下建立新的子目录。

（3）REMOVE：允许用户删除根目录下的子目录。

（4）INHERIT：对某一目录设置的访问权限将自动被该目录下的所有子目录继承，否则就只对其当前 Path（目录）有效。

4. 使用磁盘限额

随着用户数量的增加，一个非常实际的问题就是如何既能够确保每个用户都有足够的硬盘空间可用，同时又防止 FTP 服务器吞食整个机器的硬盘资源。同样，在这个问题上 Serv-U 提供了有力的解决方案。操作步骤如下：

第1步：在 Serv-U 管理器的左窗格中，选定一个账号如 admin。

第2步：在右窗格中单击"QUATO"标签，出现设置窗口，根据具体的情况设置账号所能支配的最大硬盘空间，从而有效的解决硬盘空间不足的问题。

5. 基于 IP 地址授予或拒绝访问权限

基于 IP 地址授予或拒绝访问权限设置如下：

第1步：在 Serv-U 管理器的左窗格中，选定一个账号，在右窗格中单击"IP ACCESS"标签，当前所有的访问规则将会显示在右边的列表中。

第2步：通过右侧 IP ACCESS 窗格，可以对 IP 地址进行授予或拒绝访问权限的设置。

Serv-U 提供了两种基本的访问规则，分别为"拒绝访问"规则和"允许访问"规则。在"拒绝访问"规则下，所有来自用户输入的 IP 地址的访问者都将被拒绝访问，而来自其他 IP 地址的用户都将被授予访问权限。同理，如果用户选择了"允许访问"规则，那么所有来自用户输入的 IP 地址的访问者都将被授予访问权限，而来自其他 IP 地址的用户将无权访问 FTP 服务器。

通过以上功能，用户可以针对不同的 IP 地址，设置不同的权限，从而有效的保障 FTP 服务器免受非法访问者的攻击。

小　结

IIS 大大简化了 Web 服务器的配置工作，Web 服务器一般要借助于 DNS 服务器进行域名访问。Web 服务器服务器配置完成后需要经常进行维护工作。

（1）在 Windows Server 2008 中使用的 IIS 版本为 7.0，与以前版本风格有所不同。但其中的 FTP 服务还是老的版本。

（2）配置 Web 服务时，大多使用默认选项即可满足需要，理解虚拟目录和网站根目录的区别。配置完成后一定要测试是否运行正常。

（3）IIS 中提供的 FTP 服务只能满足基本的需要，如无法满足，则应使用功能更为完善的第三方 FTP 服务器软件 Serv-U，需要熟悉 Serv-U 配置工作。

习　题

1. 思考题

（1）Default FTP Site 服务监听端口是什么？

（2）建立新的虚拟目录的过程是什么？

（3）能为主目录或虚拟目录的子目录设置访问操作类型吗？

（4）可为目录指定几种操作类型，每个类型的访问控制作用是什么？

（5）访问 Windows Server 2008〔Default FTP Site〕时，能使用 Windows Server 2008 上的用户登录服务器吗？

2. 操作题

（1）安装并配置一台 WEB 服务器，可以在客户端浏览器其网页。

（2）安装并配置一台 FTP 服务器，可以在客户端上传或下载文件。

（3）安装并配置一台流媒体服务器，可以实现视频播放。

参 考 文 献

褚建立 . 2009 . 计算机网络技术实训教程 . 2 版 . 北京：清华大学出版社

杜煜 . 2008 . 计算机网络基础 . 2 版 . 北京：人民邮电出版社

李畅 . 2009 . 计算机网络实用教程 . 2 版 . 北京：中国铁道出版社

美国思科公司 . 2004 . 思科网络技术学院教程（第一、二学期）3 版 . 北京：人民邮电出版社

施晓秋 . 2008 . 计算机网络技术 . 2 版 . 北京：科学出版社

载伊 . 2009 . 思科网络技术学院教程 CCNA Exploration：网络基础知识 . 北京：人民邮电出版社